U0263542

中国水环境和水生态安全现状与保障策略

王建华　胡　鹏等　著

科学出版社

北　京

内 容 简 介

本书针对新时期中国新老四大水问题中的水生态损害和水环境污染问题,从概念、标准、布局、对策、手段5个方面对中国水环境和水生态安全保障进行系统研究。以"健康河湖"为主线,以形成"宜居水环境、健康水生态"为准则,深入解析水环境和水生态安全的概念内涵;从水量、水质、水域、水流、水生生物等维度构建水环境和水生态安全评价指标体系,提出水环境和水生态安全状态综合评价方法,并提出不同区域不同类型河湖保护修复的标准和阈值;由此对中国水环境和水生态安全现状进行系统评价,并提出2025年、2035年中国水环境和水生态安全保障总体目标与分阶段指标,定量识别全国及各省区安全保障目标与现状差距;提出面向水环境和水生态安全保障的水利再平衡战略,明确不同区域的水环境和水生态安全保障整体空间布局与分区重点;最后提出中国各区域水环境和水生态安全保障的重点工程与非工程措施及政策建议。

本书可供水文水资源及水环境、水生态等相关领域的科研人员,高校相关专业教师和研究生,以及从事水资源、水生态、水环境规划管理的技术人员阅读参考。

审图号:GS(2021)6256号

图书在版编目(CIP)数据

中国水环境和水生态安全现状与保障策略 / 王建华等著 . —北京:科学出版社,2022.3
ISBN 978-7-03-071736-8

Ⅰ.①中… Ⅱ.①王… Ⅲ.①水环境–生态环境–研究–中国 Ⅳ.①X143

中国版本图书馆 CIP 数据核字(2022)第 037574 号

责任编辑:王 倩 / 责任校对:樊雅琼
责任印制:吴兆东 / 封面设计:无极书装

科 学 出 版 社 出版
北京东黄城根北街 16 号
邮政编码:100717
http://www.sciencep.com
北京建宏印刷有限公司 印刷
科学出版社发行 各地新华书店经销

*

2022 年 3 月第 一 版 开本:787×1092 1/16
2024 年 3 月第二次印刷 印张:17
字数:400 000
定价:208.00 元
(如有印装质量问题,我社负责调换)

《中国水环境和水生态安全现状与保障策略》编委会

单位	参编人员				
中国水利水电科学研究院	王建华	胡　鹏	唐克旺	彭文启	蒋云钟
	赵　勇	刘　欢	曾庆慧	杨泽凡	赵红莉
	陆垂裕	柳长顺	董　飞	杨　钦	曾　利
	秦　伟	何　鑫	刘　扬	闫　龙	邓晓雅
	毁　浩	张　璞	侯佳明	唐家璇	杨明达
南京水利科学研究院	陈求稳	林育青	王智源		
长江科学院	汤显强	黎　睿	王丹阳		
黄河水利科学研究院	曹永涛	梁　帅	张　杨		
水利部信息中心	宋　凡	孙　龙	英爱文		
中国科学院水生生物研究所	刘焕章	林鹏程	高　欣		
国家林业和草原局调查规划设计院	刘增力	马　炜	王超逸		
长江水资源保护科学研究所	尹　炜	辛小康	周　琴		
黄河水资源保护科学研究院	闫　莉	葛　雷	杨玉霞		
淮河水资源保护科学研究所	庞兴红	程西方	付小峰		
海河水资源保护科学研究所	徐　鹤	缪萍萍	王立明		
珠江水资源保护科学研究所	王　丽	葛晓霞	赵晓晨		
松辽水资源保护科学研究所	吴计生	魏春凤	张　宇		
太湖流域管理局水利发展研究中心	蔡　梅	王元元	钱　旭	龚李莉	

前　言

2014 年 3 月 14 日，习近平总书记在中央财经领导小组第五次会议上的讲话指出，随着我国经济社会不断发展，水安全中的老问题仍有待解决，新问题越来越突出、越来越紧迫。老问题，是指地理气候环境决定的水时空分布不均以及由此带来的水灾害。新问题，主要是水资源短缺、水生态损害、水环境污染。新老问题相互交织，给我国治水赋予了全新内涵，提出了崭新课题。2018 年 9 月 13 日，鄂竟平部长在听取水利部国际合作与科技司科技工作思路汇报时明确要求，水利科技工作要从科研管理为主转变为科研管理加科研主导，从技术研究为主转变为技术研究和战略研究并重，特别强调要组织开展水利重大科技问题研究。2019 年 7 月，水利部设立了"水利重大科技问题研究"项目，一共包括 3 个宏观重大战略研究方向和 18 个重点领域研究项目，要求通过研究，厘清概念、标准、布局、对策、手段 5 个方面的内容。针对新老四大水问题中的水生态损害和水环境污染问题，设立了"保障水环境和水生态安全战略研究"项目，属于 3 个宏观重大战略研究项目之一，责任司局为水利部规划计划司，牵头承担单位为中国水利水电科学研究院，项目负责人为王建华副院长。

根据水利部党组相关要求，项目组建了联合研究团队，编制了项目实施方案。研究团队包括水利部信息中心、南京水利科学研究院、长江科学院、黄河水利科学研究院等行业内优势科研单位及七大流域机构水资源保护专业院所，并根据研究需要，联合了中国科学院水生生物研究所、国家林业和草原局调查规划设计院作为外系统协助单位，形成了一支专业门类齐全、中央与地方统筹、科研与实践相结合的研究队伍。组织开展了八方面业务领域和七大流域版块的专题研究，针对长江上中游、黄河三角洲等重点区域，围绕生态流量保障、水利工程生态化等重点问题开展了十余次调研。项目执行过程中，召开院士等高层次专家咨询会三次，内部研讨会十余次，形成了本书相关成果，完成了水利部的重点督办事项。

项目取得的主要研究成果如下。

（1）概念：水环境安全内涵主要包括水体功能正常发挥和满足公众良好生活环境需求两方面，水生态安全内涵主要包括水生生物生存状态良好和陆域水循环过程健康完整两方面，两者有机统一在"健康河湖"概念里，形成"宜居水环境、健康水生态"，结合防洪保安、资源供给、文化传承等社会属性和功能，就是新时代需要大力建设的"幸福河湖"。对全国及各流域、各省（自治区、直辖市）水环境和水生态安全现状与近 10 年演变态势进行了评价，全国水环境和水生态整体安全评价得分为 67.42 分（2018 年），处于"一般"等级，面临较大的安全保障压力，并剖析了深层次原因，系统回答了"是什么""为什么"的问题。

（2）标准：从水量、水质、水域、水流、水生生物（量-质-域-流-生）5个维度，提出了不同区域、不同类型河湖保护修复的标准和阈值。其中，十大水资源一级区无控制性工程调控断面，枯水期生态基流占比平均推荐值是6.7%，非枯水期是12.4%；控制性工程调控断面，枯水期生态基流占比平均推荐值是12.0%，非枯水期是17.3%。提出了到2025年全国整体达到"较安全"程度、2035年全国整体达到"安全"程度的中国水环境和水生态安全保障总体目标与分阶段指标，并定量识别了全国及各省区安全保障目标与现状差距，明晰了近远期重点提升区域，系统回答了"差什么"的问题。

（3）布局：基于新时期美丽中国建设目标和系统治水思想，水环境和水生态安全保障重点是做好"利人"与"利生态"的统筹协调，提出了面向水环境和水生态安全保障的水利再平衡战略，其核心内容包括退水还河、退污还清、退地还盆、退堵还疏、退渔还生5个方面，并提出了包括东北、黄淮海、长江中下游、东南沿海、西南、西北六大区域的水环境和水生态安全保障整体空间布局与分区重点，初步回答了"抓什么"的问题。

（4）对策：围绕总体战略和布局，以问题为导向，提出了在水量层面，完善生态流量、地下水位目标制定与考核体系，加强流域水量分配与分水源、分季节用水总量控制；在水质层面，加强城乡宜居水环境治理和提升，提升公共服务水平；在水域层面，确定水域保护边界，加强农村池塘等末梢水体保护，严格控制缺水地区大水面营造；在水流层面，开展以水系为单元的河流连通性评价和保护，加强江河与湖泊、湿地之间的横向连通性恢复等6个方面的30项重点任务和对策措施，以及六大区域下一阶段水环境和水生态安全保障的重点工程与非工程措施，系统回答了"怎么推"的问题。

（5）手段：在法规制度方面，建议在《中华人民共和国水法》修订中增加水生态保护与修复专章、修订《中华人民共和国河道管理条例》为《中华人民共和国河湖管理条例》、强化全面实行河长制的水环境和水生态考核、进一步完善水环境和水生态安全保障现有规划体系等。在基础保障方面，建议开展河湖生态大普查，积极推进河湖健康评价；建立水利工程分类生态化改造机制，并逐级推动落实；强化水利工程全过程全要素的多目标优化调度；建立宜居水环境健康水生态监测监控体系等。在市场机制方面，建议进一步完善水生态保护补偿机制；推动建立水生态影响综合评价机制等。在融合提升方面，建议加强跨部门的工作融合与信息共享等，初步回答了"靠什么"的问题。

全书共分为九章，第一章对水环境和水生态安全的基本概念进行了解析；第二章针对水环境和水生态安全的概念内涵提出了其表征指标体系和综合评价方法；第三章以2018年为现状水平年，根据指标体系对中国水环境和水生态安全现状进行了系统评价，并对部分指标近10年的变化情况进行了详细分析；第四章从水量、地表和地下水质、水域空间、水流连通性等不同维度，对中国水环境污染和水生态损害的成因进行了系统解析；第五章重点对水环境和水生态不同维度的安全标准和阈值进行了研究；第六章提出了未来不同水平年中国水环境和水生态安全保障的目标愿景及具体指标；第七章分别从总体战略、空间布局、主要任务、分步推进等方面，提出了中国水环境和水生态安全保障的整体布局；第八章提出了中国不同区域水环境和水生态安全保障的重点措施；第九章提出了中国水环境和水生态安全保障的重大政策建议，并对相关成果进行了总结，并提出了工作展望。

　　水环境和水生态安全战略研究意义与责任重大,作者水平有限,书中成果还有诸多不足之处,恳请各位读者批评指正!

作　者

2021 年 11 月

| 目　　录 |

|第一章| 水环境和水生态安全概念解析

本章对国内外已有水环境安全、水生态安全的概念与内涵进行了全面梳理和总结，并以"幸福河湖"为指引，以实现"宜居水环境、健康水生态"为总体目标，对水环境和水生态安全的综合内涵进行了分析，提出了以水量充足、水质达标、水域稳定、水流连通、水生生物多样为核心的水环境和水生态安全内涵。

第一节 水环境安全的概念与内涵

一、环境的概念与内涵

环境是一个适用范围十分广泛的概念。从一般意义上讲，环境指的是周围的情况和条件，即周围世界，如自然环境、社会环境等。在环境科学领域，环境是指人类社会为主体的外部世界总体，即人类生存的物质环境。《现代汉语词典》把城市环境解释为：泛指影响人类活动的各种外部条件，包括自然环境、人工环境、社会环境和经济环境等。《中国大百科全书（环境科学卷）》把环境定义为：环绕着人类的空间，及其中可以直接、间接影响人类生活和发展的各种自然因素的总体，即人类环境。生态学中的环境被看作以整个生物界为中心、为主体，围绕生物界并构成生物生存的必要条件的外部空间和无生命物，如大气、水、土壤、阳光及其他无生命物质等，它是生物的生存环境，因此也称"生境"。

《中华人民共和国环境保护法》（简称《环境保护法》）从法学的角度对环境进行了阐述，"本法所称环境，是指影响人类生存和发展的各种天然的和经过人工改造的自然因素的总体，包括大气、水、海洋、土地、矿藏、森林、草原、湿地、野生动物、自然遗迹、自然保护区、风景名胜区、城市和乡村等。"由此可见，《环境保护法》中的环境所指的是人类生存的环境，是作用于人类并影响人类生存和发展的外界事物。这是一种把环境中应保护的要素或对象定义为环境的一种工作定义，其目的是从实际工作的需要出发，对"环境"一词的法律适用对象或适用范围作出规定，以保证法律的准确实施。《环境保护法》进一步把环境分成生活环境和生态环境，并指明生活环境是指人的居住和生活的场所；生态环境是指生活环境以外的自然条件。环境科学中的环境常常是指自然环境，生态学科中生物生存的自然环境称为生态环境（陈英旭，2001）。

何强等（1994）认为，环境是指生物有机体周围空间以及其中可以直接或间接影响有机体生活和发展的各种因素，包括物理、化学和生物要素的综合。环境必须相对于某一中心或主体才有意义，不同的主体其相应的环境范畴不同。环境科学所研究的环境，其中心事物是人类，即人类生存繁衍所必需的、相适应的物质条件的综合体，可以分为自然环境和社会环境两种（图1-1）。自然环境是人类出现之前就存在的，是人类目前赖以生存、生活和生产所必需的自然条件和自然资源的总称，即阳光、气温、气候、地磁、空气、水、岩石、土壤、动植物、微生物以及地壳的稳定性等自然因素的总和，是直接或间接影响人类的一切自然形成的物质、能量和自然现象的总体。社会环境是指由于人类的活动而形成的环境要素，它包括由人工形成的物质、能量和精神产品，以及人类活动中形成的人与人之间的关系。

图1-1　人类环境的结构（何强等，1994）

　　无论从何种角度对环境进行分类，环境都具有共同的特性。首先，环境是一个以人类社会为主体的客观物质体系，对人类社会的生存和发展，它既有依托作用，又有限制作用。其次，环境是一个有机的整体，不同地区的环境由其若干个独立组成部分以特定的联系方式构成一个完整的系统。环境具有明显的区域性、变动性特征，当人类行为作用引起的环境结构与状态的改变不超过一定限度时，环境系统的自动调节功能可以使这些改变逐渐消失，恢复原有的面貌。

　　人类活动对整个环境的影响是综合性的，而环境系统也是从各个方面反作用于人类，其效应也是综合性的。人类与其他生物不同，不仅仅以自己的生存为目的来影响环境，也不仅仅以自己的身体适应环境，而是为了提高生存质量，通过自己的劳动来改造环境，把自然环境转变为新的生存环境。这种新的生存环境有可能更适合人类生存，但也有可能恶化人类的生存环境（胡荣桂，2012）。环境与人类、经济等因素相互制约、相互促进。环境是经济发展的基础和载体，环境的变迁必然影响经济的发展和人类生产、生活方式的变迁。经济活动会对环境产生影响，引起环境问题。环境问题本身具有地区性和跨区域性的双重特征，这种特征使得环境问题面临极大的不确定性。

二、水环境的概念与内涵

　　水环境是构成环境的基本要素之一，是人类赖以生存和发展的重要场所。在不同的领域，由于研究主体及目的不同，水环境的定义不尽相同，见表1-1。根据《环境科学大辞典》，水环境是指地球上分布的各种水体以及与其密切相连的诸环境要素，如河床、海岸、植被、土壤等（《环境科学大辞典》编委会，2008）。《中国水利百科全书》将水环境从广义层面上等同于水圈，通常包括江、河、湖、海、地下水等自然环境，以及水库、运河、渠系等人工环境（中国水利百科编委会，2006）。《环境影响评价技术导则 地表水环境》（HJ 2.3—2018）中，规定了如下水环境要素：江、河、湖、海的形态、尺度、流态、水文、水质及水生生态等（生态环境部，2018）。吴群河（2005）认为水环境主要是指人类社会发展所依赖的与淡水资源直接相关的江河、湖泊、水库、河口、天然地下水库的总称。李爱琴和吕泓沅（2020）认为水环境是指围绕着人类生存空间，水体水质对人类的生存环境有直接或间接影响，以水域为核心，包含地球上分布的不同水体以及其他自然因素、有关社会要素的总称，如河床、土壤、生物等。在自然地理学上，水环境系指地表水体和地下含水层分布地域的自然综合体，包括地球上分布的各种水体以及与之密切相连的诸多环境要素，如河床、植被、土壤、海岸等，可分为地表水环境和地下水环境。地表水环境包括河流、湖泊、水库、海洋、沼泽、冰川等；地下水环境包括泉水、浅层地下水、深层地下水等。

表 1-1　不同辞典/组织/学者对水环境的定义及内涵

序号	水环境的定义及内涵	资料来源
1	水环境是指地球上分布的各种水体以及与其密切相连的诸环境要素，如河床、海岸、植被、土壤等	《环境科学大辞典》编委会，2008
2	水环境从广义层面上等同于水圈，通常包括江、河、湖、海、地下水等自然环境，以及水库、运河、渠系等人工环境	中国水利百科编委会，2006
3	规定了如下水环境要素：江、河、湖、海的形态、尺度、流态、水文、水质及水生生态等	生态环境部，2018
4	水环境主要是指人类社会发展所依赖的与淡水资源直接相关的江河、湖泊、水库、河口、天然地下水库的总称	吴群河，2005
5	水环境是指围绕着人类生存空间，水体水质对人类的生存环境有直接或间接影响，以水域为核心，包含地球上分布的不同水体以及其他自然因素、有关社会要素的总称，如河床、土壤、生物等。主要由地表水环境与地下水环境构成	李爱琴和吕泓沅，2020
6	水环境是指自然界中水的形成、分布和转化所处的空间环境，是可以直接或间接影响人类繁衍生息的水体	靳怀堾，2016
7	广义的水环境是水生态环境，即为保护水体、涵养水源及防治水土流失所需的自然环境和社会环境；狭义的水环境一般指河流、湖泊、沼泽、水库、地下水、冰川、海洋等地表储水体中的水本身及水体中的悬浮物、溶解物质、底泥及水生生物	王腊春和王栋，2007

水环境与其他环境要素（如土壤、生物、大气等）相互影响、相互制约，构成了有机的综合体。当水环境改变时，必然引起其他环境的变化。靳怀堾（2016）将水环境定义为自然界中水的形成、分布和转化所处的空间环境，是可以直接或间接影响人类繁衍生息的水体。王腊春和王栋（2007）认为，广义的水环境是水生态环境，即为保护水体、涵养水源及防治水土流失所需的自然环境和社会环境；狭义的水环境一般指河流、湖泊、沼泽、

水库、地下水、冰川、海洋等地表储水体中的水本身及水体中的悬浮物、溶解物质、底泥及水生生物。

综上所述，笔者认为广义的水环境是指围绕人群空间及可直接或间接影响人类生活和发展的水体；狭义的水环境是指水体中的各种成分和含量，反映了水在自然和社会循环过程中的理化与生物性质。无论广义还是狭义，水环境都包括地表水环境和地下水环境两大部分。

三、环境安全的概念与内涵

1972 年罗马俱乐部发表报告——《增长的极限》，提出将环境问题提升到全球性问题的高度加以认识。同年，联合国召开人类环境会议，首次将环境问题提上世界政治议程。1987 年联合国世界环境与发展委员会发表研究报告——《我们共同的未来》，该报告的第 11 章 "和平、安全、发展和环境" 专门阐述了安全与环境的相互关系，并首次提出了 "环境安全" 这一概念；报告中明确提出安全的定义必须扩展，应超越对国家主权的政治军事威胁，应包括环境恶化、生态破坏等使国家社会生存发展条件受到破坏的诸多因素，各国应致力于建立相互依存和相互合作的共同安全体制，而不是单独强调各自的国家安全；报告指出：和平和安全问题的某些方面与可持续发展的概念是直接相关的，实际上，它们是持续发展的核心。

1996 年，第四次全国环境保护会议做出了 "确保环境安全" 的重要指示，这是我国首次提出环境安全的概念。2000 年颁布的《全国生态环境保护纲要》首次将生态安全作为环境保护的目标，第一次明确提出 "维护国家生态环境安全" 的战略目标，将国家生态环境安全定义为一个国家生存和发展所需的生态环境处于不受破坏和威胁的状态，并认为生态环境安全是国家安全的重要基础，纳入国家安全的范畴。在 2001 年中央人口资源环境工作座谈会上，更进一步强调要 "确保国家环境安全" "建立环境安全防范体系"。明确提出：要建立健全污染物排放总量控制、生物安全、化学污染物质防治、自然遗产保护等方面的法律制度，依法查处违法排放污染物、转移污染物、走私废物、破坏生态等行为，确保国家环境安全。2006 年我国首次发布了《国家环境安全战略研究报告》。

曾利 (2014) 认为，环境安全是指一定区域范围内 (可以是河流流域范围、地形地域范围、行政区划范围，还可以是跨国界的区域范围) 人类生存和发展所需的生态环境 (包括直接或间接影响人类生活、生产的各种有机物和无机物) 处于不受威胁和破坏的状态。它表现为生态环境和自然资源基础处于良好的状况或没有遭受到不可逆转的破坏状态。环境安全具有五项基本特征：第一，影响环境安全的因素具有广泛性。影响环境安全的因素除了我们常关注的大气环境、水环境、固体废弃物处理等问题外，还有一些因素容易被忽视或没有引起足够重视，但这些因素如果不加以重视和应对，其对环境安全的影响是非常严重的。这些因素包括外来生物入侵、农药滥用和畜禽养殖污染等。第二，环境安全问题的来源具有广泛性。在全球化背景下，一国的环境安全问题既来源于本国的环境安全威胁，也来源于全球化进程中的污染转嫁、资源掠夺、生态难民迁徙、越界污染等环境安全威胁，这使环境安全问题具有广泛性的特点。第三，环境安全问题具有滞后性。滞后性是指人类活动对环境的影响、危害总是在一定时间后才逐步表现出来，而且环境破坏后果呈现出来的时间长短具有不确定性。第四，环境安全问题具有隐蔽性。环境自身具有一定的污染消耗潜力，而当污染累积到自然环境承受的临界点时，环境安全问题就会产生，在这之前都是隐性的。第五，环境安全问题具有关联性。生态环境是一个非常复杂的系统，环境安全系统的稳定是许多因素综合作用的结果。

四、水环境安全的概念与内涵

水环境安全是 20 世纪末提出的重要概念，最早被作为环境安全的一部分来研究（张小斌和李新，2013）。目前，水环境安全作为一个新的研究方向，方兴未艾。国内外学者从水质、水量、生态需水等诸多方面探讨了水环境安全问题，见表 1-2。汪恕诚（2001）提出了水环境承载力的说法，认为水环境承载力是在一定的水域，其水体能够被继续利用并仍保持良好生态系统时所能容纳污水及污染物的最大能力。张翔等（2005）提出水环境安全不是只与水有关的水体，而是与水、水生物以及污染结合的综合体。曾畅云等（2004）认为水环境安全是水体保持足够的水量、安全的水质条件，以维持正常的生态功能，保障水中生物的有效生存，周围环境处于良好状态，使水环境系统功能可持续正常发挥，同时能最大限度满足人类生产和生活的需求，使人类自身和人类群际关系处于不受威胁的状态。该定义从环境学角度出发，强调水环境是一个完整的生态系统，是水量和水质的统一体。樊彦芳等（2004）将水环境安全划分为污染源安全、地表水环境安全、地下水环境安全、水土保持安全、生态系统安全五大部分。傅春等（2015）将水环境安全定义为在一定历史阶段及社会条件下，水系统中拥有足够的水量和安全的水质，且水体能满足其内部及周围环境所构成的生态系统正常持续地运转，并保证人类社会可持续发展。王顺德等（2008）则认为水环境安全是指一定空间范围内的水体为维持人类的正常生存、繁衍与生活，社会经济的持续稳定发展，生态系统的健康与完整性而提供所要求数量、质量及流动状态的水资源保障程度的一种度量。任丽军等（2005）认为水环境不安全主要表现在：①水环境污染和生态破坏导致环境质量恶化，生态系统严重退化，在相当长时期内难以恢复，甚至无法恢复；②水环境污染和生态破坏会影响经济发展，危害群众健康，使人民群众生命财产遭受重大损失。罗琳和颜智勇（2014）认为，水环境安全的内涵主要包括自然型水环境安全（如干旱、洪涝、河流改道等）和人为型水环境安全（如水量短缺、水质污染、水环境破坏等）。由于自然的原因，如水资源时空分布不均导致的干旱与洪涝灾害、降雨变化等导致的断流等都属于自然型水环境安全。对于人类而言，人类在利用水资源的过程中，不顾及水环境承载力，过度开发，挤占生态用水，破坏生态环境，造成水环境的破坏，引起水量短缺、水质污染等问题，属于人为型水环境安全。其外延指的是由水环境安全引发的其他安全，如粮食安全、经济安全和国家安全等。

综上所述，笔者认为广义的水环境安全即常用的"水安全"概念，指围绕人群空间的水体处于能够持续支撑经济社会发展规模、能够维护生态系统良性发展的状态。狭义的水环境安全指水体中的各种成分和含量不会直接或间接影响人类生活与发展。

表 1-2　不同组织/学者对水环境安全的定义及内涵

序号	水环境安全的定义及内涵	资料来源
1	水环境承载力是在一定的水域，其水体能够被继续利用并仍保持良好生态系统时所能容纳污水及污染物的最大能力	汪恕诚，2001
2	水环境安全不是只与水有关的水体，而是与水、水生物以及污染结合的综合体	张翔等，2005
3	水环境安全是水体保持足够的水量、安全的水质条件，以维持正常的生态功能，保障水中生物的有效生存，周围环境处于良好状态，使水环境系统功能可持续正常发挥，同时能最大限度满足人类生产和生活的需求，使人类自身和人类群际关系处于不受威胁的状态	曾畅云等，2004
4	将水环境安全划分为污染源安全、地表水环境安全、地下水环境安全、水土保持安全、生态系统安全五大部分	樊彦芳等，2004
5	在一定历史阶段及社会条件下，水系统中拥有足够的水量和安全的水质，且水体能满足其内部及周围环境所构成的生态系统正常持续地运转，并保证人类社会可持续发展	傅春等，2015
6	水环境安全是指一定空间范围内的水体为维持人类的正常生存、繁衍与生活，社会经济的持续稳定发展，生态系统的健康与完整性而提供所要求数量、质量及流动状态的水资源保障程度的一种度量	王顺德等，2008
7	水环境不安全主要表现在：①水环境污染和生态破坏导致环境质量恶化，生态系统严重退化，在相当长时期内难以恢复，甚至无法恢复；②水环境污染和生态破坏会影响经济发展，危害群众健康，使人民群众生命财产遭受重大损失	任丽军等，2005
8	水环境安全的内涵主要包括自然型水环境安全（如干旱、洪涝、河流改道等）和人为型水环境安全（如水量短缺、水质污染、水环境破坏等）	罗琳和颜智勇，2014

第二节　水生态安全的概念与内涵

一、水生态的概念与内涵

"生态"（ecology）一词来源于古希腊，原意指住所或栖息地。现在通常指一切生物的生存状态，以及生物之间和它们与环境之间的相互关系，包括生物及其所处环境两大要素。"生态系统"指在一定的时间和空间范围内，生物群落与非生物环境通过能量流动和物质循环所形成的一个相互影响、相互作用并具有自调节功能的自然整体。从概念上来看，生态是对生态系统各要素状态和其内在关系的描述。

水生态系统的概念是由生态系统演变而来，强调水在生物群落和非生物环境之间对物质循环和能量流动的重要媒介作用。不同时期根据研究对象的不同，水生态系统定义和内涵也有所差别（表 1-3）。《中国水利百科全书》对水生态系统的定义为：水生生物群落与水环境相互作用、相互制约，通过物质循环和能量流动，共同构成具有一定结构和功能的动态平衡系统（中国水利百科编委会，2006）。汪松年（2006）认为水生态系统是指河流、湖泊、海洋中的生物群落及其以水为主的无机环境相互作用的自然系统。匡跃辉

（2015）指出水生生物与水环境相互促进、相互制约、相互竞争，共同构成一个既矛盾又统一的动态平衡系统。王浩（2015）提出，狭义上的水生态系统是指水生生物群落与其所在环境相互作用的自然系统；广义上的水生态系统还包括受水分滋养、调节的陆生生态系统。严军等（2019）认为水生态系统是根据社会经济发展和物质生产需求，运用生态学原理和系统工程方法，并利用水与自然环境之间、水与社会活动之间的相互作用构建起来的一个高度开放的系统。董哲仁（2019）提出水生态系统是由植物、动物和微生物及其群落与淡水、近岸环境相互作用组成的开放、动态的复杂功能单元，其将水生态系统完全等同于淡水生态系统。

表 1-3 水生态系统的定义与内涵

序号	水生态系统定义及内涵	资料来源
1	水生生物群落与水环境相互作用、相互制约，通过物质循环和能量流动，共同构成具有一定结构和功能的动态平衡系统	中国水利百科编委会，2006
2	水生态系统是指河流、湖泊、海洋中的生物群落及其以水为主的无机环境相互作用的自然系统	汪松年，2006
3	水生生物与水环境相互促进、相互制约、相互竞争，共同构成既一个矛盾又统一的动态平衡系统	匡跃辉，2015
4	狭义上的水生态系统是指水生生物群落与其所在环境相互作用的自然系统；广义上的水生态系统还包括受水分滋养、调节的陆生生态系统	王浩，2015
5	水生态系统是根据社会经济发展和物质生产需求，运用生态学原理和系统工程方法，并利用水与自然环境之间、水与社会活动之间的相互作用构建起来的一个高度开放的系统	严军等，2019
6	水生态系统是由植物、动物和微生物及其群落与淡水、近岸环境相互作用组成的开放、动态的复杂功能单元	董哲仁，2019

水生态系统与其他生态系统相比较，在时空分布上具有高度开放性和动态性的特征。这表现为河流湖泊以水为载体，与周边环境进行密切的物质交换，这些物质包括溶解物质、悬浮物、泥沙和近岸陆生植物的残枝败叶。同样，藻类、无脊椎动物、昆虫和洄游鱼类等生物也在水体中交换、迁徙和洄游。高度开放性特征促进了生物组分与非生物组分的交互作用。由于水生态系统存在着高度开放性，若按照能量流动和营养物质平衡关系确定生态系统边界的原则，水生态系统的边界往往不够清晰。另外，如果按照不同尺度（如区域、流域、河流廊道、河段、地貌单元）研究水生态系统时，又会发现不同尺度的水生态系统是相互连接、相互依存的，并且在空间上相互嵌套。再者，水文情势年度周期性的变化，水位、流量丰枯消长，导致水域面积的扩展和缩小；河流湖泊因泥沙冲淤、输移导致河流地貌变化以及河流湖泊形态变化，这些因素使得淡水系统的边界呈现动态变化特征。

因受到气候、地质、地貌、植被等多种要素影响，水生态系统类型多种多样，主要可以分为河流生态系统、湖泊生态系统、湿地生态系统和海洋生态系统。其中，河流生态系统是河流内生物群落与河流环境相互作用的统一体，是一个复杂、开放、动态、非平衡和非线性系统，它由生命系统和生命支持系统两大部分组成，两者之间相互影响、相互制约，形成了特殊的时间、空间和营养结构，具备了物种流动、能量流动、物质循环和信息流动等生态系统服务与功能。湖泊生态系统是流域与水体生物群落、各种有机和无机物质之间相互作用与不断演化的产物。与河流生态系统相比，湖泊生态系统流动性较差，含氧量相对较低，更容易被污染。湿地生态系统的生物群落由水生和陆生种类组成，物质循环、能量流动、物种迁移与演变活跃，具有较高的生态多样性、物种多样性和生物生产力。海洋生态系统是指在海洋中由生物群落及其环境相互作用所构成的自然系统。整个海洋是一个大生态系统，包括很多不同等级（或水平）的海洋生态系统，每个系统都占据一定的空间，包含有相互作用的生物和非生物组分，通过能量流动和物质循环构成具有一定结构和功能的统一体。

水生生物是水生态系统的基本主体，其生命活动受水制约，同时也影响水的存在状态以及水循环过程，两者的相互作用共同影响着水生态系统的形成与变化。生物体不断地与环境进行水分交换，环境中水的质和量是决定生物分布与物种组成、数量、生活方式的重要因素。只有良好的水环境，才会有良性的水生态。反过来，良性的水生态又会对水环境产生积极影响，如涵养水源、调节径流、防止水土流失、净化水质等。

不同学者基于对水生态系统的认识，对水生态的概念和内涵也有不同的论述。汪松年（2006）认为水生态就是水生态系统的简称。张兴平和朱建强（2012）提出水生态主要指水环境状况对动植物的影响以及动植物对不同水环境条件的适应性。贾超等（2018）则认为水生态是指自然生态系统中，水本身存在的状态、水为系统中其他要素（动物、植物、微生物、土壤等）服务的状态、水和系统中其他要素相互适应的状态以及系统中各要素之间相互适应的状态，即环境水因子对生物的影响和生物对各种水分条件的适应。严军等（2019）提出水生态是对水生态系统各要素状态的描述，因此水生态的概念需从水生态系统的概念入手。

总的来说，以上关于水生态概念的论述均强调了水环境因子和水生生物两大要素之间的相互作用。王浩（2015）、董哲仁（2019）等均认为水生态系统的范畴不应仅仅局限于水体，还应包括受水分滋养和调节的近岸陆生环境。因此，笔者认为狭义水生态主要指河湖等地表水体中的生物及其与水环境因子的关系（状态）；广义水生态则包含陆域层面能直接或间接对地表水体造成影响的因素，如水源涵养、水土流失、地下水超采等。

二、水生态要素的特征

水生态要素的特征概括起来共有五项，即水文情势时空变异性、河湖地貌形态空间异质性、河湖水系三维连通性、适宜生物生存的水体物理化学特性范围、食物网结构和生物多样性（董哲仁，2015）。水生态各要素发生交互作用，形成了完整的结构并具备一定的生态功能。如果各水生态要素特征发生了重大改变，就会对整个生态系统产生重大影响。通过对水生态系统整体状况和各生态要素的状况评估，可以分析各要素对水生态系统的影响程度，进而制定合理的生态保护策略。

水文循环是联系地球水圈、大气圈、岩石圈和生物圈的纽带，是生态系统物质循环的核心，是一切生命运动的基础保障。水资源是人类社会和全球生态系统可持续发展的必要保证。水文情势形成和维持丰富的栖息地，引发不同的生命节律行为，完成物质交换，检验物种耐受能力，从而促进本土物种繁荣和清除外来物种。水文情势时空变异是生物多样性的基础，流量、频率、持续时间等均会影响水文情势。

河湖地貌形态空间异质性是指河湖地形地貌的差异性和复杂程度，其决定了生物栖息地的多样性、有效性和总量，是河湖在内外营力以及人为因素长期相互作用下的综合反映，制约着河湖水体的物理化学性质，影响着水生生物的分布规律。大量研究资料表明，生物多样性与河湖地貌空间异质性呈正相关关系。

河湖水系三维连通性是基于景观结构连续性概念，并结合水文学和生态学理论提出的。河湖水系三维连通性是指河流纵向、垂向和侧向连通性。水是传递物质、信息和生物的介质，因此河湖水系的连通性也是物质流、信息流和物种流的连通性。三维连通性使物质流（水体、泥沙和营养物质）、物种流（洄游鱼类、鱼卵和树种漂流）和信息流（洪水脉冲等）在空间中流通，为生物多样性创造了基础条件。

河湖水体物理化学特征需要维持在一定范围内，以满足水生生物生长与繁殖的需求。水体物理化学特征也是决定淡水生物群落构成的关键因素，但无时无刻不在变化当中。常规物理化学指标包括温度、溶解氧（dissolved oxygen，DO）、pH、营养物质、重金属和有毒有机化学品等。

食物网是在生态系统中的生物成分之间能量流动的一种错综复杂的普遍联系，食物网的结构越复杂，表明该生态系统抗干扰能力越强。生物多样性是描述生物种类丰富程度的一个内容广泛的概念，生态系统中生物多样性越高，则认为该生态系统越稳定。

食物网和生物多样性属于水生态系统的核心——生命系统，而其他四个要素均属于非生命部分，非生命部分的生态要素直接或间接影响河流湖泊的食物网和生物多样性。

三、水生态安全的概念与内涵

针对水生态安全的定义，近年来，不同学者从水资源、水环境、水生态承载力等角度进行了阐述，见表1-4。例如，严立冬等（2007）将水生态安全定义为水生态资源、水生态环境、水生态灾害的综合效应，是推进城市化进程、促进社会可持续发展的重要因素。张晓岚等（2014）认为水生态安全是指水环境、水资源和水生态系统处于一种没有危险、不受威胁的平衡状态，能够为流域内的社会经济发展提供可持续的支撑。张义（2017）提出水生态安全是指在一定的技术条件下，水生态系统的承载力大于人类对它的压力的一种状态，包括水资源安全、水环境安全和水生生物安全，并指出水资源安全强调的是水资源供需平衡和可持续利用，水环境安全强调的是水质安全，水生生物安全强调的是水生生物的生存环境和水产品的持续利用。相似地，蔡懿苒（2018）认为水生态安全代表着水生态系统在受到外界的压力破坏或损害时，系统所具有的功能仍能满足人类发展需求、维持社会可持续发展的一种状态。方兰和李军（2018）认为水生态安全是指人们在获得安全用水的设施和经济效益的过程中所获得的水既满足生活和生产的需要，又使自然环境得到妥善保护的一种社会状态。

综合来看，现有研究对水生态安全的定义主要有三种倾向：一是侧重于从水生态系统自身的安全理解，即强调水生态系统的完整、健康和可持续；二是从水生态系统对保障人类的发展安全方面理解生态安全，强调水生态系统能为人类提供完善的生态服务、对人类生存发展不构成威胁；三是前两种观点的综合，即指水生态系统保持自身安全的同时又能持续支持人类生存发展需要的状态。比较来看，第三种观点更具合理性且得到了大多数学者认可。这是因为，如果仅关注水生态系统自身安全，那么人类文明倒退到史前文明水平对水生态系统而言是最安全的，而这是人类不可接受的。但如果只注重水生态系统对人类需求的满足，将会导致水生态系统的崩溃，从而人类社会也将不复存在。人类利用水生态系统提供生态服务时，不可避免地会对水生态系统的稳定和健康造成影响，但后者对外界的扰动具有一定的抵抗力和恢复力，也就是说水生态系统具有一定的承载力。因此，只要人类活动对水生态系统的影响或压力不超过水生态系统的承载力，水生态系统就是安全的，从而人类可以持续地获得水生态系统提供的生态服务。

表1-4　水生态安全的定义与内涵

序号	水生态安全定义与内涵	资料来源
1	水生态安全为水生态资源、水生态环境、水生态灾害的综合效应，是推进城市化进程、促进社会可持续发展的重要因素	严立冬等，2007
2	水生态安全是指水环境、水资源和水生态系统处于一种没有危险、不受威胁的平衡状态，能够为流域内的社会经济发展提供可持续的支撑	张晓岚等，2014
3	水生态安全是指在一定的技术条件下，水生态系统的承载力大于人类对它的压力的一种状态	张义，2017
4	水生态安全代表着水生态系统在受到外界的压力破坏或损害时，系统所具有的功能仍能满足人类发展需求、维持社会可持续发展的一种状态	蔡懿苒，2018
5	水生态安全是指人们在获得安全用水的设施和经济效益的过程中所获得的水既满足生活和生产的需要，又使自然环境得到妥善保护的一种社会状态	方兰和李军，2018

结合对上述研究结果的总结分析，笔者认为水生态安全是指水生态系统各项特征要素均不受干扰或受到的干扰在其可承受范围之内的一种状态，主要包含两个方面：一是人类活动对水生态系统（包括水量、水质、水域空间、水流连通性等）的干扰在其承载力范围之内；二是水生生物（包括鱼类等水生动物、浮游生物、底栖生物、大型水生植物等）生存状态良好，环境水因子对这些生物的影响很小或能够被适应。

四、人类活动对水生态安全的损害

人类活动对水生态系统的胁迫作用，本质上是对水生态安全的损害。在水生态系统经历的长期演变过程中，受到了来自自然界和人类活动的双重干扰，这种干扰在生态学中称为胁迫。来自自然界的重大胁迫包括气候变化、大洪水、地震、火山爆发、山体滑坡、泥石流、飓风、虫灾与疾病等，这些迫使水生态系统发生重大演变。人类大规模的经济建设活动，一方面给社会带来了巨大繁荣，另一方面也给全球生态系统造成了巨大破坏。工业化和城市化的快速发展，水资源开发利用规模大幅增加，由此带来的负面后果是对淡水系统造成污染，超量农业用水挤占了生态环境用水。另外，水利水电工程的大规模建设，在发挥供水、防洪、发电效益的同时，也改变了河湖景观格局和自然水文情势。农业发展过程中，农田施用的化肥、农药成了非点源污染源，治理难度相当大。矿业开发对地下水造成污染，同时引起矿区地面塌陷等地质灾害和水资源的巨大浪费。公路、铁路、油田等基础设施建设，引起水土流失和景观破碎化。不幸的是，人类大规模的经济活动对水生态安全的损害往往是生态系统自身无法承受的，多数的损害甚至是不可逆转的。

维护和保障水生态安全是生态管理与生态工程的基本目标。人类大规模活动引起各生态要素特性的改变，使整个水生态系统受损。河湖生态修复的目的是修复水文、地貌、水体物理化学性质和生物等生态要素，最大限度恢复水生态要素的特征。水生态安全保障目标，不能仅聚焦在某种单一要素上，如仅仅修复水文条件以保障生态需水或者仅仅改善水质等。这种单一目标的河流生态修复，不能满足水生态安全的要求。再者，各生态要素的修复目标，不能靠主观确定，而应该以自然状况下的生态要素特征为理想标尺，根据生态现状、经济合理性和技术可行性论证来综合确定。

第三节 水环境和水生态安全综合内涵

2019 年 9 月 18 日，习近平总书记在郑州主持召开黄河流域生态保护和高质量发展座谈会并发表重要讲话，明确提出将黄河流域生态保护和高质量发展上升为重大国家战略。让黄河成为造福人民的幸福河，"幸福河"伟大号召不仅仅适用于黄河，更是全国江河治理的根本指引。2020 年 3 月，世界水日中国水周主题确定为"坚持节水优先，建设幸福河湖"。

我国治水历史悠久，随着不同经济社会发展状态的改变，幸福河湖的内涵要求也发生着变化。上古时期，以大禹治水为代表，幸福河湖的主要内涵是保障防洪安全，阻止洪水泛滥；随着农业社会的不断发展，对于水资源的需求愈发加大，人们往往逐水而居，幸福河湖的内涵拓展到保障供水安全；进入工业社会以后，水环境污染问题逐步凸显，对于生产生活造成重要影响，幸福河湖的内涵拓展到提供宜居水环境和优质水资源；20 世纪中期以来，随着可持续发展理念的普及，幸福河湖除了要满足人类的各方面需求之外，对于其他生物的需求也需要加以满足，形成健康水生态。在这个演变过程中，是幸福河湖内涵的逐步升级，也代表了不同发展阶段人类对于幸福的需求和发展理念的升级，与之相关的各种工程、技术、文化遗产和进步的理念本身也成为幸福河湖的一部分。

综合来看，水环境安全和水生态安全均是经济社会发展到一定阶段，对于水安全保障和河湖治理内涵的拓展与升级。就其差异来说，环境侧重以人类的需求得到满足为核心，生态则以一切生物的需求为核心；水环境侧重水体物理化学性质，水生态侧重水体内的水生生物及其与环境之间的关系。其中，水环境安全包括了社会经济系统水质安全和自然生态系统水质安全；水生态安全除了要求自然生态系统水质安全外，还包括水量充足、水域稳定、水流连通、水生生物多样等要求。两者的外包线构成了"宜居水环境+健康水生态"的内涵要求，有机统一在"健康河湖"的概念里（图 1-2）。所谓"健康河湖"，即实现了水环境和水生态安全的河湖，其水体的化学成分和含量不会直接或间接影响人类生活和发展，依赖其栖息生活的土著生物生境完整，生存状态良好。"健康河湖"代表了河湖的自然属性和功能完整，辅之以优质水资源、防洪保安全、先进水文化等社会属性和功能，就是新时代需要大力建设的"幸福河湖"。

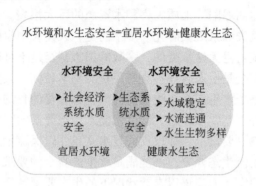

图 1-2　水环境和水生态安全内涵解析

第二章 水环境和水生态安全综合评价方法

根据水环境和水生态安全概念内涵，从水量、水质、水域、水流和水生生物五个维度，构建了由五维三层 24 个评价指标组成的水环境和水生态安全评价指标体系。在此基础上，采用主客观赋权相结合的方式，通过单指标赋分—多指标综合赋分—多组分集成赋分，提出了一套区域/流域水环境和水生态安全状态综合评价方法。

第一节 指标体系构建

水环境和水生态安全评价指标体系包括水量、水质、水域、水流和水生生物 5 个维度。

水量层面包括河湖生态流量保障、地下水采补平衡和坡面水源涵养稳定 3 个方面，分别用生态基流达标率、敏感生态需水达标率表征河湖生态流量保障情况；用平原区地下水超采面积比例、平原区地下水超采强度表征地下水采补平衡情况；用林草地面积占比、中高覆盖度林草地比例、水土保持率、中等以上侵蚀强度占比表征坡面水源涵养稳定状况。

水质层面，包括社会经济系统水质安全和自然生态系统水质安全两个方面，前者主要反映水体水质对于社会经济用水水质需求的满足程度，用水功能区水质达标率、饮用水水源地水质达标率两项相对性的指标进行表征；后者主要反映水体水质对于自然生态系统的安全程度，用Ⅰ～Ⅲ类水质河长比例、劣Ⅴ类水质河长比例、湖库平均富营养化指数、Ⅰ～Ⅲ类地下水水质监测井比例 4 项反映自然水体水质的指标进行表征。

水域层面，包括面积稳定和结构合理两个方面，其中面积稳定分别用水域空间变化率和水域空间保留率进行表征；结构合理主要包括保护–开发结构合理、空间连通结构合理，分别用水域空间保护率、水域空间聚合度、最大斑块指数进行表征。

水流层面，在水系的三维连通性中，河湖横向连通性已在水域层面通过最大斑块指数等指标开展评价，水体垂向连通性已在水量层面通过地下水采补平衡等指标开展评价，这里主要对河流水系的纵向连通性进行评价，采用区域整体连通性和主要河流纵向连通性两项指标来表征河湖水体内物种流、物质流、能量流和信息流的畅通程度。

水生生物层面，由于流域/区域浮游生物、底栖动物、水生植物的多样性评价需要大量的样点监测评价数据，现有水生态监测能力和水平不足以支撑，因此仅选择水生生物里面的鱼类进行生物多样性评价，具体包括种类多样和数量稳定两个方面，分别用鱼类采集物种比例、特有鱼类受威胁种类比例、渔业产量占历史产量百分比进行评价。

基于以上 5 个维度，构建了水环境和水生态安全评价指标体系，见表 2-1。

表 2-1　水环境和水生态安全评价指标体系

目标	维度	分类	表征指标
水环境和水生态安全	水量	河湖生态流量保障（B）	生态基流达标率（B_1）
			敏感生态需水达标率（B_2）
		地下水采补平衡（X）	平原区地下水超采面积比例（X_1）
			平原区地下水超采强度（X_2）
		坡面水源涵养稳定（H）	林草地面积占比（H_1）
			中高覆盖度林草地比例（H_2）
			水土保持率（H_3）
			中等以上侵蚀强度占比（H_4）
	水质	社会经济系统水质安全（G）	水功能区水质达标率（全指标，G_1）
			饮用水水源地水质达标率（G_2）
		自然生态系统水质安全（Y）	Ⅰ～Ⅲ类水质河长比例（Y_1）
			劣Ⅴ类水质河长比例（Y_2）
			湖库平均富营养化指数（Y_3）
			Ⅰ～Ⅲ类地下水水质监测井比例（Y_4）
	水域	面积稳定（S）	水域空间变化率（S_1）
			水域空间保留率（S_2）
		结构合理（J）	水域空间保护率（J_1）
			水域空间聚合度（J_2）
			最大斑块指数（J_3）
	水流	水流连通（Z）	区域整体连通性（Z_1）
			主要河流纵向连通性（Z_2）
	水生生物	种类多样（D）	鱼类采集物种比例（D_1）
			特有鱼类受威胁种类比例（D_2）
		数量稳定（N）	渔业产量占历史产量百分比（N_1）

一、水量维度评价指标

（一）生态基流达标率

1. 概念

区域/流域代表性河流断面中生态基流达标断面所占比例，反映了社会经济取用水、水利工程调控等对河流维持基本形态和基本生态功能的流量过程造成的综合影响。

2. 指标值计算方法

$$BF = nbf/Nbf \times 100\% \tag{2-1}$$

式中，BF 为待评价区域/流域生态基流达标率,%；nbf 为待评价区域/流域内生态基流达标的代表性河流断面数，个；Nbf 为待评价区域/流域内代表性河流断面总数，个。其中，在确定河流生态基流目标的基础上，以月均流量达标、河流不断流且最长连续不达标天数 ≤7 天作为断面生态基流达标标准。

3. 指标赋分方法

根据待评价区域/流域生态基流达标率计算结果，将生态基流达标情况赋予 0～100 的分值，记作 SO_{BF}。

$$SO_{BF} = BF \times 100 \qquad (2-2)$$

4. 资料来源

全国历年水文年鉴、第二次和第三次全国水资源调查评价成果，其中代表性断面的生态基流目标制定方法详见第三章、第五章。

（二）敏感生态需水达标率

1. 概念

区域/流域重点生态保护断面中敏感生态需水达标断面所占比例，反映了重点生态保护对象关键生命阶段的流量满足程度。

2. 指标值计算方法

敏感生态需水达标率计算公式如下：

$$SF = nsf/Nsf \times 100\% \qquad (2-3)$$

式中，SF 为待评价区域/流域敏感生态需水达标率,%；nsf 为待评价区域/流域内敏感生态需水达标的代表性河流断面数，个；Nsf 为待评价区域/流域内代表性河流断面总数，个。其中，在确定河流敏感生态需水目标的基础上，以敏感期内 75% 月份达到生态流量过程要求作为河流敏感生态需水年内达标的标准。

3. 指标赋分方法

根据待评价区域/流域敏感生态需水达标率结果，将敏感生态需水达标情况赋予 0～100 的分值，记作 SO_{SF}。

$$SO_{SF} = SF \times 100 \qquad (2-4)$$

4. 资料来源

全国历年水文年鉴、第二次和第三次全国水资源调查评价成果，其中代表性断面的敏感生态需水目标制定方法详见第三章、第五章。

（三）平原区地下水超采面积比例

1. 概念

区域/流域平原区地下水超采区面积占平原区总面积的比例，反映了当地地下水超采范围的大小及其对地下水采补平衡的影响广度。

2. 指标值计算方法

平原区地下水超采面积比例计算公式如下：

$$SP = S/TS \times 100\% \qquad (2-5)$$

式中，SP 为待评价区域/流域平原区地下水超采面积比例，%；S 为待评价区域/流域内平原区地下水超采的面积，km^2；TS 为待评价区域/流域内平原区总面积，km^2。其中，关于平原区地下水超采的判定依据及其面积确定方法详见第三章。

3. 指标赋分方法

根据待评价区域/流域平原区地下水超采面积比例计算结果，考虑平原区地下水超采面积扩大对地下水采补平衡的影响作用，将超采面积增加影响下的地下水采补平衡情况赋予 0 ~ 100 的分值，记作 SO_{SP}。

$$SO_{SP} = \begin{cases} 100 & SP \leqslant 0\% \\ \dfrac{0.4 - SP}{0.4} \times 100 & 0\% < SP < 40\% \\ 0 & SP \geqslant 40\% \end{cases} \tag{2-6}$$

4. 资料来源

2006 ~ 2016 年《中国地质环境监测地下水位年鉴》。

（四）平原区地下水超采强度

1. 概念

区域/流域平原区地下水超采量占其可开采量的比例，反映了当地地下水的开发利用程度及其对地下水采补平衡的影响深度。

2. 指标值计算方法

平原区地下水超采强度计算公式如下：

$$WP = W/TW \times 100\% \tag{2-7}$$

式中，WP 为待评价区域/流域平原区地下水超采强度，%；W 为待评价区域/流域内平原区地下水超采量，万 m^3；TW 为待评价区域/流域内平原区地下水可开采量，万 m^3。其中，关于平原区地下水超采量与可开采量的确定方法详见第三章。

3. 指标赋分方法

根据待评价区域/流域平原区地下水超采强度计算结果，考虑平原区地下水超采量占比的增加对地下水采补平衡的影响深度，将超采强度影响下的地下水采补平衡情况赋予 0 ~ 100 的分值，记作 SO_{WP}。

$$SO_{WP} = \begin{cases} 100 & WP \leqslant 0\% \\ \dfrac{0.4 - WP}{0.4} \times 100 & 0\% < WP < 40\% \\ 0 & WP \geqslant 40\% \end{cases} \tag{2-8}$$

4. 资料来源

历年《中国水资源公报》数据。

（五）林草地面积占比

1. 概念

现状条件下的林草地面积占区域总面积的比例，反映了林草地的覆盖情况。

2. 指标值计算方法

林草地面积占比计算公式如下:

$$P_{\text{fg}} = \frac{S_f + S_g}{S_t} \times 100\% \tag{2-9}$$

式中，P_{fg} 为林草地面积占比，%；S_f 为现状条件下林地面积，km^2；S_g 为现状条件下草地面积，km^2；S_t 为区域总面积，km^2。

3. 指标赋分方法

根据《"十三五"生态环境保护规划》等已有成果，结合流域实际情况，确定林草地面积占比的安全得分，将其赋予 0~100 的分值，记作 SO_{pfg}。

$$SO_{\text{pfg}} = \begin{cases} P_{\text{fg}}/0.7 \times 100 & 0\% \leq P_{\text{fg}} \leq 70\% \\ 100 & P_{\text{fg}} > 70\% \end{cases} \tag{2-10}$$

4. 资料来源

中国科学院资源环境科学与数据中心（http://www.resdc.cn）。

（六）中高覆盖度林草地比例

1. 概念

中覆盖度林草地面积与高覆盖度林草地面积之和占林草地总面积的比例，反映了林草地质量情况。

2. 指标值计算方法

中高覆盖度林草地比例计算公式如下:

$$P_{\text{mh}} = \frac{S_{fm} + S_{fh} + S_{gm} + S_{gh}}{S_f + S_g} \times 100\% \tag{2-11}$$

式中，P_{mh} 为中高覆盖度林草地比例，%；S_{fm} 为中覆盖度林地面积，km^2；S_{fh} 为高覆盖度林地面积，km^2；S_{gm} 为中覆盖度草地面积，km^2；S_{gh} 为高覆盖度草地面积，km^2。

3. 指标赋分方法

根据《"十三五"生态环境保护规划》等已有成果，结合流域实际情况，确定中高覆盖度林草地比例安全得分，将其赋予 0~100 的分值，记作 SO_{pmh}。

$$SO_{\text{pmh}} = P_{\text{mh}} \times 100 \tag{2-12}$$

4. 资料来源

中国科学院资源环境科学与数据中心（http://www.resdc.cn）。

（七）水土保持率

1. 概念

区域/流域内水土保持状况良好的面积（非水土流失面积）占其土地面积的比例。

2. 指标值计算方法

水土保持率包括现状值和远期目标值状态，其中:

$$\begin{cases} SWC_a = MUEA_a/LA \times 100\% \\ SWC_u = MUEA_u/LA \times 100\% \end{cases} \tag{2-13}$$

式中，SWC_a 为待评价流域/区域水土保持率现状值，%；SWC_u 为待评价流域/区域水土保持率远期目标值，%；$MUEA_a$ 为待评价流域/区域内土壤侵蚀强度在轻度以下的土地面积，km^2；$MUEA_u$ 为待评价流域/区域内未来期待控制土壤侵蚀强度在轻度以下的土地面积，km^2；LA 为待评价流域/区域面积，km^2。

3. 指标赋分方法

表征某一流域/区域水环境和水生态安全时，水土保持率指标以现状值与远期目标值的百分比作为其量化赋分，分值在 0 ~ 100，记作 SO_{swc}。

$$SO_{swc} = SWC_a/SWC_u \times 100 \tag{2-14}$$

4. 资料来源

水土保持率现状值依据全国年度水土流失动态监测成果获得；远期目标值由水利部相关研究成果分区汇总得到。

（八）中等以上侵蚀强度占比

1. 概念

流域/区域内侵蚀强度中等以上的土壤面积占其水土流失总面积的比例。

2. 指标值计算方法

中等以上侵蚀强度占比计算公式如下：

$$MAER = MAEA/WSLA \times 100\% \tag{2-15}$$

式中，MAER 为待评价流域/区域中等以上侵蚀强度占比，%；MAEA 为待评价流域/区域中等以上土壤侵蚀面积，km^2；WSLA 为待评价流域/区域水土流失总面积，km^2。

3. 指标赋分方法

根据中等以上侵蚀强度占比对水土保持情况进行安全赋分，分值在 0 ~ 100，记作 SO_{MAER}。

$$SO_{MAER} = 100 - MAER \times 100 \tag{2-16}$$

4. 资料来源

计算所需的区域内中等以上的水土流失面积、水土流失总面积依据全国年度水土流失动态监测成果获得。

二、水质维度评价指标

（一）水功能区水质达标率

1. 概念

水质状况满足水域使用功能要求的水功能区个数占评价水功能区总数的比例，反映了水功能区对社会经济用水水质需求的满足程度。

2. 指标值计算方法

水功能区水质达标率计算公式如下：

$$WQ_f = nwq/Nwq \times 100\% \tag{2-17}$$

式中，WQ_f 为待评价流域/区域水功能区水质达标率,%；nwq 为待评价流域/区域水功能区水质达标数，个；Nwq 为待评价流域/区域水功能区总数，个。

3. 指标赋分方法

考虑国内水功能区水质达标现状及演变情况，对其安全得分进行赋分，分值在 0 ～ 100，记作 SO_{WQ}。

$$SO_{WQ} = WQ_f \times 100 \tag{2-18}$$

4. 资料来源

历年《中国水资源公报》数据。

（二）饮用水水源地水质达标率

1. 概念

水质合格的饮用水水源地数量占饮用水水源地总数的比例，反映了饮用水水源地对居民生活饮用水水质需求的满足程度。

2. 指标值计算方法

饮用水水源地水质达标率计算公式如下：

$$QDS = nqds/Nqds \times 100\% \tag{2-19}$$

式中，QDS 为待评价流域/区域饮用水水源地水质达标率,%；nqds 为待评价流域/区域饮用水水源地水质达标数，个；Nqds 为待评价流域/区域饮用水水源地总数，个。

3. 指标赋分方法

考虑国内饮用水水源地水质达标现状及演变情况，对其安全得分进行赋分，分值在 0 ～ 100，记作 SO_{qds}。

$$SO_{qds} = QDS \times 100 \tag{2-20}$$

4. 资料来源

历年《中国水资源公报》数据、国家水资源管理信息系统实时监测数据。

（三）Ⅰ～Ⅲ类水质河长比例

1. 概念

水质等于或优于Ⅲ类的河流长度占评价河长的比例，反映了流域/区域水质优良河流的整体状况。

2. 指标值计算方法

Ⅰ～Ⅲ类水质河长比例计算公式如下：

$$RL_{10} = rl_{\leqslant III}/Nrl \times 100\% \tag{2-21}$$

式中，RL_{10} 为待评价流域/区域水质等级等于或优于Ⅲ类河长占评价河长的比例,%；$rl_{\leqslant III}$ 为待评价流域/区域水质等级等于或优于Ⅲ类河长，km；Nrl 为待评价流域/区域河流总长度，km。

3. 指标赋分方法

考虑国内Ⅰ～Ⅲ类水质河长比例现状及演变情况，对其安全得分进行赋分，分值在 0 ～ 100，记作 SO_{rl10}。

$$SO_{rl10} = RL_{10} \times 100 \tag{2-22}$$

4. 资料来源

历年《中国水资源公报》数据。

（四）劣V类水质河长比例

1. 概念

水质为劣V类的河流长度占评价河长的比例，反映了流域/区域劣等水质河流的整体状况。

2. 指标值计算方法

劣V类水质河长比例计算公式如下：

$$RL_{20} = rl_{>V} / Nrl \times 100\% \tag{2-23}$$

式中，RL_{20} 为待评价流域/区域水质等级劣于V类河长占评价河长的比例，%；$rl_{>V}$ 为待评价流域/区域劣于V类河长，km；Nrl 为待评价流域/区域河流总长度，km。

3. 指标赋分方法

考虑国内劣V类水质河长比例现状及演变情况，对其安全得分进行赋分，分值在 0 ～ 100，记作 SO_{rl20}。

$$SO_{rl20} = \frac{0.5 - RL_{20}}{0.5} \times 100 \tag{2-24}$$

4. 资料来源

历年《中国水资源公报》数据。

（五）湖库平均富营养化指数

1. 概念

富营养化湖库个数占评价湖库总数的比例，反映了流域/区域湖泊水环境整体质量，对该地区陆面污染有一定指示作用。

2. 指标值计算方法

湖库平均富营养化指数计算公式如下：

$$REL_0 = nrel / Nrel \times 100\% \tag{2-25}$$

式中，REL_0 为待评价流域/区域湖库平均富营养化指数，%；$nrel$ 为待评价流域/区域富营养化的湖泊水库数，个；$Nrel$ 为待评价流域/区域湖泊水库总数，个。

3. 指标赋分方法

考虑国内湖库富营养化现状及演变情况，对其安全得分进行赋分，分值在 0 ～ 100，记作 SO_{rel}。

$$SO_{rel} = \frac{0.7 - REL_0}{0.4} \times 100 \tag{2-26}$$

4. 资料来源

历年《中国水资源公报》数据。

（六）Ⅰ~Ⅲ类地下水水质监测井比例

1. 概念

水质等级达到或优于Ⅲ类的地下水监测井数量占评价地下水监测井总数的比例，反映了区域/流域地下水受污染状况。

2. 指标值计算方法

Ⅰ~Ⅲ类地下水水质监测井比例计算公式如下：

$$RGW = gw_{\leqslant Ⅲ}/Ngw \times 100\% \tag{2-27}$$

式中，RGW 为待评价流域/区域水质等级及优于Ⅲ类地下水监测井占地下水监测井总数的比例，%；$gw_{\leqslant Ⅲ}$ 为待评价流域/区域水质等级等于及优于Ⅲ类的地下水监测井数，个；Ngw 为待评价流域/区域地下水监测井总数，个。

3. 指标赋分方法

考虑国内Ⅰ~Ⅲ类地下水监测井占比现状及演变情况，对其安全得分进行赋分，分值在 0~100，记作 SO_{rgw}。

$$SO_{rgw} = RGW \times 100 \tag{2-28}$$

4. 资料来源

历年《中国水资源公报》数据。

三、水域维度评价指标

（一）水域空间变化率

1. 概念

现状条件下水域空间面积与初始状态下水域空间面积的比值，该指标反映了水域空间面积的变化情况。

2. 指标值计算方法

水域空间变化率计算公式如下：

$$C_{ws} = \frac{S_{cur} - S}{S} \times 100\% \tag{2-29}$$

式中，C_{ws} 为水域空间变化率，%；S_{cur} 为现状条件下水域空间面积，hm^2；S 为初始状态下水域空间面积，hm^2。本书选取 20 世纪 80 年代水域空间的面积为初始状态下水域空间面积。

3. 指标赋分方法

根据《全国水资源保护规划》《自然生态空间用途管制办法（试行）》等已有成果，结合流域实际情况，对水域空间变化率进行安全赋分，分值在 0~100，记作 SO_{cws}。

$$SO_{cws} = \begin{cases} (C_{ws} + 100\%) \times 100 & C_{ws} \leqslant 0 \\ 100 & C_{ws} > 0 \end{cases} \tag{2-30}$$

4. 资料来源

中国科学院资源环境科学与数据中心（http：//www. resdc. cn）。

（二）水域空间保留率

1. 概念

水域空间历经多年变化后，始终是水域空间面积与初始状态下水域空间面积的比值，反映了水域空间面积的稳定情况。

2. 指标值计算方法

水域空间保留率计算公式如下：

$$R_{\mathrm{ws}} = \frac{S_{\mathrm{re}}}{S} \times 100\% \tag{2-31}$$

式中，R_{ws} 为水域空间保留率，%；S_{re} 为始终是水域空间的面积，hm^2；S 为初始状态下水域空间面积，hm^2。本书选取 20 世纪 80 年代水域空间的面积为初始状态下水域空间面积。

3. 指标赋分方法

根据《全国水资源保护规划》《自然生态空间用途管制办法（试行）》等已有成果，结合流域实际情况，对水域空间保留率进行安全赋分，分值在 0～100，记作 $\mathrm{SO}_{\mathrm{rws}}$。

$$\mathrm{SO}_{\mathrm{rws}} = R_{\mathrm{ws}} \times 100 \tag{2-32}$$

4. 资料来源

中国科学院资源环境科学与数据中心（http：//www. resdc. cn）。

（三）水域空间保护率

1. 概念

一定水域空间中所有自然保护地内的湿地面积占其水域空间总面积的比例，反映了水域空间受保护的程度。

2. 指标值计算方法

水域空间保护率计算公式如下：

$$\begin{cases} R_{\mathrm{sp}} = \dfrac{S_{\mathrm{sp}}}{S} \times 100\% \\ S_{\mathrm{sp}} = \displaystyle\sum_{k=1}^{m} w_k \end{cases} \tag{2-33}$$

式中，R_{sp} 为水域空间保护率，%；S_{sp} 为自然保护地内湿地面积，hm^2；w_k 为第 k 个自然保护地内的湿地面积，hm^2；k、m 为水域空间内的自然保护地数量，个；S 为水域空间的总面积，hm^2。

3. 指标赋分方法

根据《全国水资源保护规划》《自然生态空间用途管制办法（试行）》等已有成果，结合流域实际情况，对水域空间保护率进行安全赋分，分值在 0～100，记作 $\mathrm{SO}_{\mathrm{rsp}}$。

$$\mathrm{SO}_{\mathrm{rsp}} = R_{\mathrm{sp}} \times 100 \tag{2-34}$$

4. 资料来源

中国科学院资源环境科学与数据中心（http：//www. resdc. cn）。

（四）水域空间聚合度

1. 概念

景观中组成要素的最大可能相邻程度的度量，来源于斑块水平上的邻近矩阵的计算，反映了同类型斑块的邻近程度。

2. 指标值计算方法

水域空间聚合度计算公式如下：

$$AI = \frac{g_i}{\max(g_i)} \times 100 \tag{2-35}$$

式中，AI 为水域空间聚合度；i 为水域空间斑块个数；g_i 为水域空间斑块中邻近斑块内的像元数量；$\max(g_i)$ 为所有水域空间斑块最大程度上聚合为一个斑块时可能的像元数量。

当聚合度为 0 时，水域空间斑块呈现最大程度的离散分布；当水域空间斑块聚合的程度更加紧密时，聚合度也随之升高；当水域空间斑块聚合成一个单独的、结构紧凑的斑块时，聚合度为 100。

3. 指标赋分方法

根据《全国水资源保护规划》《自然生态空间用途管制办法（试行）》等已有成果，结合流域实际情况，对水域空间聚合度进行安全赋分，分值在 0~100，记作 SO_{AI}。

$$SO_{AI} = AI \quad 0 \leqslant AI \leqslant 100 \tag{2-36}$$

4. 资料来源

中国科学院资源环境科学与数据中心（http：//www. resdc. cn）。

（五）最大斑块指数

1. 概念

水域空间内河流干流、主要支流及其相连通的湖沼湿地斑块中的最大水域斑块面积占水域空间总面积的比例，反映了水域空间连通性水平，其值越大代表水域空间连通性越高。

2. 指标值计算方法

最大斑块指数计算公式如下：

$$LPI = \frac{\max\limits_{i=1,\cdots,n}(S_{wi})}{S} \times 100 \tag{2-37}$$

式中，LPI 为区域最大斑块指数；S_{wi} 为第 i 个湿地斑块的面积，hm^2；S 为水域空间的总面积，hm^2。

3. 指标赋分方法

根据《全国水资源保护规划》《自然生态空间用途管制办法（试行）》等已有成果，结合流域实际情况，对最大斑块指数进行安全赋分，分值在 0~100，记作 SO_{LPI}。

$$SO_{LPI} = LPI/0.5 \quad 0 \leqslant LPI \leqslant 50 \tag{2-38}$$

4. 资料来源

中国科学院资源环境科学与数据中心（http：//www. resdc. cn）。

四、水流维度评价指标

（一）区域整体连通性

1. 概念

区域内部闸坝等障碍物的数量、类型、规模在区域整体空间结构上对鱼类等生物迁徙、能量及营养物质传递的影响。

2. 指标值计算方法

区域整体连通性的评价对象为全国范围内 6 级及以上河流，以及大、中、小所有规模的水库大坝、引水式水电站、水闸及橡胶坝。计算公式如下：

$$B_x = \frac{\sum\limits_{i=1}^{n} \sum\limits_{j=1}^{m} N_{ij} a_i b_j}{\sum\limits_{r=1}^{k} L_r} \times 100 \qquad (2-39)$$

式中，B_x 为第 x 个省（自治区、直辖市）/一级区的区域整体连通性指数；n 为拦河建筑物的种类数；m 为拦河建筑物的规模等级数；N_{ij} 为第 x 个省（自治区、直辖市）/一级区中规模等级为 j 的第 i 种拦河建筑物的数量，个；a_i 为第 i 种拦河建筑物对应的阻隔系数，见表 2-2；b_j 为规模等级为 j 的拦河建筑物的规模系数（橡胶坝不分规模），见表 2-3；k 为第 x 个省（自治区、直辖市）/一级区中 6 级及以上河流数量；L_r 为流经区域 x 的第 r 条河流在区域内的长度，km。

表 2-2   阻隔系数取值

类型	对鱼类洄游通道阻隔特征	阻隔系数
水库大坝	完全阻隔	1.00
	有过鱼设施	0.50
	有船闸	0.75
引水式水电站	—	0.50
水闸	部分时间段对鱼类洄游造成阻隔	0.25
橡胶坝	对部分鱼类洄游造成阻隔	0.25

表 2-3   规模系数取值

规模	水库大坝 库容/亿 m³	引水式水电站 装机容量/MW	水闸 过闸流量/(m³/s)	规模系数
小（2）型	<0.01	<10	<20	0.2
小（1）型	0.01~0.1	10~50	20~100	0.4
中型	0.1~1	50~300	100~1000	0.6
大（1）型	1~10	300~1200	1000~5000	0.8

规模	水库大坝 库容/亿 m³	引水式水电站 装机容量/MW	水闸 过闸流量/(m³/s)	规模系数
大（2）型	≥10	≥1200	≥5000	1.0

3. 指标赋分方法

根据全国主要河湖水生态保护与修复规划、《全国水资源保护规划》等已有成果，结合区域实际，确定区域整体连通性等级的评价标准（表2-4）以及安全赋分，分值在 0~100，记作 SO_b。

$$SO_b = \begin{cases} (1-B_x/5) \times 100 & B_x < 5 \\ 0 & B_x \geq 5 \end{cases} \tag{2-40}$$

表 2-4 区域整体连通性评价标准

指标名称	评价标准				
	优	良	中	差	劣
区域整体连通性	≤0.3	0.3~0.5	0.5~0.8	0.8~1.2	>1.2

4. 资料来源

第一次全国水利普查成果。

（二）主要河流纵向连通性

1. 概念

主要河流上闸坝等障碍物的数量、类型、所在位置对生物、物质、能量、信息等在河流上下游、干支流之间纵向运移通畅程度的影响。

2. 指标值计算方法

主要河流纵向连通性的评价对象为全国范围内流域面积大于 10 000km² 的河流，全国共215条。拦河建筑物类型中水库考虑大中型水库及以上（总库容大于1000万 m³），水电站考虑小（1）型及以上（装机容量大于10 000kW）。计算公式如下：

$$C_j = \frac{\sum_{i=1}^{n} a_i b_i}{L_j} \times 100 \tag{2-41}$$

其中：

$$b_i = (b_{Li} + b_{Qi})/2$$

$$b_{Li} = \frac{\sqrt{(L_{ai}/L_j) \times (L_{bi}/L_j)}}{(L_{ai}/L_j + L_{bi}/L_j)/2}/\alpha$$

$$b_{Qi} = \frac{Q_i}{Q_j}/\beta$$

式中，C_j 为第 j 条河流的纵向连通性指数；n 为拦河建筑物的数量，个；a_i 为第 i 种拦河建筑物对应的拦河建筑系数（表2-2）；b_i 为第 i 种拦河建筑物的位置修正系数；L_j 为河流的长度，km；b_{Li} 为表征阻隔物位置对本级河流纵向连通性的影响的位置修正因子，表征拦河建筑物位置对本级河流纵向连通性的影响；b_{Qi} 为表征拦河建筑物位置对该河段与所汇入干流（河口）之间的连通性的影响的位置修正因子，表征拦河建筑物位置对该河段与所汇入干流（河口）之间的连通性的影响；L_{ai} 为拦河建筑物距所在河流源头的距离，km；L_{bi} 为拦河建筑物距河口（或汇入干流处）的距离，km；Q_i 为拦河建筑物处多年平均天然径流量，万 m^3；Q_j 为该河段河口（或汇入干流处）多年平均天然径流量，万 m^3；α、β 为标准化系数，取值分别为 0.78 和 0.5。

在计算出评价范围内各条河流纵向连通性指数的基础上，各省（自治区、直辖市）/一级区的主要河流纵向连通性指数计算公式如下：

$$C_x = \sum_{j=1}^{m} \frac{C_j L_j}{\sum\limits_{j=1}^{m} L_j} \tag{2-42}$$

式中，C_x 为第 x 个省（自治区、直辖市）/一级区的主要河流纵向连通性指数；m 为第 x 个省（自治区、直辖市）/一级区中流域面积大于 10 000km² 的河流数量；L_j 为流经区域 x 的第 j 条河流在区域内的长度。

3. 指标赋分方法

根据全国主要河湖水生态保护与修复规划、《全国水资源保护规划》等已有成果，结合流域实际，确定主要河流纵向连通性等级的评价标准（表2-5）以及安全得分，分值在 0~100，记作 SO_c。

$$SO_c = \begin{cases} (1 - C_x/2.5) \times 100 & C_x < 2.5 \\ 0 & C_x \geq 2.5 \end{cases} \tag{2-43}$$

表2-5　主要河流纵向连通性评价标准

指标名称	评价标准				
	优	良	中	差	劣
纵向连通性	≤0.3	0.3~0.5	0.5~0.8	0.8~1.2	>1.2

4. 资料来源

第一次全国水利普查成果。

五、水生生物维度评价指标

（一）鱼类采集物种比例

1. 概念

鱼类采集物种数占记录总物种数的比例，该指标从生物多样性的角度反映了流域水生态系统的现状。理论上，流域水生态系统越健康，生物多样性越丰富，可采集到的物种数越多。

2. 指标值计算方法

鱼类采集物种比例计算公式如下：

$$\text{Richness} = \frac{\text{nf}}{\text{Nf}} \times 100\%$$ (2-44)

式中，Richness 为鱼类采集物种比例，%；nf 为鱼类采集物种数；Nf 为鱼类记录总物种数。

3. 指标赋分方法

考虑各重点流域鱼类采集情况，对鱼类采集物种比例的安全进行赋分，分值在 0 ~ 100，记作 SO_R。

$$\text{SO}_\text{R} = \text{Richness} \times 100/80.1 \times 100$$ (2-45)

式中，80.1 为各重点流域采集物种比例的 95% 分位数。

4. 资料来源

"长江渔业资源与环境调查"专项、《重点流域水生生物多样性保护方案》、各流域鱼类志或鱼类图鉴。

（二）特有鱼类受威胁种类比例

1. 概念

特有鱼类受威胁物种占鱼类记录总物种数的百分比，反映了流域水生态系统受胁迫的状态。流域水生态系统面临的干扰越大，水生生物受胁迫的比例越高。

2. 指标值计算方法

特有鱼类受威胁种类比例计算公式如下：

$$R_\text{red} = \frac{\text{nred}}{\text{Nred}} \times 100\%$$ (2-46)

式中，R_red 为鱼类采集物种比例，%；nred 为特有鱼类受威胁种类数；Nred 为鱼类记录总物种数。

3. 指标赋分方法

考虑各重点流域特有鱼类受威胁情况，对特有鱼类受威胁种类比例的安全得分进行赋值，分值在 0 ~ 100，记作 SO_red。

$$\text{SO}_\text{red} = R_\text{red} \times 100/27 \times 100$$ (2-47)

式中，27 为各重点流域特有鱼类受威胁种类比例的 95% 分位数。

4. 资料来源

2015 年《中国生物多样性红色名录》。

（三）渔业产量占历史产量百分比

1. 概念

当前渔业捕捞产量占对应历史最大值的比例，反映了流域水生态系统的支撑功能，对流域水生态安全状况具有较好的指示作用。

2. 指标值计算方法

渔业产量占历史产量百分比的计算公式如下：

$$R_{\text{fish}} = \frac{\text{WR}}{\text{WR}_0} \times 100\% \tag{2-48}$$

式中，R_{fish} 为流域/区域渔业产量占历史产量百分比，%；WR 为流域/区域当前渔业捕捞产量，t；WR_0 为流域/区域渔业资源量历史最大值，t。

3. 指标赋分方法

考虑各重点流域渔业产量占历史产量百分比情况，对渔业产量占历史产量百分比的安全进行赋分，分值在 0～100，记作 SO_{fish}。

$$\text{SO}_{\text{fish}} = R_{\text{fish}} \times 100 \tag{2-49}$$

4. 资料来源

历年《中国渔业统计年鉴》、各省志·水产志数据。

第二节　指标权重确定

指标权重的大小反映着各个评价指标在水环境和水生态安全状态评价中的重要程度，代表着指标对总目标实现的贡献大小。因此，不同的指标权重将导致不同的评价结果。指标权重确定结果是否合理，直接关系和影响整个水环境和水生态安全状态评价结果的科学性。目前，国内外确定指标权重的方法很多，根据数据来源和计算过程的不同大致可分为主观赋权法和客观赋权法两种。其中，主观赋权法主要依据专家学者等的经验主观判断确定权重，如德尔菲法（也称专家调查法）、层次分析法（analytic hierarchy process，AHP）等；客观赋权法主要依靠指标的实际数据来定权，根据历史数据挖掘指标之间的关系，结果较为客观，主要有主成分分析法、变异系数法、熵权法等。考虑到主观赋权的人为不确定性缺点和客观赋权对数据的过分依赖，为使结果更为合理，避免单独采用某一种方法可能造成的片面性，本书一方面设计了关于"水环境和水生态安全评价指标体系及权重确定"的调查问卷，依托微信群、QQ 群等多种平台对业内数百位知名教授专家开展了大样本调查，在此基础上通过层次分析法对指标进行了主观赋权；另一方面利用各指标多年数据资料，采用熵权法进行权重计算，对指标进行了客观赋权。最后对主客观赋权结果进行组合赋权，以求指标权重科学合理。

一、主观赋权——层次分析法

为帮助美国国防部解决"如何根据各个工业部门对国家福利的贡献大小而进行电力分配"的难题，Saaty（1978）首次提出了层次分析法这种多目标决策方法。该方法通过比较指标间的相对重要程度，构造指标的判断矩阵，确定指标权重，计算步骤如下。

（一）构造判断矩阵

设有指标方案集 $X = \{x_1, x_2, x_3, \cdots, x_n\}$，则表示 $x_1, x_2, \cdots, x_n$ 两两比较重要程度的模糊互补判断矩阵为 $\boldsymbol{A} = (a_{ij})_{m \times n}$：

$$A = \begin{bmatrix} a_{11} & a_{12} & \cdots & a_{1n} \\ a_{21} & a_{22} & \cdots & a_{2n} \\ & & \vdots & \\ a_{n1} & a_{n2} & \cdots & a_{nn} \end{bmatrix}$$

其中，指标 x_i 相对于 x_j 的重要程度，用 a_{ij} 标度，a_{ij} 的标度方法见表 2-6。指标 x_i 相对于 x_j 越重要，则 a_{ij} 越大，$0 \leqslant a_{ij} \leqslant 1$，$a_{ii} = 0.5$，$a_{ij} + a_{ji} = 1$。

表 2-6　判断矩阵元素 a_{ij} 的标度方法

标度	含义
1	两个因素具有同样重要性
3	一个因素比另一个稍微重要
5	一个因素比另一个明显重要
7	一个因素比另一个强烈重要
9	一个因素比另一个极端重要
2、4、6、8	上述两相邻判断的中值
倒数	因素 i 与 j 比较的判断 a_{ij}，则因素 j 与 i 比较的判断 $a_{ji} = 1/a_{ij}$

（二）计算权向量及特征值

对给定的判断矩阵 A，确定权向量 $W = (w_1, w_2, \cdots, w_n)^\mathrm{T}$ 及特征值 λ_1，计算公式如下：

$$w_i = \frac{1}{n} \sum_{j=1}^{n} \frac{a_{ij}}{\sum_{k=1}^{n} a_{kj}} \quad i = 1, 2, \cdots, n \tag{2-50}$$

$$\lambda_1 = \frac{1}{n} \sum_{i=1}^{n} \frac{\sum_{j=1}^{n} a_{ij} w_j}{w_i} \tag{2-51}$$

（三）一致性检验

$$CI = \frac{\lambda_1 - n}{n-1}(n>1), CR = \frac{CI}{RI} \tag{2-52}$$

式中，CI 为一致性指标；RI 为随机一致性指标；CR 为一致性比率。RI 的取值见表 2-7。

表 2-7　平均随机一致性指标 RI 值

矩阵阶数 n	2	3	4	5	6	7	8	9	10	…
RI	0	0.52	0.89	1.12	1.26	1.36	1.41	1.46	1.49	…

当 RI>0.1 时，不符合一致性要求，重新修正判断矩阵；当 RI<0.1 时，认为通过一致

性检验，以 λ_i 所对应的归一化后的特征向量为所求权重 w_i。

二、客观赋权——熵权法

熵权法赋权的原理是以指标客观的原始信息为基础，认为某一指标数值间的差距越大，则对于某一现象所起作用越大，权重也就越大，反之则越小。熵原是热力学中的概念，表示物质系统状态的一种量度，后由 Shannon 将其引入信息论，用以表示系统内部的稳定程度。当信息熵越小时，信息的无序程度就越小，则信息效用值就越大；当信息熵越大时，信息的无序程度就越大，则信息效用值就越小。在综合评价中，运用信息熵确定权重的基本思想为根据指标在待评单位之间的变异程度确定。变异程度越大，则该指标包含的信息量越多，在综合评价中所起的作用就越大，权值相应也较高。如果每个方案的某项指标值全部相等或较为接近，则其提供的信息量越低，对方案的区分能力越弱，权重也越小。熵权法可以尽量消除各指标权重计算中的主观干扰，使评价结果更接近实际（康健等，2020）。熵权法确定权重步骤如下。

（一）指标标准化处理

对于正向指标：

$$y_{ij} = \frac{x_{ij} - \min(x_j)}{\max(x_j) - \min(x_j)} \tag{2-53}$$

对于反向指标：

$$y_{ij} = \frac{\max(x_j) - x_{ij}}{\max(x_j) - \min(x_j)} \tag{2-54}$$

式中，x_{ij}、y_{ij} 分别为第 j 个样本的第 i 个指标标准化前后的值；x_j 为指标 i 的所有样本值。

（二）对标准化后的结果做比重变化

$$Q_{ij} = \frac{y_{ij}}{\sum\limits_{j=1}^{n} y_{ij}} \tag{2-55}$$

（三）求指标 i 的熵值 e_i

$$e_i = -\frac{1}{\ln n} \sum_{j=1}^{n} Q_{ij} \ln Q_{ij} \tag{2-56}$$

式中，n 为指标样本数，当 $Q_{ij} = 0$ 时，令 $\ln Q_{ij} = 0$。

（四）确定权重 w_i

$$w_i = \frac{1 - e_i}{m - \sum\limits_{i=1}^{m} e_i} \tag{2-57}$$

三、组合权重确定

将主客观赋权结果分别所得权重进行线性组合得到指标最终权重 W。

$$W = \alpha_1 \cdot W_1 + \alpha_2 \cdot W_2 \qquad (2\text{-}58)$$

式中，W_1、W_2 分别为层次分析法、熵权法计算所得权重；α_1、α_2 分别为两者的重要性，满足 $0 \leq \alpha_1 \leq 1$，$0 \leq \alpha_2 \leq 1$，$\alpha_1 + \alpha_2 = 1$。本书认为主客观赋权具有同等重要的效果，取 $\alpha_1 = \alpha_2 = 0.5$。

通过对评价指标进行主客观赋权，最终确定了水环境和水生态安全评价指标权重，结果见表2-8。

表 2-8　水环境和水生态安全评价指标权重

目标	维度	分类	表征指标	指标权重		
				主观	客观	组合
水环境和水生态安全	水量 (0.23)	河湖生态流量保障 (0.60)	生态基流达标率	0.50	0.61	0.56
			敏感生态需水达标率	0.50	0.39	0.44
		地下水采补平衡 (0.20)	平原区地下水超采面积比例	0.42	0.50	0.46
			平原区地下水超采强度	0.58	0.50	0.54
		坡面水源涵养稳定 (0.20)	林草地面积占比	0.28	0.24	0.26
			中高覆盖度林草地比例	0.16	0.22	0.19
			水土保持率	0.28	0.20	0.24
			中等以上侵蚀强度占比	0.28	0.34	0.31
	水质 (0.23)	社会经济系统水质安全 (0.52)	水功能区水质达标率（全指标）	0.50	0.37	0.43
			饮用水水源地水质达标率	0.50	0.63	0.57
		自然生态系统水质安全 (0.48)	Ⅰ~Ⅲ类水质河长比例	0.30	0.19	0.25
			劣Ⅴ类水质河长比例	0.30	0.15	0.22
			湖库平均富营养化指数	0.30	0.24	0.27
			Ⅰ~Ⅲ类地下水水质监测井比例	0.10	0.42	0.26
	水域 (0.20)	面积稳定 (0.50)	水域空间变化率	0.48	0.50	0.49
			水域空间保留率	0.52	0.50	0.51
		结构合理 (0.50)	水域空间保护率	0.40	0.32	0.36
			水域空间聚合度	0.30	0.26	0.28
			最大斑块指数	0.30	0.42	0.36
	水流 (0.14)	水流连通 (1.00)	区域整体连通性	0.48	0.75	0.62
			主要河流纵向连通性	0.52	0.25	0.38
	水生生物 (0.20)	种类多样 (0.50)	鱼类采集物种比例	0.50	0.52	0.51
			特有鱼类受威胁种类比例	0.50	0.48	0.49
		数量稳定 (0.50)	渔业产量占历史产量百分比	1.00	1.00	1.00

第三节 评价方法

一、单指标赋分

采用线性插值方法对单一指标安全状态得分进行评价。考虑指标属性、发展变化情况、规划目标等综合确定指标最差和最优两个特征值，分别用 a 和 b 表示，相应指标得分分别为 0 和 100。由此，(a，0) 和 (b，100) 两点构成 3 个基本区间。根据指标值落入不同区间内，确定相应的指标得分。

正向指标的得分随指标值增大而增大，当指标值小于等于最差特征值时，赋分为 0；当指标值大于等于最优特征值时，赋分为 100。反向指标的得分随指标值增大而减小，当指标值大于等于最差特征值时，赋分为 0；当指标值小于等于最优特征值时，赋分为 100，具体如图 2-1 所示。

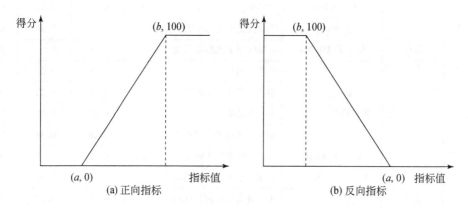

图 2-1　单一指标赋分示意

依据水环境和水生态安全状态评价指标的概念内涵、历史变化及未来规划，确定了各指标特征值 a 和 b，结果见表 2-9。

二、多指标综合赋分

水环境和水生态安全评价包括水量（W_1）、水质（W_2）、水域（W_3）、水流（W_4）和水生生物（W_5）5 个维度。通过多指标加权计算对水环境和水生态安全内各个维度的指标进行赋分，指标权重见表 2-8。

水量维度利用河湖生态流量保障（B）、地下水采补平衡（X）和坡面水源涵养稳定（H）来综合表征。其中，河湖生态流量保障的评价表征指标包括生态基流达标率（B_1）和敏感生态需水达标率（B_2）；地下水采补平衡表征指标包括平原区地下水超采面积比例

表2-9 水环境和水生态安全评价指标特征值

目标	维度	分类	表征指标	指标特征值	
				最差值	最优值
水环境和水生态安全	水量	河湖生态流量保障	生态基流达标率	0	100%
			敏感生态需水达标率	0	100%
		地下水采补平衡	平原区地下水超采面积比例	40%	0
			平原区地下水超采强度	40%	0
		坡面水源涵养稳定	林草地面积占比	0	70%
			中高覆盖度林草地比例	0	100%
			水土保持率	0	100%
			中等以上侵蚀强度占比	100%	0
	水质	社会经济系统水质安全	水功能区水质达标率（全指标）	0	100%
			饮用水水源地水质达标率	0	100%
		自然生态系统水质安全	Ⅰ～Ⅲ类水质河长比例	0	100%
			劣Ⅴ类水质河长比例	50%	0
			湖库平均富营养化指数	70%	30%
			Ⅰ～Ⅲ类地下水水质监测井比例	0	100%
	水域	面积稳定	水域空间变化率	−100%	0
			水域空间保留率	0	100%
		结构合理	水域空间保护率	0	70%
			水域空间聚合度	0	100
			最大斑块指数	0	50
	水流	水流连通	区域整体连通性	5	0
			主要河流纵向连通性	2.5	0
	水生生物	种类多样	鱼类采集物种比例	0	80%
			特有鱼类受威胁种类比例	100%	0
		数量稳定	渔业产量占历史产量百分比	0	100%

（X_1）和平原区地下水超采强度（X_2）；坡面水源涵养稳定表征指标包括林草地面积占比（H_1）、中高覆盖度林草地比例（H_2）、水土保持率（H_3）和中等以上侵蚀强度占比（H_4）。计算公式如下：

$$W_1 = B \cdot 0.60 + H \cdot 0.20 + X \cdot 0.20$$
$$B = B_1 \cdot 0.56 + B_2 \cdot 0.44$$
$$X = X_1 \cdot 0.46 + X_2 \cdot 0.54$$
$$H = H_1 \cdot 0.26 + H_2 \cdot 0.19 + H_3 \cdot 0.24 + H_2 \cdot 0.31 \tag{2-59}$$

水质维度利用社会经济系统水质安全（G）和自然生态系统水质安全（Y）来综合表征。其中，社会经济系统水质安全的评价表征指标包括水功能水质达标率（全指标，G_1）

和饮用水水源地水质达标率（G_2）；对于自然生态系统水质安全，选择 Ⅰ～Ⅲ 类水质河长比例（Y_1）、劣 Ⅴ 类水质河长比例（Y_2）、湖库平均富营养化指数（Y_3）和 Ⅰ～Ⅲ 类地下水水质监测井比例（Y_4）4 项表征指标。计算公式如下：

$$W_2 = G \cdot 0.52 + Y \cdot 0.48 \tag{2-60}$$

其中，
$$G = G_1 \cdot 0.43 + G_2 \cdot 0.57$$

$$Y = Y_1 \cdot 0.25 + Y_2 \cdot 0.22 + Y_3 \cdot 0.27 + Y_4 \cdot 0.26$$

水域维度利用面积稳定（S）和结构合理（J）来综合表征。其中，面积稳定评价表征指标包括水域空间变化率（S_1）和水域空间保留率（S_2）；结构合理评价表征指标包括水域空间保护率（J_1）、水域空间聚合度（J_2）和最大斑块指数（J_3）。计算公式如下：

$$W_3 = S \cdot 0.50 + J \cdot 0.50 \tag{2-61}$$

其中，
$$S = S_1 \cdot 0.49 + S_2 \cdot 0.51$$

$$J = J_1 \cdot 0.36 + J_2 \cdot 0.28 + J_3 \cdot 0.36$$

水流维度利用水流纵向连通（Z）和河湖沼横向连通来综合表征。其中，水流纵向连通的评价表征指标包括区域整体连通性（Z_1）和主要河流纵向连通性（Z_2）；河湖沼横向连通已通过水域空间连通性指标进行了表征，垂向连通已反映在地下水采补平衡上。计算公式如下：

$$W_4 = Z = Z_1 \cdot 0.62 + Z_2 \cdot 0.38 \tag{2-62}$$

在各种水生生物中，鱼类处于食物链的顶端，鱼类资源的完整性基本代表了整个区域水生生物的多样性和完整性，因此在水生生物层面利用种类多样（D）和数量稳定（N）来综合表征水生生物的生存状态。其中种类多样的评价表征指标包括鱼类采集物种比例（D_1）和特有鱼类受威胁种类比例（D_2）；数量稳定的评价表征指标包括渔业产量占历史产量百分比（N_1）。计算公式如下：

$$W_5 = D \cdot 0.50 + N \cdot 0.50 \tag{2-63}$$

其中，
$$D = D_1 \cdot 0.51 + D_2 \cdot 0.49$$

$$N = N_1$$

三、多组分集成赋分

根据水量、水质、水域、水流和水生生物 5 个维度的结果，集成计算水环境和水生态安全度（WS），公式如下：

$$WS = W_1 \cdot 0.23 + W_2 \cdot 0.23 + W_3 \cdot 0.20 + W_4 \cdot 0.14 + W_5 \cdot 0.20 \tag{2-64}$$

式中，WS 为水环境和水生态安全度，在 0～100 取值。

按照水环境和水生态安全度（WS）的大小将水环境和水生态安全状态划分为极不安全、不安全、一般、较安全、安全 5 个等级，所在得分区间见表 2-10。

表 2-10　水环境和水生态安全等级划分

WS	$[0, 40)$	$[40, 60)$	$[60, 70)$	$[70, 80)$	$[80, 100]$
安全等级	极不安全	不安全	一般	较安全	安全

第三章 | 中国水环境和水生态安全现状评价

以 2018 年作为现状水平年，对全国及各省（自治区、直辖市）① 的水环境和水生态安全状态进行了系统评估。同时，对五维三层 24 个评价指标的时空变化特征进行了深入解析，相关结果可为中国水环境和水生态安全成因解析与对策制定提供科学依据。

第一节 总体评价结果

根据第二章的评价方法，计算 2018 年全国及各省（自治区、直辖市）水环境和水生态安全得分及所处等级水平，结果见表 3-1 和图 3-1。全国水环境和水生态安全得分整体达到 67.42 分，处于"一般"等级，总体面临着较大的安全保障压力。从各维度得分来看，水域层面的得分最高，为 76.92 分，处于"较安全"等级。相对 20 世纪 80 年代近自然状态，中国水域面积较为稳定，得分达到 87.20 分，其中水域空间未出现大幅下降，得分为 95.50 分，但近自然水域空间有一定幅度的减少，水域空间保留率得分为 79.20 分。相对于水域空间面积稳定，结构合理层面的安全度得分明显偏低，仅为 66.65 分，其中最大斑块指数得分较低，是影响其安全状态的关键。这说明中国大水体面积正遭到挤占或改变，河湖水体间的横向连通性被削弱。水质层面的安全得分与水域大致相当，达到 76.70 分，同样处于"较安全"等级。其中，社会经济系统水质安全得分为 81.31 分，要明显高于自然生态系统水质安全得分（71.71 分），这主要得益于中国高水平的饮用水水源地水质达标率（92.72 分）。说明中国目前水环境治理成效主要在水体理化功能的保护上，对满足人民需求日益增长的美好水环境保障能力仍需提高。但是，中国水功能区水质全指标达标评价得分仍较低，仅 66.40 分，是我国未来水质服务社会经济功能改善的重点。自然生态系统水质安全层面得分主要受到湖库富营养化和地下水水质的影响，尤其是地下水水质污染情况严峻，Ⅰ～Ⅲ类地下水水质监测井比例严重偏低，亟须深入、系统开展地下水污染识别与防治工作。水流层面得分为 65.83 分，处于"一般"等级，其中区域整体连通性和主要河流纵向连通性的安全得分相差不大，均受到大规模水利工程建设所带来的阻隔影响。根据《第一次全国水利普查公报》，全国共有水库 9.8 万座，水电站 4.7 万座，过闸流量 1m³/s 及以上水闸 2.7 万座，这些工程建设对河流纵向连通以及鱼类等生物物种迁徙顺利程度、能量及营养物质的传递表达等产生着重要影响。如何实现水利工程的绿色生态化建设和改造是水利行业发展需要重点突破的方向。水量层面得分稍低于水流层面，为 64.04 分，但同属"一般"等级。具体各分项来看，河湖生态流量保障程度偏低，安全得

---

① 暂不含香港、澳门和台湾数据。

分为 62.82 分，无论是生态基流还是敏感生态需水，受人类取用水、水利工程建设运行、气候和土地利用变化等影响，主要河流断面中超过 1/3 无法满足生态流量需求。平原区面临着严峻的地下水采补失衡问题，全国平原区地下水超采面积占全国平原区面积的比例为 9.71%，超采量占到地下水可开采量的 7.4%。同样地，随着城市化发展和农垦开发的加剧，山丘区林草地面积和质量大幅下降，坡面水源涵养能力遭到严重削减，安全得分仅为 69.99 分。水生生物层面安全得分最低，只有 52.22 分，尚处于"不安全"等级，人类生活生产过程中对渔业资源的过度开发导致的渔业产量相对历史值发生锐减是其中的主要原因。2018 年习近平总书记在深入推动长江经济带发展座谈会上指出：长江生物完整性指数到了最差的"无鱼"等级。因此，如何科学开展渔业资源开发是维护河湖生态健康的关键工作之一。

表 3-1　全国水环境和水生态安全得分

目标（得分）	维度（得分）	分类（得分）	表征指标	指标得分
水环境和水生态安全（67.42）	水量（64.04）	河湖生态流量保障（62.82）	生态基流达标率	62.20
			敏感生态需水达标率	63.60
		地下水采补平衡（55.29）	平原区地下水超采面积比例	49.75
			平原区地下水超采强度	60.00
		坡面水源涵养稳定（69.99）	林草地面积占比	77.42
			中高覆盖度林草地比例	72.02
			水土保持率	71.39
			中等以上侵蚀强度占比	61.47
	水质（76.70）	社会经济系统水质安全（81.31）	水功能区水质达标率（全指标）	66.40
			饮用水水源地水质达标率	92.72
		自然生态系统水质安全（71.71）	Ⅰ～Ⅲ类水质河长比例	82.00
			劣Ⅴ类水质河长比例	89.00
			湖库平均富营养化指数	57.50
			Ⅰ～Ⅲ类地下水水质监测井比例	27.40
	水域（76.92）	面积稳定（87.20）	水域空间变化率	95.50
			水域空间保留率	79.20
		结构合理（66.65）	水域空间保护率	63.86
			水域空间聚合度	84.90
			最大斑块指数	55.00
	水流（65.83）	水流连通（65.83）	区域整体连通性	63.00
			主要河流纵向连通性	70.40
	水生生物（52.22）	种类多样（81.95）	鱼类采集物种比例	84.50
			特有鱼类受威胁种类比例	79.30
		数量稳定（22.50）	渔业产量占历史产量百分比	22.50

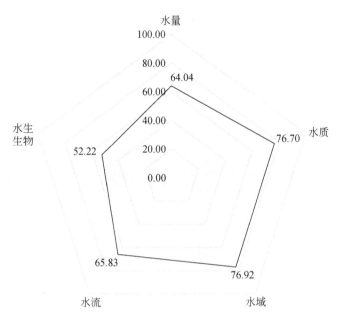

图 3-1 　全国水环境和水生态安全得分分维雷达图

第二节　分省（自治区、直辖市）评价结果

全国分省（自治区、直辖市）2018 年水环境和水生态安全状态评价结果见表 3-2、图 3-2 和图 3-3。从空间分布上看，31 个省（自治区、直辖市）水环境和水生态安全综合得分由西向东总体呈逐步下降态势。其中，西藏水环境和水生态安全综合得分最高，为 85.50 分，其次是青海（82.16 分），均达到了"安全"等级，也是中国仅有的两个达到了水环境和水生态"安全"等级的省（自治区）。究其原因，这两个省（自治区）人口密度较小，人类活动强度较弱，水环境和水生态受人类干扰作用有限。不过，比较来看，两地在水生生物多样性保护层面尚有一定的改善空间，水生生物维度的安全度得分显著低于其余 4 个维度，面临着特有鱼类受威胁和渔业产量下降的双重挑战。

表 3-2　全国分省（自治区、直辖市）水环境和水生态安全评价结果　（单位：分）

省（自治区、直辖市）	安全得分						安全等级 总体
	水量	水质	水域	水流	水生生物	总体	
北京	48.41	75.35	80.18	53.62	37.25	59.46	不安全
天津	15.77	46.73	67.56	60.60	37.25	43.82	不安全
河北	46.96	64.83	67.76	71.57	38.94	57.07	不安全
山西	56.23	63.76	67.54	79.19	41.88	60.57	一般

省（自治区、直辖市）	安全得分						安全等级
	水量	水质	水域	水流	水生生物	总体	总体
内蒙古	61.15	64.52	62.84	92.20	55.71	65.52	一般
辽宁	60.55	64.32	78.50	71.83	44.65	63.41	一般
吉林	61.29	62.21	67.58	78.95	51.50	63.27	一般
黑龙江	80.50	66.02	55.44	94.56	52.90	68.61	一般
上海	69.66	57.05	85.14	36.15	41.15	59.46	不安全
江苏	68.31	60.21	76.89	65.88	49.43	64.05	一般
浙江	82.30	67.86	70.16	15.01	59.23	62.52	一般
安徽	62.86	69.84	75.10	55.40	51.09	63.52	一般
福建	87.03	83.91	65.96	11.48	59.58	66.03	一般
江西	77.04	90.34	87.88	23.13	55.68	70.45	较安全
山东	57.80	65.34	75.55	29.31	44.06	56.35	不安全
河南	58.09	73.28	70.90	67.76	46.48	63.18	一般
湖北	65.09	81.70	83.10	49.77	55.55	68.46	一般
湖南	82.04	89.01	88.47	6.43	55.68	69.07	一般
广东	73.05	70.59	68.04	9.80	51.77	58.37	不安全
广西	78.69	89.43	67.34	44.79	58.47	70.10	较安全
海南	96.14	89.66	68.31	59.17	58.49	76.38	较安全
重庆	57.22	69.21	94.88	23.13	55.61	62.42	一般
四川	78.66	90.57	75.44	49.36	55.21	71.96	较安全
贵州	70.84	89.17	69.16	46.21	56.61	68.43	一般
云南	74.92	87.30	73.91	53.75	65.40	72.70	较安全
西藏	90.37	91.64	81.86	98.07	67.67	85.50	安全
陕西	56.77	82.70	61.84	83.18	48.49	65.79	一般
甘肃	81.09	71.56	72.87	76.86	56.27	71.70	较安全
青海	90.10	90.40	81.13	91.08	58.33	82.16	安全
宁夏	91.81	64.25	76.60	71.21	44.87	70.16	较安全
新疆	41.20	87.21	76.24	93.67	63.51	70.60	较安全

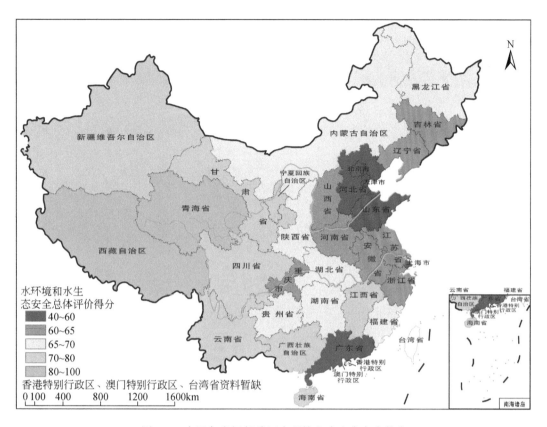

图 3-2　全国各省级行政区水环境和水生态安全状态

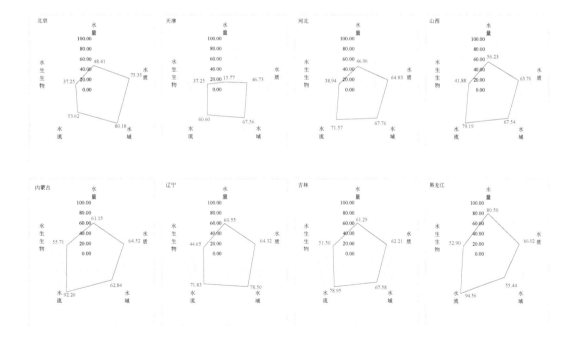

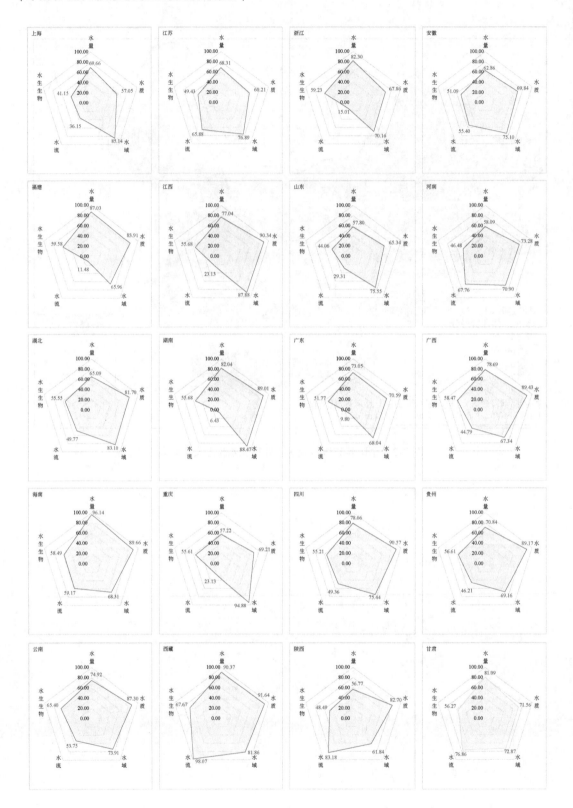

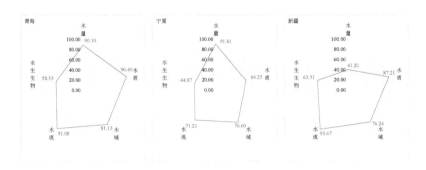

图3-3　全国分省（自治区、直辖市）水环境和水生态安全状态分维雷达图

江西、广西、海南、四川、云南、甘肃、宁夏、新疆8省（自治区）水环境和水生态安全综合得分超过70分，处于"较安全"等级。但是，对于不同地区来说，其面临的突出短板有所差异。其中，江西在水流和水生生物维度的安全得分严重偏低，处于"不安全"等级，尤其是水流连通层面，得分仅为23.13分，区域整体连通性受到水利工程建设的严重阻碍，探索绿色水利工程建设技术手段成为急需；广西、海南、四川面临的突出短板与江西类似，同样存在水流和水生生物维度安全滞后的问题；云南水环境和水生态安全的短板主要在水流连通层面，区域整体连通性和主要河流纵向连通性均处于较低水平；甘肃和宁夏面临的主要问题来自水生生物维度，表现在渔业产量的严重萎缩；新疆水环境和水生态安全则主要受制于水量维度，其得分仅为41.20，生态流量满足率低，林草地面积明显萎缩，水土流失问题严重，导致坡面水源涵养能力严重降低。

山西、内蒙古、辽宁、吉林、黑龙江、江苏、浙江、安徽、福建、河南、湖北、湖南、重庆、贵州、陕西15个省（自治区、直辖市）水环境和水生态安全综合得分在60～70分，处于"一般"等级。其中，山西、重庆、浙江、河南、吉林等地综合得分仅略高于60分，接近"不安全"等级，面临较严峻的安全保障形势，而湖南、黑龙江、湖北、贵州、福建等地的安全保障压力则相对较小。从各省（自治区、直辖市）面临的突出短板看，山西、内蒙古、辽宁、吉林、河南、陕西等中部和北部省（自治区）主要面临着水量和水生生物维度安全度偏低的问题，多处于"不安全"等级；黑龙江水域和水生生物维度安全得分偏低，天然水域面积严重萎缩，渔业产量大幅下降；浙江、安徽、福建、湖北、湖南、重庆、贵州等地河流水系发育丰富，主要面临着水流连通性和水生生物多样性下降的问题；江苏一方面面临着渔业产量下降问题，另一方面还受到水质污染的威胁。

天津、山东、广东、上海、河北、北京处于"不安全"等级。究其原因，一方面受到渔业产量大幅下降的影响，北京、河北、山东、天津等地渔业产量不足历史产量的10%；另一方面生态基流和敏感期生态需水的水量需求难以得到满足，达标率非常低，以天津为例，生态基流和敏感期生态需水的现状达标率仅为0和33%。

暂无省（自治区、直辖市）处于"极不安全"等级。

第三节　主要分项指标变化情况

一、河湖生态流量保障状况

关于生态流量的量化指标有很多，包括生态基流、生态环境需水量、敏感生态需水、生态环境下泄水量等。欧美国家将生态流量过程分为极端低流量（extreme low flows）、基础流量（base flows）、脉冲流量（high flow pulses）、小洪水（small floods）、大洪水（large floods）等。鉴于目前中国生态流量的保障还面临较大的体制机制与社会经济制约，现阶段可做适当简化，主要考虑生态基流、敏感生态需水、汛期漫滩流量3种组分。其中汛期漫滩流量也可以看作是一种特殊形式的敏感生态需水，保证率要求相对较低，可暂不作为重点。因此，研究选择生态基流达标率和敏感生态需水达标率两项指标，在明晰生态基流和敏感期生态需水阈值的基础上确定其达标状况，综合评估我国整体及不同地区的生态流量达标情况。

（一）生态基流达标率

1. 生态基流目标确定

1）生态基流目标的制定情景

（1）对于天然季节性断流河流或河段，不制定天然断流期间的生态基流目标。对于河流是否天然季节性断流的判定准则是：采用20年以上逐月还原径流量资料，利用 Q_p（$p=95\%$）方法开展天然生态基流的计算，若计算结果为0（考虑到目标的可测可行性，若计算结果小于 $0.1\mathrm{m}^3/\mathrm{s}$，可等同于0），则认定为天然季节性河流，该断面不制定贯穿全年的生态基流目标。否则，该断面应制定生态基流目标，且各个时段均应有对应目标。

（2）对于已判定的天然季节性河流（河段），在非天然断流期间，应制定非断流期的生态基流目标。河流天然断流主要发生在枯水期，各流域枯水期略不一致，一般为12月至次年3月。因此，对于天然断流河流，可采用20年以上每年4~11月还原径流量资料（可视流域实际情况，最短调整为5~10月），同样利用 Q_p（$p=95\%$）方法开展非枯水期天然生态基流的计算，若计算结果同样为0（或<$0.1\mathrm{m}^3/\mathrm{s}$），则认定该河流为天然常断流河流，全年均无需制定生态基流目标。否则，该季节性断流断面应制定非天然断流期间的生态基流目标。

（3）对于全年均需制定基流目标的断面，其基流目标应尽量采用全年统一值，但对于年内丰枯变化剧烈的河流（河段），建议分为枯水期和非枯水期分别制定生态基流目标。根据对全国不同区域断面生态基流占多年平均天然径流量的汇总分析，一个可行的标准是：若断面初定生态基流目标占多年平均天然径流量比例超过10%，则该目标可作为断面全年的生态基流目标；若占比低于10%，则应分别制定枯水期（12月至次年3月）、非枯水期（4~11月）生态基流目标。在制定不同时期的基流目标时，应只以相应时段的生态水文条件作为测算依据。

2) 生态基流目标的标准化计算方法

针对现有生态基流计算方法多样，即使采用同一方法计算结果也因人而异，造成生态基流目标多样、难以协调确定的问题，基于不同计算方法的适应性研究，研究提出一种可以较为快速、合理确定河流断面生态基流目标的标准化方法，具体包括以下内容。

（1）基础数据准备对于拟开展生态基流目标计算的河流控制断面，需要准备的基础数据包括：①近 20 年以上的逐月天然径流量资料；②近 20 年的逐月实测径流量资料；③近 10 年的逐日实测径流量资料；④断面近 3 年实测流量过程表（流量、水面宽、平均水深）；⑤断面上游控制性水利工程建设时间等信息；⑥相关规划、方案对于断面流量/水量的要求；⑦断面多年平均天然径流量等基础信息。

上述资料根据实际情况，尽量收集齐全，但并不要求每项都具备。若部分断面完全不具备相关资料，如规划或新建水利工程的控制断面，其最低资料要求是根据断面集水面积、流域内其他断面多年平均天然径流量等数据，能够推算出断面多年平均天然径流量。

（2）生态基流初始建议值计算。采用 Q_p 法分别计算长系列逐月天然径流过程的 Q_{95} 值（简称"天然月径流 Q_{95}"）、近 20 年逐月实测径流过程的 Q_{95} 值（简称"实测月径流 Q_{95}"）、近 10 年逐日实测径流过程的 Q_{90} 值（简称"实测日径流 Q_{90}"），将三者中的最大值作为生态基流初始建议值。

三者中若某项数据缺乏，可空缺处理，不参与生态基流初始建议值的计算。若断面生态基流初始建议值占其多年平均天然径流量的百分比低于 10%，则将全年分为枯水期（12 月至次年 3 月）、非枯水期（4～11 月），采用相应时段的水文数据作为测算依据分别确定枯水期、非枯水期生态基流初始建议值。若测算结果为 0，参考生态基流目标制定情景决定是否继续开展此断面生态流量目标制定。采用三者中的较大值作为生态基流初始建议值是出于以下考虑。

对于没有控制性水利工程直接调控的断面，其生态基流目标不应高于断面天然基流水平，即断面天然月径流 Q_{95} 值。在此采用月径流的 Q_{95} 作为断面天然基流水平代表，一方面是由于很难将天然径流过程还原到日尺度，一般还原径流数据最多到月尺度；另一方面是月均流量相比于日均流量会掩盖掉很大一部分低流量过程，因此，虽然生态基流的保证率要求是 90%，但采用月均流量作为核算依据时，保证率要求需提升到 95%。经过对全国数百个断面的分析，月均径流 Q_{95} 仍然普遍大于日均径流 Q_{90} 值，若采用月均径流 Q_{90} 作为核算依据，将造成基流目标初始建议值进一步偏大。

对于上游有控制性水利工程的断面，由于水利工程的削峰补枯作用，其生态基流目标应不低于现状水平。根据资料的翔实情况，采用近 20 年实测月径流 Q_{95} 和近 10 年实测日径流 Q_{90} 中的较大值代表断面的现状基流水平。再综合断面天然基流水平，取天然和现状基流水平的较大值作为生态基流目标的初始建议值，其内在含义是：当水利工程、社会经济取用水等人类活动对断面生态基流造成负面影响时，取其天然基流水平作为生态基流初始建议值；当水利工程建设等人类活动对断面生态基流造成正面影响时，取断面现状基流水平作为其生态基流初始建议值。这样，可保证计算出的生态基流初始建议值不偏小，满足断面生态保护需求；但初始建议值有可能偏大，需要进行相应修正。

（3）对生态基流初始建议值进行必要性修正。若断面具有长系列还原径流资料，即天然月径流 Q_{95} 参与了初始建议值比选，则从三者之中选取的较大值不可能偏小但有可能偏大，需要对其必要性进行修正；反之，若断面不具备长系列还原径流资料，即只通过现状实测径流确定的初始建议值，则既可能偏大，也可能偏小，同样需要对其必要性和合理性进行修正。

修正的基本原则和方法是根据分区分类河流断面生态水文特征，以生态基流占断面多年平均天然径流量的比例作为控制指标，制定不同区域不同类型河流断面生态基流占比的最大值、最小值和推荐值。当初始建议值高于相应分区分类断面生态基流占比最大值时，用最大值进行修订和替换；当只利用实测径流数据进行初始建议值核算，且初始建议值小于分区分类断面生态基流占比最小值时，用最小值进行修订和替换；当断面没有任何还原和实测径流数据时，采用相应分区分类的生态基流占比推荐值作为断面生态基流目标。

可见，对于生态基流初始建议值进行必要性修正的关键是合理确定不同区域不同类型河流断面生态基流占比的最小阈值、最大阈值和推荐值。为此，项目组在全国十大水资源一级区选择了 439 个代表性断面，对其天然和实测生态基流占比进行了深入的统计分析，按照不同水资源一级区、不同集水面积、是否具有控制性工程的分区分类方式，提出了不同区域不同类型断面枯水期、非枯水期生态基流占比的阈值和推荐值，相关确定过程和结果详见第五章第一节。

（4）对生态基流目标可达性进行分析和修正。在对生态基流的初始建议值进行修正后，考虑到基流目标应用于管理实践的落地可行，还需对目标的可达性进行分析，并根据现状实际达标情况进行进一步修正。由于基流目标的保证率要求是 90%，且在初始建议值阶段已考虑现状 90% 保证率的基流水平，因此在可达性分析中，主要对比基流目标与近10 年 75% 保证率的日均流量（P_{75} 日均流量）。

若既定基流目标≤近 10 年 P_{75} 日均流量，说明既定基流目标的可达性较好，可不再做进一步修正；若既定基流目标>近 10 年 P_{75} 日均流量，说明将既定基流目标作为该断面生态基流目标，现状可达性较差，有必要进行一定的修正。此时，可分为两种情况，一是近10 年 P_{75} 日均流量≥该断面所属分区分类生态基流占比阈值下限值，则以近 10 年 P_{75} 日均流量作为断面建议的生态基流目标；二是若近 10 年 P_{75} 日均流量<该断面所属分区分类生态基流占比阈值下限值，则以该断面所属分区分类生态基流占比阈值下限值作为建议的生态基流目标。特别的，当近 10 年 P_{75} 日均流量<既定基流目标<该断面所属分区分类生态基流占比阈值下限值时，说明断面天然基流水平和既定基流目标都很低，但现状达标性仍不好，此时维持既定基流目标不变。

通过对生态基流目标的可达性分析和修正，形成最终技术层面建议的断面生态基流目标（表 3-3）。对于没有任何还原和实测径流资料的断面，则直接根据其所属分区分类的生态基流占比推荐值作为断面生态流量目标。

总结来看，研究提出的生态基流标准化计算方法具有以下优点：①计算方法标准化程度较高，避免了采用不同方法或采用同一方法不同参数造成的基流目标值不一致问题，有效避免主观误差和争议，便于推荐目标的行政磋商和落地。②充分考虑了断面径流过程的本底条件和现状情况,经过层层筛选,推荐目标合理可行。③考虑不同区域径流特征,大部分区域全年采用单一生态基流目标,必要的情况下分段设置(或不设置)生态基流目标,便于管理考核实践。④有资料地区能充分利用已有水文资料,无资料地区也能给出推荐结果,且资料越翔实,推荐目标科学性和可行性越高。

表 3-3 生态基流目标可达性分析与修正

对比结果	现阶段可达性	推荐值
既定基流目标≤近 10 年 P_{75} 日均流量	基流目标现状保证率高于75%,基本可达	维持既定基流目标不变
既定基流目标>近 10 年 P_{75} 日均流量≥该断面所属分区分类生态基流占比阈值下限值	目标可达性不强,现状 Q_{75} 值较高	近 10 年 P_{75} 日均流量
既定基流目标≥该断面所属分区分类生态基流占比阈值下限值>近 10 年 P_{75} 日均流量	目标可达性不强,现状 Q_{75} 值很低	分区分类阈值下限值
同分区同类型河流生态基流占比阈值下限值>既定基流目标>近 10 年 P_{75} 日均流量	目标很低,但现阶段可达性仍然很差	维持既定基流目标不变

同时,该方法也存在如下不足:首先,对于生态要素考虑较少,需要在敏感生态需水中予以补充。其次,分区域的阈值和推荐值选择很关键,受限于样本数量的限制,还有待进一步论证和完善。

2. 生态基流达标现状分析

全国各省(直辖市、自治区)生态基流达标现状如图 3-4 所示。整体来看,全国整体生态基流达标率为 62.2%,处于良好水平,但部分地区已受到人类活动的强烈干扰;北部地区生态基流现状达标情况最差,主要包括北京、天津、河北、内蒙古、新疆等地,生态基流达标率不足 35%,生态基流被人类活动挤占现象严重;山西、辽宁、吉林、上海、江苏、安徽、河南、湖北、重庆、陕西等地生态基流达标率基本在 50% 左右,处于中等水平;黑龙江、山东、云南、贵州、广东等地生态基流达标率在 70% 左右,处于较高水平;甘肃、宁夏、青海、西藏、四川、湖南、江西、浙江、福建、广西、海南等地生态基流达标率超过 80%,这些地区一方面自然本底条件较好,另一方面人类活动剧烈程度相对较低或者大众生态保护意识较高。

全国十大水资源一级区生态基流达标现状如图 3-5 所示。从结果看,海河区生态基流现状达标率最低,仅为 27.7%,其次是辽河区(31.6%)。长江区、珠江区为丰水地区,但可以看出,其达标率虽然较高,但逐日达标情况明显偏低,说明长江区、珠江区虽然生态基流整体保障情况较好,但年内丰枯变化更加显著,极端低流量事件发生频率较高。

(二)敏感生态需水达标率

1. 敏感生态需水目标制定情景

具有特殊生态保护对象的河流,除生态基流之外,还应确定敏感生态需水目标。所谓特殊生态保护对象主要包括以下 4 类:①具有重要保护意义的河流湿地(如公布的各级河流湿地保护区)及以河水为主要补给源的河谷林;②河流直接连通的湖泊;③河口;④土

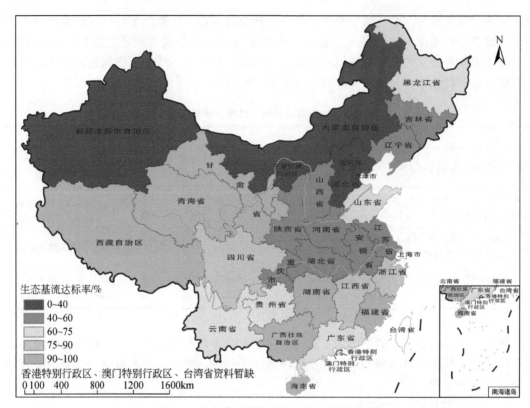

图 3-4　全国各省级行政区生态基流达标率

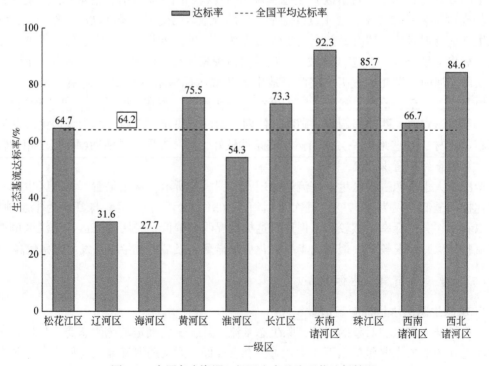

图 3-5　全国各水资源一级区生态基流现状达标情况

著、特有、珍稀濒危等重要水生生物或者重要经济鱼类栖息地、"三场"（越冬场、产卵场、索饵场）分布区（如水产种质资源保护区、水功能区划中的重要生境类保护区和渔业用水区）等。目前，中国共有 57 个国际重要湿地、173 个国家重要湿地、158 个涉水国家级自然保护区，另有 535 个国家级水产种质资源保护区，其中河流型 346 个、湖泊型 130个，以及全国重要江河湖泊水功能区划中 142 个重要生境类保护区、225 个渔业用水区。确定特殊生态保护对象后，再根据河流断面与敏感保护区的关系，选择敏感保护区内部或上、下游控制性/代表性断面作为需要制定敏感生态需水目标的控制断面。

确定敏感生态需水控制断面后，接下来需要根据特殊生态保护对象和保护目标，确定断面的生态敏感期和控制指标。对于河流湿地和河谷林，当保护对象位于常年过水区域，一般以年生态水量作为表征指标，此时敏感期可认为是全年；当保护对象不在常年过水区域，以漫滩流量和持续时间作为敏感期生态需水表征指标，此时生态敏感期为林草植被生长的关键时期，一般为 4~7 月。

对于吞吐型湖泊，一般通过生态水文关系明晰湖泊生态水位要求，全年均需满足的最小生态水位，可以看作是特殊形式的生态基流，保证率要求可设置为90%；维护湖泊候鸟栖息等特定生态功能的水位要求是敏感生态需水，其敏感期根据候鸟栖息时段等确定，保证率要求等同一般敏感生态需水（75%）。对于尾闾湖泊，一般以年生态水量作为敏感生态需水指标，此时不存在特殊敏感期，或敏感期可看作是全年。

对于有闸门控制的河口，主要保护近海生态环境，一般以年入海水量作为敏感生态需水指标，此时敏感期为全年；部分河口区鱼类繁殖对于盐度有特殊要求的，需单独制定鱼类繁殖期入海水量指标，此时敏感期为河口区域鱼类繁殖的关键时期，一般为 4~7 月。对于无闸门控制的河口，还需考虑枯水期压咸流量需求，此时敏感期为枯水期，一般为 12月至次年 3 月。

对于重要水生生物或鱼类的栖息地，主要敏感期是鱼类产卵期，产卵期敏感生态需水表征指标是刺激鱼类洄游产卵的脉冲流量或涨水强度及其持续时间和发生频次。鱼类越冬场一般位于大江大河干流或湖泊，此时还需考虑满足鱼类越冬的最小流量或水深要求，越冬期与枯水期基本重合，一般为 12 月至次年 3 月。

2. 不同类型敏感生态需水目标的制定方法

综合不同类型敏感生态需水表征指标，可以看出，主要的敏感生态需水表征指标包括年生态水量（入海水量）、漫滩流量、湖泊生态水位、鱼类产卵期脉冲流量 4 种类型。

1）年生态水量（入海水量）

推荐采用年保证率法、生态水量占比阈值法。年保证率法是以 75% 保证率下天然年径流量作为年生态水量的目标，代表在正常年份，要维护断面年生态水量不低于天然条件下75% 枯水年份的总径流量。生态水量占比阈值法是根据分区分类河流断面特征，通过确定不同区域不同人类活动影响程度下，断面年生态水量占多年平均天然径流量的比例，确定断面年生态水量目标。

2）漫滩流量

推荐采用断面形态分析法、湿周法。断面形态分析法基于实测河流断面形态，分析达到水流溢出主河槽的漫滩水位，进而根据断面水位-流量关系曲线，得到漫滩水位对应的漫滩流量。同时根据生态保护目标,确定漫滩流量的持续时间,一般为 3 ~ 5 天。湿周法通过收集控制断面实测大断面形态及对应的水位、流量数据,建立湿周与流量的关系曲线,将曲线中拐点对应流量作为敏感期生态流量推荐值,即维持生物栖息地功能不丧失的水量。

3)湖泊生态水位

湖泊生态水位包括最低生态水位、敏感期生态水位两种类型。最低生态水位建议采用 Q_p 法、湖泊形态分析法确定,Q_p 法一般采用长系列90%保证率的月均水位;湖泊形态分析法通过构建湖泊水位–面积关系曲线,通过曲线拐点确定最小生态水位。湖泊敏感期生态水位推荐采用生态水文关系法确定。首先选取重点保护的水生生物,一般是典型水生植被、鱼类或水鸟;其次确定不同时期重点保护生物的适宜水深需求,计算湖泊不同水位下重点保护生物的适宜生境面积;最后根据水位–适宜生境面积曲线,确定敏感期湖泊生态水位。

4)鱼类产卵期脉冲流量

在有研究区详细河道地形和水文实测数据时推荐采用栖息地模拟法(PHABSIM 等),在没有相关详细数据时推荐采用生态流速法。栖息地模拟法以代表性水生生物为指示物种,通过构建水力要素、水温、水质、底质指标的生境适宜度曲线,并建立研究区水动力模型定量评价不同流量下研究区有效栖息地面积(weighted usable area,WUA),通过有效栖息地面积–流量关系曲线确定敏感期脉冲流量。生态流速法根据典型鱼类的生物学特性,确定其洄游产卵的适宜流速范围,进而结合断面流速–流量关系曲线,确定适宜流速对应的流量,即为敏感期生态流量。不同区域不同类型河流断面的生态流速阈值见第五章第二节。

综上所述,各种敏感生态需水目标的计算中,漫滩流量和湖泊生态水位主要依据断面或湖泊形态确定,需要一河(湖)一策针对性制定,难以形成普适性的计算参数和阈值;年生态水量主要通过水文学方法制定,可以通过统计分析,提出断面年生态水量占多年平均天然径流量的比例的分区分类推荐值;鱼类产卵期脉冲流量最核心的参数是生态流速,可以通过机理性实验和统计分析,提出分区分类河流断面敏感期生态流速阈值。接下来,针对年生态水量占多年平均天然径流量的比例和敏感期生态流速这两项重要参数阈值,简述分区分类确定过程和结果。

3. 敏感生态需水达标现状分析

对全国250个重点河流的敏感生态需水达标情况进行评价,评价年份为 2006 ~ 2018年,各站点年达标率分布如图 3-6 所示。全国敏感生态需水整体达标率为51%,有近一半的待评估河流断面敏感生态需水难以保障。各省级行政区 2018 年敏感生态需水达标评价结果如图 3-7 所示。26 个参评的省(自治区、直辖市)中,现状达标率超过90%的省级行政区有 2 个,分别为宁夏和青海;现状达标率介于 75% ~ 90% 的省级行政区有 3 个,分别为甘肃、黑龙江、云南;现状达标率介于 60% ~ 75% 的省级行政区有 7 个,分别为北京、福建、河南、湖北、内蒙古、浙江、河北;现状达标率介于 40% ~ 60% 的省级行政区有 12 个,分别为吉林、山东、广东、四川、贵州、广西、山西、辽宁、湖南、江西、陕西和重庆;现状达标率低于40%的省级行政区有 2 个,分别为安徽和天津。

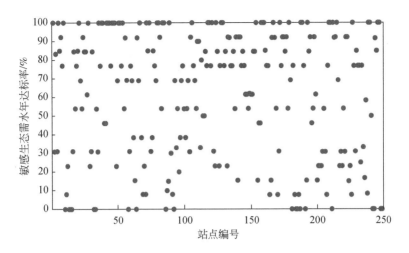

图 3-6　250 个重点河段敏感生态需水现状年达标率分布

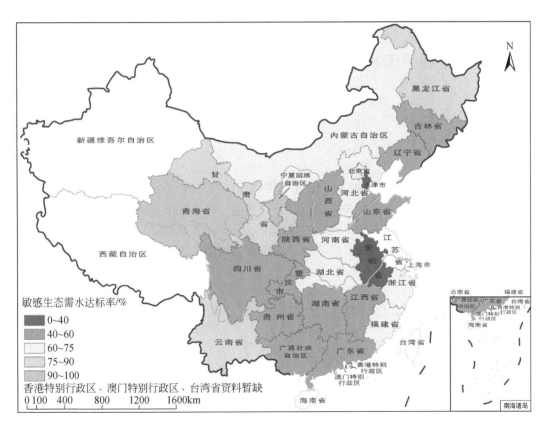

图 3-7　2018 年省级行政区敏感生态需水达标率对比

　　全国水资源一级区敏感生态需水现状评价结果如图 3-8 所示。黄河区、长江区和珠江区评价结果相对较好，现状达标率超过 55%；松花江区和东南诸河区现状达标率为 50% 左右，与全国平均达标率持平；海河区、淮河区敏感生态需水达标情况较差，达标率在

30%左右；辽河区现状达标率最低，仅为22%。

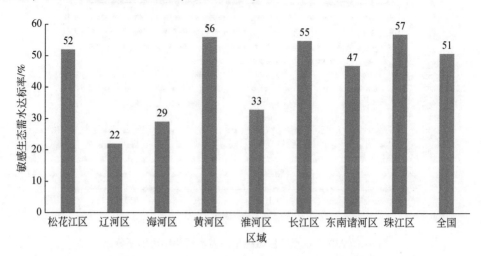

图3-8 水资源一级区敏感生态需水现状达标率对比

二、地下水采补平衡状况

（一）平原区地下水超采面积比例

1. 平原区地下水超采面积确定

1）地下水埋深的插值计算

利用近10年地下水埋深数据集，通过水位动态法在各地级市划定地下水超采区。首先，按照克里金（Kriging）法对地下水埋深进行插值。克里金法是地质统计学中较常用到的空间插值方法，它以区域化变量理论为基础，以变差函数为主要工具，在保证估计值满足无偏性条件和最小方差条件的前提下求得估计值。插值的原理可以简单概括为对插点P的估计值：

$$Z_P = \begin{cases} \sum\limits_{i=1}^{n} w_i Z_i \\ \sum\limits_{i=1}^{n} w_i = 1 \end{cases} \tag{3-1}$$

式中，Z_P为插点P的地下水埋深估计值；Z_i为第i栅格的地下水埋深观测值；w_i为第i栅格的权重值；n为有地下水埋深观测数据的栅格数量。

本研究中克里金插值变异函数选择线性函数，因此不易产生金块效应。克里金类型为点克里金，漂移类型为不漂移，因此整个插值过程将保持为普通克里金。因为地下水观测数据量有限，搜索设定选择使用所有数据所默认搜索半径。输出网格在XY平面的栅格大小为20km，另外将Z值的最小值设定为0，以防止插值得出的埋深为负值的情况。在处理单个地下水盆地时，首先将每个单独的平原区插值处理，网格大小为5km。

（2）平原区地下水埋深变幅计算

依据《全国地下水超采区评价技术大纲》，地下水位在栅格上的年均变化速率按式（3-2）计算：

$$v = \frac{H_1 - H_2}{\Delta t} \tag{3-2}$$

式中，v 为年均地下水位变化速率，m/a；H_1 为初始水平年地下水位，m；H_2 为现状水平年地下水位，m；Δt 为时间段，此处取 10 年。本研究采用了地下水埋深数据，原理与水位相同。统计了评价期内监测井地下水埋深值，计算其年均变化速率，观察其是否呈持续下降趋势。将起始年和评估年地下水埋深做差后，再对所得变幅栅格除以相隔年份计算年变幅。

将在栅格上得到的地下水下降速率进一步在地级市上计算平均变幅，并以此为依据判断某一地市是否处于超采状态。通过 ArcGIS 软件中的分区统计工具，按照算术平均法求得一个地级市的平均地下水位（h）变化：

$$h = (x_1 + x_2 + x_3 + \cdots + x_n)/n \tag{3-3}$$

式中，x_1，x_2，$\cdots$，x_n 为待评价流域/区域内插值精度下所有栅格值的埋深；n 为待评价流域/区域内栅格的点数。最后将得到的插值栅格按面积平均赋值到地区上，从而得到待评价流域/区域平原区内所对应的浅层地下水年变化值。

3）平原区地下水超采区判定依据

对于浅层地下水，降幅小于 1.0m/a 属于一般超采区，大于 1.0m/a 属于严重超采区；对于深层承压水，小于 2.0m/a 属于一般超采区，大于 2.0m/a 属于严重超采区。

2. 现状分析

全国省级行政区平原区地下水超采面积占比计算结果见表 3-4 和图 3-9。结果显示，全国平原区地下水超采面积为 25.8 万 km²，占全国平原区面积的比例为 9.71%。超采区域集中在河北、山东、河南以及东北三省，分别占到了全国总超采面积的 27.67%、24.84%、17.60%、10.04%，四个区域合计约占全国超采总面积的 80%。河北、山东、河南 3 省平原区地下水超采面积最大，占当地平原区面积的比例超过了 50%，山东、河北更是高达 80% 以上。对于超采最为严重的黄淮平原区，其平原潜水一般超采区主要分布在河北石家庄市、邢台市，河南安阳市、开封市，山东德州市、聊城市、泰安市。潜水严重超采区主要分布在河北石家庄市、邢台市，河南安阳市，山东德州市。河南、河北、山东大部分城市都有一定的承压水超采情况，面积较大的主要为天津，河北石家庄市、沧州市，山东聊城市、德州市。

表3-4　全国省级行政区地下水超采面积与超采量计算结果

省级行政区	平原区面积 /万 km²	超采面积 /万 km²	超采面积比 /%	可开采量 /亿 m³	超采量 /亿 m³	超采量比 /%
北京	0.66	0.3	45.5	15.69	0.80	5.10
天津	1.10	0.31	28.2	3.17	1.96	61.83

续表

省级行政区	平原区面积 /万 km²	超采面积 /万 km²	超采面积比 /%	可开采量 /亿 m³	超采量 /亿 m³	超采量比 /%
河北	8.62	7.14	82.8	93.88	53.22	56.69
山西	2.85	1.61	56.5	30.29	6.95	22.94
内蒙古	51.56	0.6	1.2	84.64	0.80	0.95
辽宁	3.29	0.19	5.8	61.91	1.94	3.13
吉林	7.82	0.71	9.1	40.41	8.68	21.48
黑龙江	20.96	1.69	8.1	137.28	4.81	3.50
山东	7.69	6.41	83.4	83.44	12.96	15.53
河南	8.81	4.54	51.5	112.34	19.53	17.38
陕西	3.70	1.87	50.5	28.87	0.87	3.01
甘肃	11.13	0.43	3.9	27.34	2.55	9.33
全国	265.65	25.8	9.71	1561	115.07	7.37

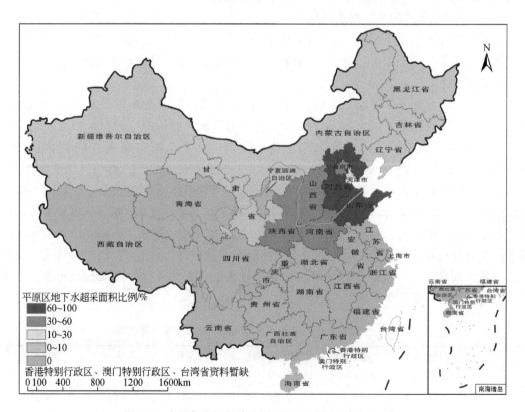

图 3-9　全国各省级行政区平原区地下水超采面积比例

（二）平原区地下水超采强度

1. 平原区地下水超采量确定

本研究利用近 10 年地下水埋深数据集，通过水位动态法在各地级市划定地下水超采区，并通过疏干体积法评价超采区的地下水超采量（Q_c）。疏干体积法利用超采区多年超采疏干的含水层体积计算地下水超采量。具体的计算公式如下：

$$Q_c = \frac{u(v_i - v_j)}{n} = u \cdot \Delta H / n \cdot F \tag{3-4}$$

式中，u 为给水度；v_i 和 v_j 分别为计算初始时段和结束时段含水层疏干的体积；n 为从 v_i 到 v_j 的历时，年；$\Delta H / n$ 为计算区多年平均地下水位下降值，m/a；F 为计算区面积，km^2。

给水度的赋值难度较大，根据生态环境部《地下水污染模拟预测评估工作指南（试行）》中所给出的参考值确定，见表 3-5。

表 3-5 北方平原区各松散岩土给水度综合取值

岩性名称	给水度值	岩性名称	给水度值	岩性名称	给水度值
黏土	0.02 ~ 0.04	粉砂土	0.06 ~ 0.08	中粗砂	0.09 ~ 0.15
黄土状亚黏土	0.025 ~ 0.05	细粉砂	0.07 ~ 0.09	粗砂	0.12 ~ 0.16
亚黏土	0.02 ~ 0.06	细砂	0.08 ~ 0.11	砂卵石	0.14 ~ 0.24
黄土状亚砂土	0.03 ~ 0.06	中砂	0.09 ~ 0.13	卵砾石	0.15 ~ 0.27
亚砂土	0.03 ~ 0.075	含砾中细砂	0.1 ~ 0.14	漂砾	0.2 ~ 0.3

以省级行政区为单位，根据当地实际的水文地质条件和表 3-5，给水度取单一值，即忽略省内的空间分布差异。因中国北方主要含水层以砂土居多，给水度取值范围一般在 0.06 ~ 0.2。

2. 平原区地下水可开采量确定

地下水可开采量即浅层地下水补给量。常见的估算地下水可采量的方法有在行政区通过地下水可更新资源量乘以可采系数的评估法、在水源地通过地下水径流模数法、在流域通过地下水数值模型法等。本研究采用各地区地下水资源量作为平原区浅层地下水可开采量。水资源公报中的地下水资源量由降雨入渗补给量、山前侧向流入量、地表水体入渗补给量、井灌回归补给量几部分构成。

3. 现状分析

2008 年，北京、天津、河北等 12 个省（直辖市、自治区）地下水超采量总计约 115 亿 m^3，其中浅层地下水超采量为 60 亿 m^3，深层承压水开采量为 55 亿 m^3。地下水是北方地区重要的供水水源，其中海河流域开采强度最大，河北、北京、河南、山东、山西、吉林等北方地区地下水开采量占其总供水量的比例较高，地下水存在不同程度的超采（图 3-10）。河北现状地下水超采量最大，达 53 亿 m^3 左右，占地下水可开采量的 56.69%，河南超采量次之。河北、河南两省地下水合计超采量占全国地下水超采量的一半以上。全国平原区地下水超采量为 115.07 亿 m^3，占平原区地下水可开采量的 7.37%。

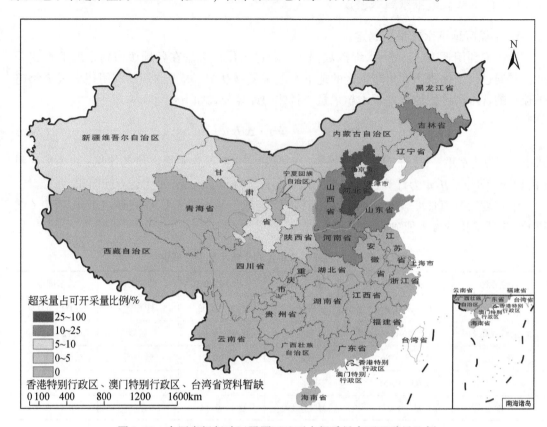

图 3-10　全国省级行政区平原区地下水超采量占可开采量比例

三、坡面水源涵养稳定状况

（一）林草地面积占比

在林草地面积占比方面，2018 年全国林草地面积达到 495.80 万 km^2，其中林地面积为 229.16 万 km^2，草地面积为 266.64 万 km^2，其空间分布情况如图 3-11 所示，林地大多分布在以胡焕庸线为界的东南地区，草地大多分布在以胡焕庸线为界的西北地区。全国 31 个省级行政区林草地面积占比情况如图 3-12 所示。全国总体林草地面积占比为 54.20%，31 个省级行政区中有 18 个省级行政区的林草地面积占比高于全国均值，有 13 个省级行政区的林草地面积占比低于全国均值。其中云南省、福建省和四川省的林草地面积占比位列前三位，分别达到 75.60%、74.27% 和 70.41%；上海市、江苏省和天津市的林草地面积占比最低，分别仅为 3.08%、4.26% 和 7.24%。

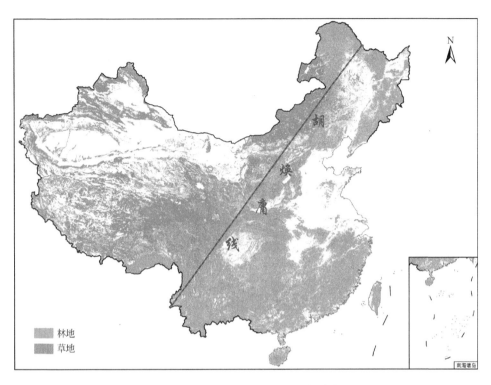

图 3-11　2018 年全国林草地空间分布

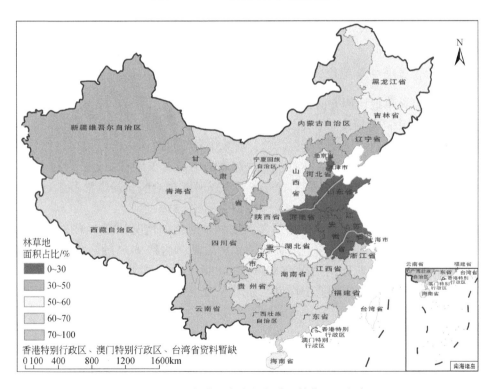

图 3-12　2018 年全国各省级行政区林草地面积占比

2018 年全国十大水资源一级区的林草地面积占比情况如图 3-13 所示。在各水资源一级区中，西南诸河区的林草地面积占比最高，达到 74.75%，其次为东南诸河区和珠江区，林草地面积占比依次为 73.74% 和 71.19%；相反，淮河区林草地面积占比最低，仅为 11.01%。

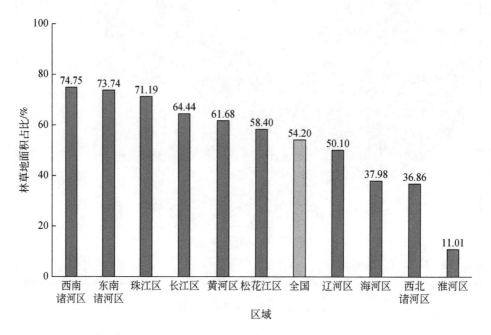

图 3-13　2018 年全国十大水资源一级区林草地面积占比

（二）中高覆盖度林草地比例

在中高覆盖度林草地比例方面，全国各省级行政区中高覆盖度林草地比例情况如图 3-14 所示。全国总体中高覆盖度林草地比例为 70.51%，31 个省级行政区中有 23 个省级行政区的中高覆盖度林草地比例高于全国均值，有 8 个省级行政区的中高覆盖度林草地比例低于全国均值。其中，安徽省、吉林省、黑龙江省的中高覆盖度林草地比例位列前 3 位，分别为 98.37%、97.49% 和 97.12%；青海省、宁夏回族自治区、新疆维吾尔自治区中高覆盖度林草地比例最低，分别为 45.25%、50.97% 和 51.51%。

2018 年全国十大水资源一级区的中高覆盖度林草地比例情况如图 3-15 所示。在各水资源一级区中，松花江区的中高覆盖度林草地比例最高，达到 99.17%，其次为辽河区和淮河区，中高覆盖度林草地比例依次为 89.79% 和 86.23%；西北诸河区、黄河区和西南诸河区的中高覆盖度林草地比例低于均值，分别为 52.83%、58.19% 和 66.23%。

（三）水土保持率

根据 20 世纪 80 年代中期以来的历次全国水土流失遥感调查或动态监测结果，分析全国水土流失面积及水土保持率变化情况，如图 3-16 所示。

自 20 世纪 80 年代以来，全国水土流失面积持续减少，截至 2018 年累计减少 25.4%，

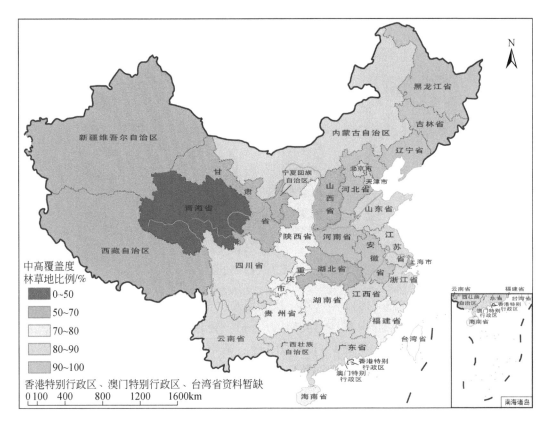

图 3-14　2018 年全国各省级行政区中高覆盖度林草地比例

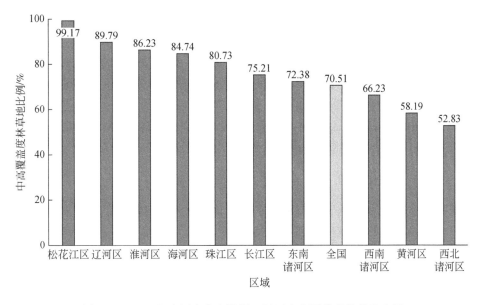

图 3-15　2018 年全国十大水资源一级区中高覆盖度林草地比例

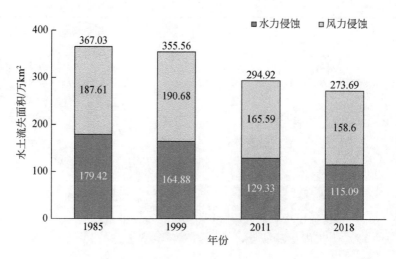

图 3-16　全国水土流失面积变化情况

但减少幅度逐渐趋缓。1985 ~ 1999 年（第一次和第二次全国土壤侵蚀遥感调查期间），全国轻度及以上水力侵蚀面积减少 14.54 万 km^2、轻度及以上风力侵蚀面积增加 3.07 万 km^2，水土流失总面积净减少 11.47 万 km^2，减幅 3.13%，年均减少 0.82 万 km^2；1999 ~ 2011 年（第二次全国土壤侵蚀遥感调查和第一次全国水利普查期间），全国轻度及以上水力侵蚀面积减少 35.55 万 km^2、轻度及以上风力侵蚀面积减少 25.09 万 km^2，水土流失总面积减少 60.64 万 km^2，减幅 17.05%，年均减少 5.05 万 km^2；2011 ~ 2018 年，全国轻度及以上水力侵蚀面积减少 14.24 万 km^2、轻度及以上风力侵蚀面积减少 6.99 万 km^2，水土流失总面积减少 21.23 万 km^2，减幅 7.20%，年均减少 3.03 万 km^2。伴随水土流失面积减少，全国水土保持率由 1985 年的 61.8% 持续提高至 1999 年的 63.0%、2011 年的 69.3%、2018 年的 71.2%，水土保持状况持续整体向好。

根据水利部有关水土保持率远期目标值研究成果，依据 2018 年的全国不同地区水土保持率现状值，得到全国水土保持率指标得分为 89.9 分，总体良好。不同区域间，全国十大水资源一级区中的东南诸河区最高，水土保持率指标得分 93.5 分，黄河区最低，得分 80.5 分，松花江区、辽河区、海河区、珠江区和西北诸河区也均介于 80 ~ 90 分，具体如图 3-17 所示。不同地区的水土保持率指标得分总体呈南方高于北方分布格局。

（四）中等以上侵蚀强度占比

根据多期全国水土流失遥感调查或动态监测结果，进入 21 世纪以来，全国水土流失面积中的中等以上的各级土壤侵蚀面积均持续减少，轻度土壤侵蚀面积则先减少后增加。总体上，伴随全国水土流失面积减少，中等以上侵蚀强度占比由 20 世纪末期（1999 年）的 54.5% 降低至 2018 年的 38.5%，土壤侵蚀强度大幅降低，主要表现为高强度等级的水土流失大幅减少或向低强度转变。不同时期，2011 ~ 2018 年高强度等级水土流失面积减幅明显高于 1999 ~ 2011 年，其中，强烈、极强烈和剧烈侵蚀面积的减幅分别为 36.36%、33.46% 和 17.65%，具体见表 3-6。

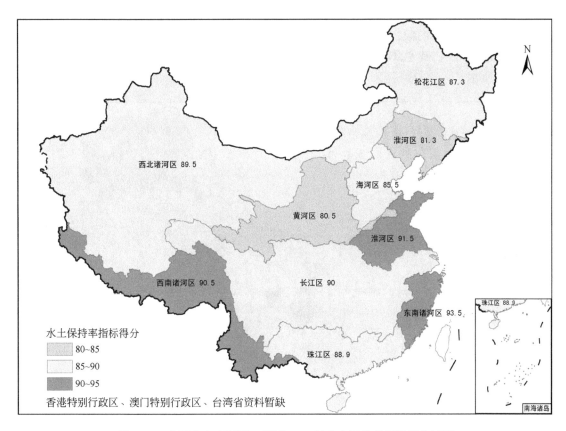

图 3-17　全国十大水资源一级区 2018 年水土保持率指标得分情况

表 3-6　全国水土流失动态变化情况

侵蚀强度	水土流失面积/万 km²			水土流失面积变化			
	1999 年	2011 年	2018 年	1999～2011 年		2011～2018 年	
				面积/万 km²	占比/%	面积/万 km²	占比/%
轻度	161.88	138.36	168.25	-23.52	-14.53	29.89	21.60
中度	80.61	56.89	46.99	-23.72	-29.43	-9.90	-17.40
强烈	42.63	38.68	21.03	-3.95	-9.27	-17.65	-45.63
极强烈	33.01	29.67	16.74	-3.34	-10.12	-12.93	-43.58
剧烈	37.43	31.32	20.68	-6.11	-16.32	-10.64	-33.97
合计	355.56	294.92	273.69	-60.64	-17.05	-21.23	-7.20

　　截至 2018 年，全国中等以上侵蚀面积占水土流失总面积的比例为 38.5%，指标得分 78.6 分。其中，上海最低，无中等以上侵蚀面积；甘肃最高，达 35.6%；其余地区中，北京、河北、天津 3 省（直辖市）不足 5%，山东、海南、浙江、江西、河南、广东、湖南、安徽、江苏、黑龙江 10 省介于 5%～10%，福建、湖北、吉林、重庆、辽

宁、山西、四川、宁夏、陕西9省（自治区、直辖市）介于10%～20%，新疆、青海、贵州、广西、云南、内蒙古、西藏7省（自治区）介于20%～30%。全国不同地区的中等以上侵蚀强度占比总体呈西部地区高于中部地区、东部地区等带状分布格局，具体如图3-18所示。

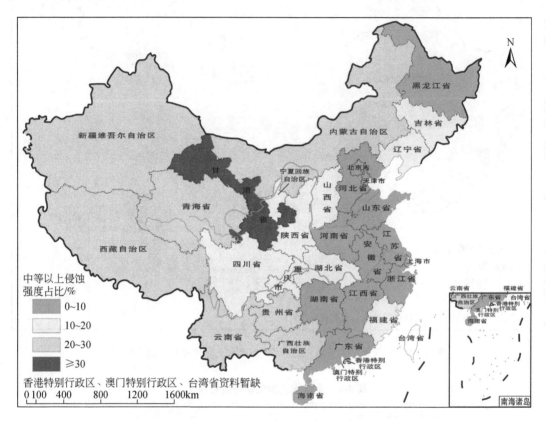

图3-18　全国各省级行政区中等以上侵蚀强度占比

四、社会经济系统水质安全状况

（一）水功能区水质达标率

1. 水功能区全指标达标评价评价方法

采用全指标评价的方式，若某水功能区全年测次的80%以上达标，则该水功能区达标。水功能区达标率=达标的水功能区数量/区域内水功能区总数量。其中，水功能区全指标达标评价项目为《地表水环境质量标准》（GB 3838—2002）表1中除水温、总氮、粪大肠菌群以外的21个基本项目。

2. 水功能区水质达标情况时空变化分析

2008～2018年，全国水功能区水质评价个数逐年上升，从2008年的3219个增加到

2018 年的 6779 个；水功能区水质达标率也逐步增高，从 2008 年的 42.9% 增长到 2018 年的 66.4%，全国水功能区水质呈现整体好转趋势，具体如图 3-19 所示。

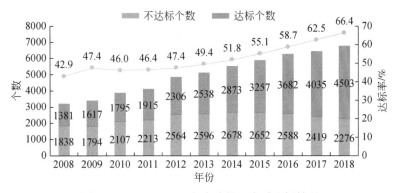

图 3-19　2008～2018 年水功能区水质达标情况

31 个参与评价的省级行政区中，广西、新疆和江西的达标率均高于 90%，云南、四川、海南等 10 个省（自治区、直辖市）的达标率均介于 70%～90%，陕西、安徽、河南等 8 个省（自治区、直辖市）的达标率均介于 50%～70%；河北、内蒙古、辽宁等 10 个省（自治区、直辖市）的达标率均低于 50%，其中上海、重庆和天津的达标率低于 30%，分别为 25%、20.1%、8.5%，具体如图 3-20 所示。

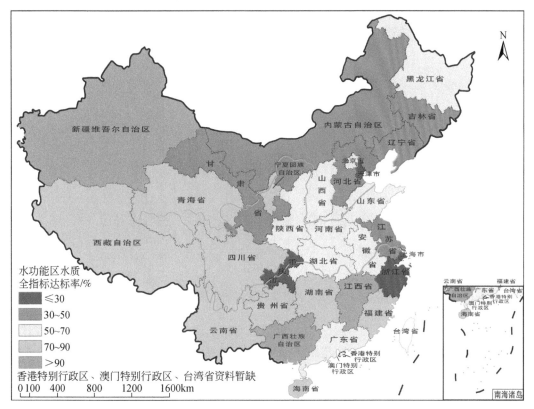

图 3-20　2018 年全国各省级行政区水功能区水质全指标达标率分布

（二）饮用水水源地水质达标率

1. 饮用水水源地水质达标评价方法

采用全指标评价的方式，若某饮用水水源地水质全年测次的 80% 以上达标，则该饮用水水源地达标。饮用水水源地达标率 = 达标的饮用水水源地数量/区域内饮用水水源地总数量，其中全指标项目评价与水功能区评价相同。

2. 饮用水水源地水质达标情况时空变化分析

2008～2018 年，全国饮用水水源地评价个数基本上呈逐年上升趋势，从 2008 年的 554 个增加到 2018 年的 1045 个，且水质合格率在 80% 以上的饮用水水源地占比呈逐年增高趋势，从 2008 年的 56.1% 增长到 2018 年的 83.5%，全国饮用水水源地水质呈现整体向好的趋势，具体如图 3-21 和图 3-22 所示。

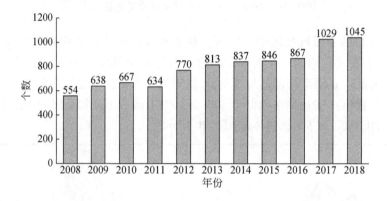

图 3-21　2008～2018 年饮用水水源地评价个数

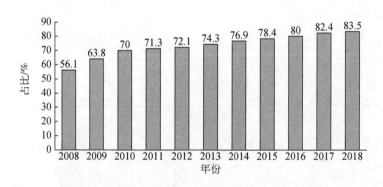

图 3-22　2008～2018 年水质合格率 80% 以上的饮用水水源地占比变化

2018 年，全国十大水资源一级区中，西南诸河区水质合格率 80% 以上的集中式饮用水水源地占比最高，为 100%，松花江区最低，为 62.5%，各水资源一级区水质合格率 80% 以上的集中式饮用水水源地占比如图 3-23 所示。

31 个参评的省级行政区中，甘肃、贵州、海南等 16 个省（自治区、直辖市）的饮用水水源地水质达标率均为 100%，山东、四川、河南等 6 个省（自治区、直辖市）的达标

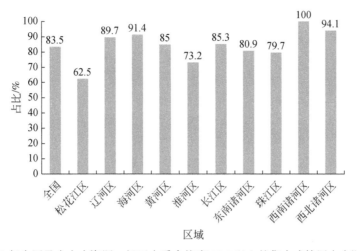

图 3-23 2018 年全国及十大水资源一级区水质合格率 80% 以上的集中式饮用水水源地占比情况

率均在 90% ~99%，安徽、北京、黑龙江等 6 个省（自治区、直辖市）的达标率均在 80% ~90%，内蒙古、广东和重庆的达标率均低于 80%，分别为 75%、72.4% 和 71.4%，具体如图 3-24 所示。

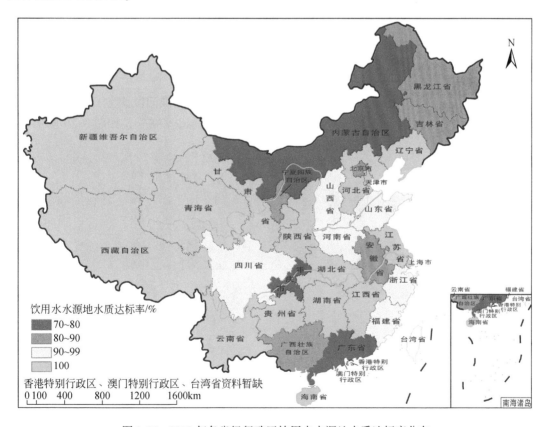

图 3-24 2018 年各省级行政区饮用水水源地水质达标率分布

五、自然生态系统水质安全状况

(一) 河流水质状况

采用 Ⅰ～Ⅲ 类水质河长比例和劣 Ⅴ 类水质河长比例反映河流水质状况，如图 3-25 所示。2008～2018 年，河流水质评价河长逐年增加，从 16.1 万 km 增加到 26.2 万 km，其中 Ⅰ～Ⅲ 类水质河长比例逐年增加，从 61.2% 增加到 81.6%；劣 Ⅴ 类水质河长比例逐年降低，从 20.6% 降低到 5.5%，河流水质明显好转。

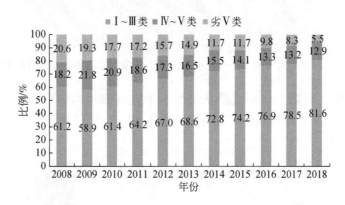

图 3-25　2008～2018 年全国河流水质评价结果

在十大水资源一级区中，海河区河流水质最差，辽河区、淮河区次之；西南诸河区、西北诸河区、东南诸河区水质较好，Ⅰ～Ⅲ 类水质河长比例超过 90%，如图 3-26 所示。

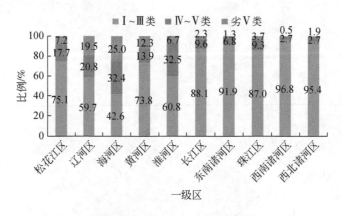

图 3-26　2018 年全国各水资源一级区河流水质状况

图 3-27 和图 3-28 显示，全国共有 8 省（自治区、直辖市）Ⅰ～Ⅲ 类水质河长比例超过 95% 且劣 Ⅴ 类水质河长比例低于 1%，分别为海南、湖南、西藏、重庆、江西、青海、四川、广西；浙江、上海虽然劣 Ⅴ 类水质河长比例低于 1%，但 Ⅰ～Ⅲ 类水质河长比例分别为 86.3%、59.6%；另有 5 省（自治区）Ⅰ～Ⅲ 类水质河长比例超过 85% 且劣 Ⅴ 类水

质河长比例低于5%，分别为福建、湖北、贵州、新疆、云南；黑龙江、安徽2省虽然劣V类水质河长比例低于5%，但I～III类水质河长比例分别为75.4%、74.5%；另有3省（自治区）I～III类水质河长比例超过75%且劣V类水质河长比例低于10%，分别为陕西、广东、内蒙古；江苏、河南2省虽然劣V类水质河长比例低于10%，但I～III类水质河长比例分别为49.8%、62.7%；劣V类水质河长比例为10%～20%的5省（自治区、直辖市）中，I～III类水质河长比例由高到低排序分别为北京、甘肃、吉林、山东、宁夏，具体数值分别为86%、84.6%、67.9%、48%、45.9%；劣V类水质河长比例为20%～30%的3省中，I～III类水质河长比例由高到低排序分别为河北、辽宁、山西，具体数值分别为50.3%、49.5%、46.9%；天津水质明显低于以上各省（自治区、直辖市），I～III类水质河长比例为23.9%，劣V类水质河长比例为38.5%。

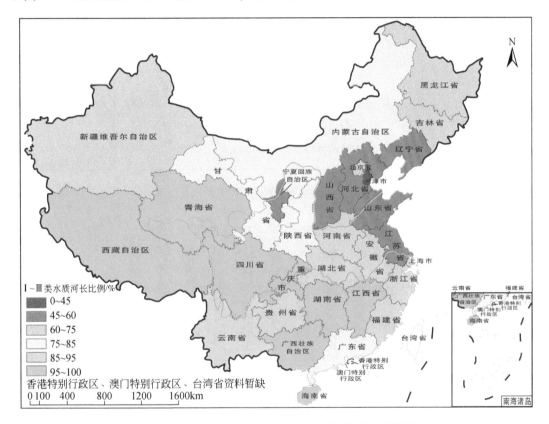

图3-27　全国各省级行政区I～III类水质河长比例状况

（二）湖泊水质状况

2009～2018年，进行水质评价的湖泊个数从71个增加到124个；评价面积从2.5万km²增加到3.3万km²。其中I～III类湖泊水质比例从41.4%降低到25.0%；劣V类湖泊水质比例从24.3%降低到16.1%（图3-29）。富营养化比例整体呈增加趋势，从64.8%增加到73.5%（图3-30）。湖泊水质整体呈恶化趋势。

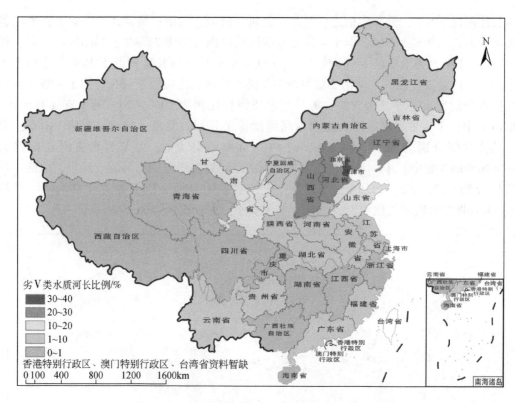

图 3-28　全国各省级行政区劣 V 类水质河长比例

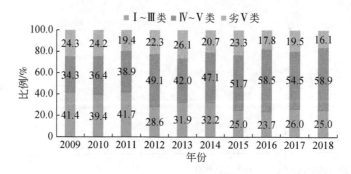

图 3-29　2009～2018 年湖泊水质变化情况

（三）地下水水质状况

1. 计算方法

对全国 8965 个地下水监测站 2018 年水质取样数据采用单指标评价法［见《地下水质量标准》（GB/T 14848—2017）］计算 Ⅰ～Ⅲ 类地下水水质监测井比例表征地下水水质状况。图 3-31 为全国各省级行政区 Ⅰ～Ⅲ 类地下水水质监测井比例。

2. 时空变化分析

2018 年，全国符合 Ⅰ～Ⅲ 类（良好）地下水质量指标限值的地下水监测站 2463 个，

图 3-30　2008～2018 年湖泊富营养化状况

占比 27.5%；全国符合Ⅳ～Ⅴ类（较差）的地下水监测站 6502 个，占比 72.5%。主要超Ⅲ类标准的项目为锰（37.0%）、总硬度（27.8%）、铁（24.8%）、溶解性总固体（22.5%）及氨氮（17.4%）等，其中锰、总硬度、铁和溶解性总固体受水文地质环境背景值影响较大，而氨氮主要受人类活动影响。

31 个省级行政区中，青海、北京、山西、广西Ⅰ～Ⅲ类地下水水质监测井比例超过50%，海南、四川、陕西、新疆、重庆、河北、辽宁为 30%～50%，贵州、广东、西藏、江西、天津、河南、甘肃为 20%～30%，江苏、安徽、黑龙江、山东、内蒙古、云南、福建、湖南为 10%～20%，浙江、宁夏、湖北和吉林在 10% 以下，上海全部水质指标均未到达Ⅲ类标准限值，具体如图 3-31 所示。

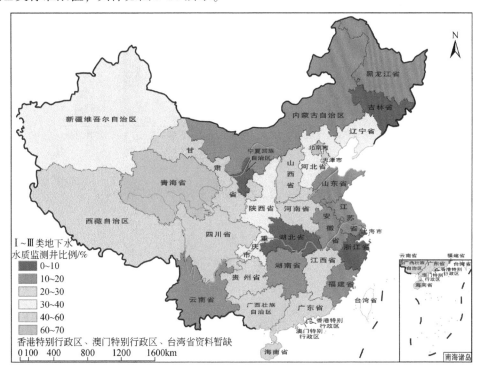

图 3-31　全国各省级行政区Ⅰ～Ⅲ类地下水水质监测井比例

2018 年，全国 7 个流域国家地下水监测站及水质类别比例情况见表 3-7，各流域水质类别情况如图 3-32 所示。其中海河流域、珠江流域和松辽流域地下水水质相对较好，水质评价为Ⅰ~Ⅲ类的监测站比例分别为 46.7%、48.3% 和 37.2%，太湖流域地下水水质最差，水质评价为Ⅰ~Ⅲ类的监测站比例仅为 4.6%。

表 3-7 各流域国家级地下水水质类别情况

流域分区	监测井数量/个	各监测站水质类别数量/个					各水质类别所占比例/%		
		Ⅰ类	Ⅱ类	Ⅲ类	Ⅳ类	Ⅴ类	Ⅰ~Ⅲ类	Ⅳ类	Ⅴ类
长江流域	404	0	6	83	94	221	22.0	23.3	54.7
黄河流域	332	0	7	91	121	113	29.5	36.5	34.0
淮河流域	286	1	0	63	120	102	22.4	42.0	35.6
海河流域	353	1	38	126	104	84	46.7	29.5	23.8
珠江流域	176	0	2	83	62	29	48.3	35.2	16.5
松辽流域	298	0	0	111	128	59	37.2	43.0	19.8
太湖流域	194	0	0	9	56	129	4.6	28.9	66.5
合计	2043	2	53	566	685	737	30.4	33.5	36.1

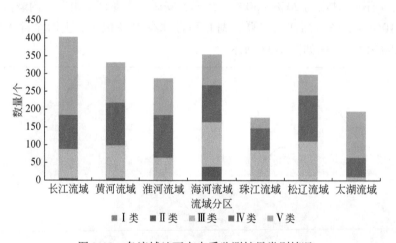

图 3-32 各流域地下水水质监测结果类别情况

六、面积稳定状况

（一）水域空间变化率

在水域空间变化率方面，1980~2018 年全国各省级行政区水域空间变化率情况如图 3-33 所示。全国总体水域空间变化率为 -4.50%，有 25 个省级行政区的变化率高于全国均值，有 6 个省级行政区的变化率低于全国均值。其中，上海、云南、湖北的增长率位列前三位，变化率分别为 49.56%、25.65% 和 22.57%；黑龙江、吉林和山西的水域空间面积减少最多，变化率分别为-38.08%、-19.24%和-13.52%。

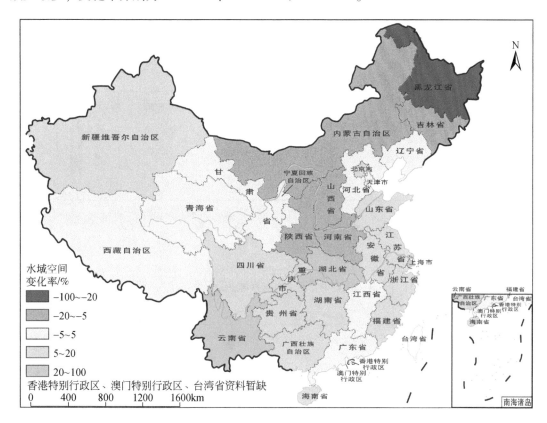

图 3-33　1980～2018 年全国各省级行政区水域空间变化率

相较 1980 年，全国十大水资源一级区 2018 年的水域空间变化率如图 3-34 所示。全国有 7 个水资源一级区的变化率呈现增加趋势，其中东南诸河区和海河区的增加趋势最为明显，分别增加了 26.70% 和 9.28%；黄河区、辽河区和松花江区呈现下降趋势，其中松花江区水域空间面积减少的幅度最为剧烈，达到了-31.10%。

（二）水域空间保留率

在水域空间保留率方面，1980～2018 年全国各省级行政区水域空间保留率情况如图 3-35 所示。全国总体水域空间保留率均值为 79.21%，即约有 1/5 的天然水域空间被其他的土地利用类型侵占。有 18 个省级行政区的保留率高于全国均值，其余 13 个省级行政区的保留率低于全国均值。其中，西藏、贵州和四川的水域空间保留率位列前三位，分别为 98.32%、97.20% 和 96.17%；黑龙江、天津和宁夏的水域空间保留率最低，分别为 43.48%、58.81% 和 63.28%。

相较 1980 年，全国十大水资源一级区 2018 年的水域空间保留率如图 3-36 所示。在各水资源一级区中，西南诸河区的保留率最高，达到 97.53%，同时西北诸河区和长江区的保留率也维持在 90% 以上；而松花江区的保留率最低，仅为 54.48%，即相较于 1980 年，有将近一半的天然水域空间被侵占。被侵占的区域主要集中在三江平原地区和松嫩平原地

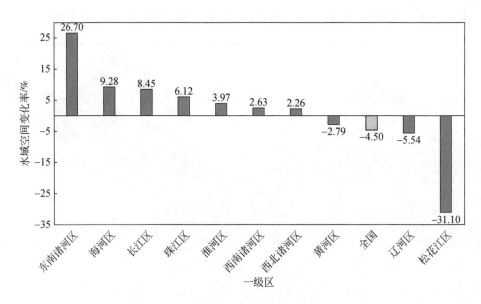

图 3-34 1980～2018 年全国十大水资源一级区水域空间变化率

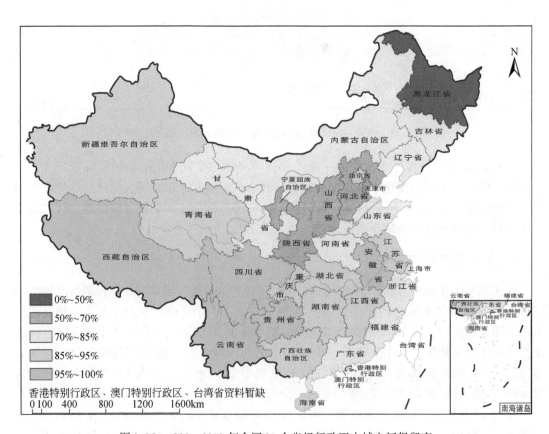

图 3-35 1980～2018 年全国 31 个省级行政区水域空间保留率

区，这主要是因为近几十年松花江流域作为国家的重要粮食基地，大量的河湖、滩地、沼泽湿地区域被开发为耕地。

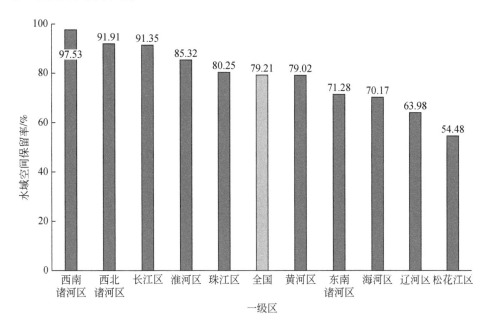

图 3-36　1980～2018 年全国十大水资源一级区水域空间保留率

七、结构合理状况

（一）水域空间保护率

截至 2018 年中国共有湿地总面积 5080.62 万 hm²，其中已被保护管理的湿地面积为 2270.20 万 hm²，保护率为 44.68%，未保护湿地面积占比为 55.32%，现阶段湿地保护率较低，未到 50%。对于已被保护的湿地，共有 11 种保护管理形式，其中以自然保护区为管理形式的占比最高，达 31.65%，其次为水源保护区和湿地公园，占比分别为 3.90% 和 1.20%，其余类型中森林公园和风景名胜区占比超过 0.50%，以海洋公园为保护管理形式的湿地面积最小。中国湿地五大类中沼泽湿地面积 2172.40 万 hm²，占比最高，达 42.76%；湖泊湿地与河流湿地面积居中；人工湿地、近海与海岸湿地面积较小，其中，近海与海岸湿地面积为 578.86 万 hm²，占比最低，仅 11.39%。33 种湿地型中，沼泽湿地类中的沼泽化草甸面积最大，为 691.91 万 hm²；河流湿地中的喀斯特溶洞湿地面积仅 94.61hm²，是中国最稀有的湿地类型。

全国有 11 个省级行政区的保护率高于全国均值，有 20 个省级行政区的保护率低于全国均值（图 3-37）。其中，仅重庆、西藏、山西、青海和宁夏湿地保护率在 60% 以上，湿地保护工作完成较好；湿地保护率中等的省级行政区最多，共 19 个，其中甘肃、新疆、河南、北京、四川湿地保护率高于全国均值，湿地保护属于中等偏上，其余 14 个省级行政区湿地保护率低于全国均值，湿地保护属于中等偏下；湿地保护较差的省级行政区有 9

个，保护率均在30%以下，除内蒙古外，其余均分布在沿海地区，湿地保护工作需重视，上海、内蒙古、浙江湿地保护率在20%～30%，广西湿地保护率仅为13.12%，同样湿地保护情况较为严峻的还有广东、福建、江苏。

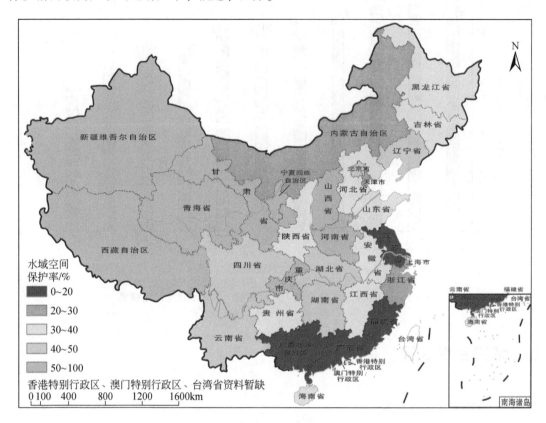

图3-37 2018年全国各省级行政区水域空间保护率

2018年全国十大水资源一级区的水域空间保护率如图3-38所示。中国十大水资源一级区湿地保护率在17.92%～62.92%，从空间上看，西部、中部流域区湿地保护率高于东部、东北部、东南部流域，东南部流域湿地保护率最低。从湿地保护率来看，超过全国均值的有黄河区、西北诸河区、长江区与西南诸河区四个流域，其中黄河区湿地保护率最高，为62.92%；其余6个流域中辽河区与松花江区保护率超过35%，淮河区、海河区、东南诸河区及珠江区保护率均低于30%，其中珠江区湿地保护率最低，仅为17.92%。从已保护湿地面积来看，拥有已保护湿地面积最多的三个流域分别为西北诸河区（886.92万hm²）、长江区（433.29万hm²）、松花江区（323.33万hm²），拥有已保护湿地面积最少的三个流域分别为东南诸河区（36.13万hm²）、海河区（41.81万hm²）、珠江区（51.30万hm²）。

（二）水域空间聚合度

在水域空间聚合度方面，2018年全国各省级行政区水域空间聚合度情况如图3-39所示。其中，上海、江苏、西藏和黑龙江的聚合度最高，分别达到了97.04、92.34、91.68

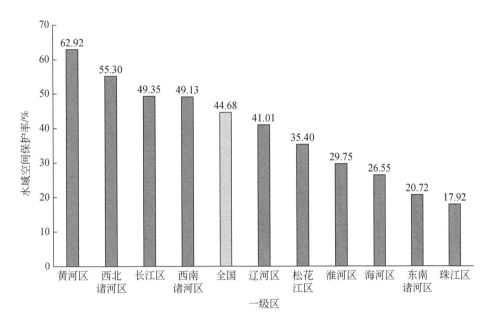

图 3-38　2018 年全国十大水资源一级区水域空间保护率

和 91.39；贵州、山西和广西聚合度最低，分别为 67.88、69.07 和 73.49。

2018 年全国十大水资源一级区的水域空间聚合度如图 3-40 所示。在各水资源一级区中，松花江区的聚合度最高，达到 91.36，其次为西南诸河区和淮河区，聚合度依次为 87.22 和 86.68；相反，珠江区、海河区和东南诸河区聚合度较低，分别为 79.17、81.37 和 82.46。

（三）最大斑块指数

在水域空间最大斑块指数方面，2018 年全国各省级行政区水域空间最大斑块指数情况如图 3-41 所示。其中，上海、重庆和江西的最大斑块指数最高，分别达到了 91.81、68.18 和 65.79；陕西和西藏的最大斑块指数最低，分别为 3.56 和 4.03。

2018 年全国十大水资源一级区水域空间最大斑块指数如图 3-42 所示。在各水资源一级区中，长江区的最大斑块指数最高，达到 54.16，其次为淮河区和珠江区，最大斑块指数依次为 46.93 和 33.15；相反，西北诸河区最大斑块指数最低，仅为 4.85。

相较于 1980 年，2018 年水域空间最大斑块指数的下降情况如图 3-43 所示，可以直接反映水域空间连通性的变化规律。结果显示，在十大水资源一级区中，海河区和松花江区最大斑块指数下降率排在前两位，分别为 52.52% 和 33.78%；长江区和西北诸河区的下降率最低，仅为 8.31% 和 5.07%。下降率最显著的两个水资源区的最大斑块变化情况如图 3-44 所示。海河区由于人类活动的剧烈影响，2018 年较 1980 年的最大连通水域斑块发生了本质的变化，原有的以白洋淀为中心、大清河为主要水系组成的最大连通水域斑块的连通性遭到严重破坏，导致以子牙河为主要水系的水域斑块成为最大连通水域斑块。松花江区因为大量的农垦开发，原本连通的水域面积（如三江平原、扎龙湿地等区域）遭到阻

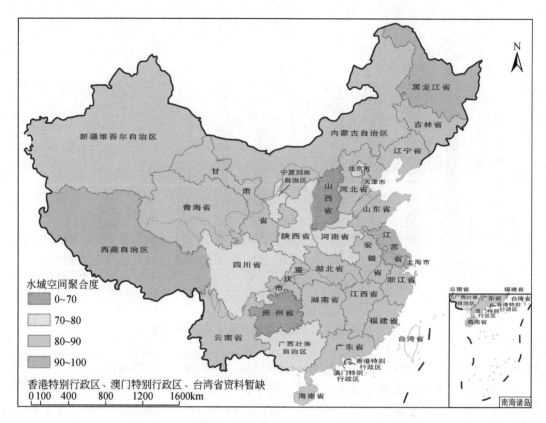

图 3-39　2018 年全国各省级行政区水域空间聚合度

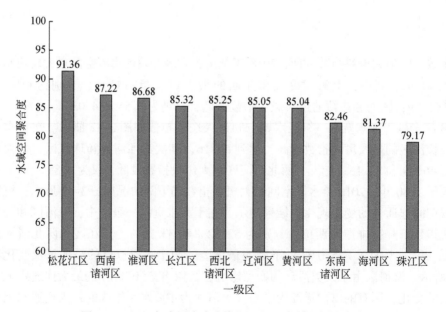

图 3-40　2018 年全国十大水资源一级区水域空间聚合度

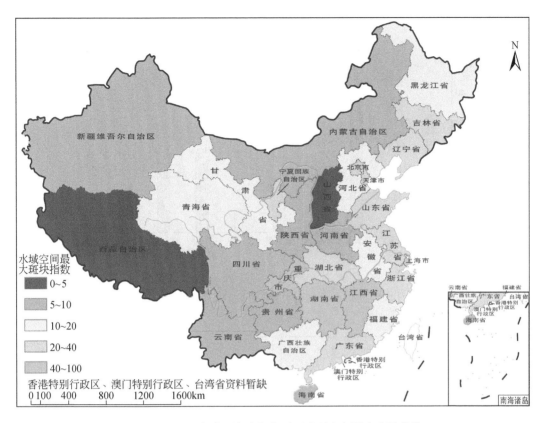

图 3-41　2018 年全国各省级行政区水域空间最大斑块指数

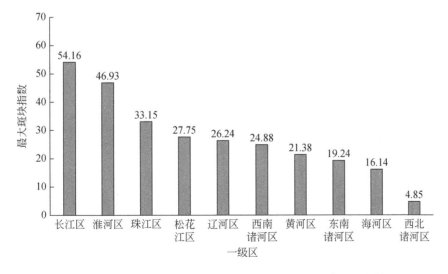

图 3-42　2018 年全国十大水资源一级区水域空间最大斑块指数

隔，破坏了原有的连通关系，使最大水域斑块大幅度下降。

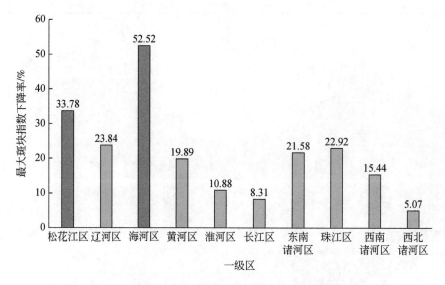

图 3-43　1980~2018 年全国十大水资源一级区最大斑块指数下降率

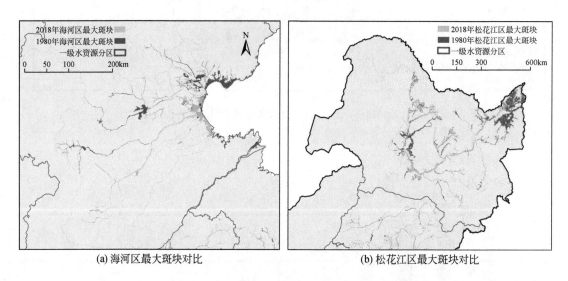

(a) 海河区最大斑块对比　　　　　　　(b) 松花江区最大斑块对比

图 3-44　1980~2018 年典型流域最大斑块空间分布对比

八、水流连通性状况

（一）区域整体连通性

全国区域整体连通性现状评价结果为 1.85，评价等级为劣。31 个参评的省（自治区、直辖市）中，评价结果为优的有 5 个（占比 16.1%），分别为青海、黑龙江、西藏、内蒙古和新疆；评价结果为中的有 2 个（占比 6.5%），分别是甘肃、陕西；评价结果为差的有 4 个（占比 12.9%），分别是吉林、天津、河北、山西；评价结果为劣的有 20 个（占比 64.5%），分别是辽宁、北京、山东、河南、江苏、安徽、上海、浙江、福建、湖北、江西、重庆、湖南、广东、四川、贵州、海南、云南、宁夏、广西，结果如图 3-45 所示。

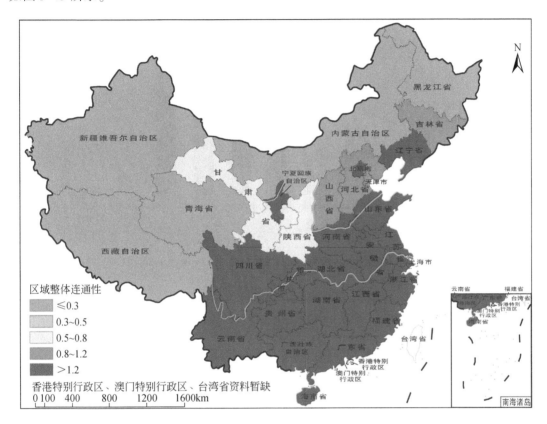

图 3-45　全国各省级行政区区域整体连通性现状

十大水资源一级区区域整体连通性评价结果如图 3-46 所示。全国整体评价结果为 1.85，评价等级为劣。其中，西北诸河区区域整体连通性最好，达到优的标准。松花江区、西南诸河区其次，评价结果为良。黄河区区域整体连通性较好，评价结果为中。辽河区和海河区区域整体连通性评价结果为差。其余四个区区域整体连通性评价结果为劣，分别是淮河区、长江区、珠江区和东南诸河区。

（二）主要河流纵向连通性

1. 不同年代主要河流纵向连通性评价结果

1960 年全国河流纵向连通性指数平均为 0.05，整体评价结果为优（图 3-47）。215 条评价河流中，评价结果为优的有 203 条，占比 94.4%；评价结果为良的有 6 条，占比 2.8%；评价结果为中的有 5 条，占比 2.3%；评价结果为差的有 1 条，占比 0.5%，位于西北诸河区，没有评价结果为劣的河流。

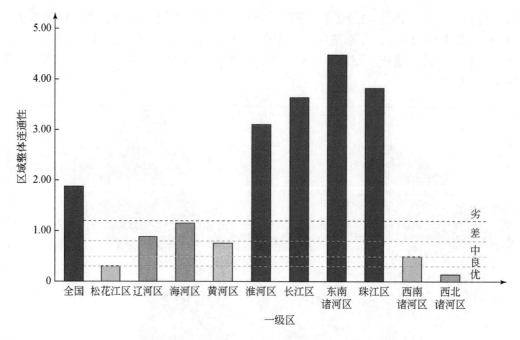

图 3-46　全国十大水资源一级区主要河流纵向连通性承载现状

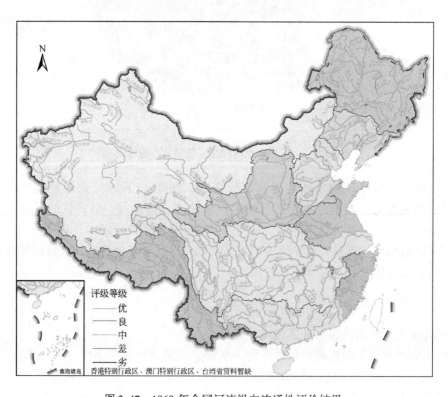

图 3-47　1960 年全国河流纵向连通性评价结果

1980 年全国河流纵向连通性指数平均为 0.18，整体评价结果为优（图 3-48）。215 条评价河流中，评价结果为优的有 173 条，占比 80.5%；评价结果为良的有 23 条，占比 10.7%；评价结果为中的有 12 条，占比 5.6%；评价结果为差的有 5 条，占比 2.3%；评价结果为劣的有 2 条，占比 0.9%，分别位于长江区和西北诸河区。

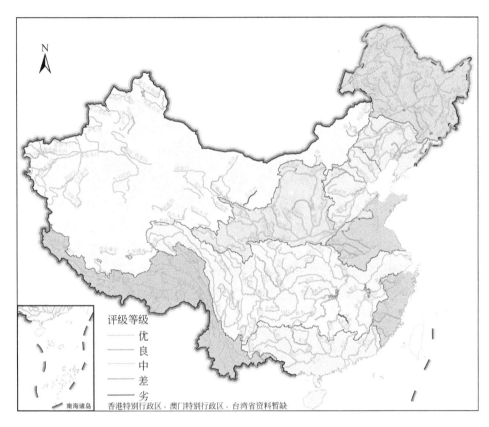

图 3-48 1980 年全国河流纵向连通性评价结果

2000 年全国河流纵向连通性指数平均为 0.40，整体评价结果为良（图 3-49）。215 条评价河流中，评价结果为优的有 134 条，占比 62.3%；评价结果为良的有 32 条，占比 14.9%；评价结果为中的有 25 条，占比 11.6%；评价结果为差的有 11 条，占比 5.1%；评价结果为劣的有 13 条，占比 6.1%。

2018 年全国河流纵向连通性指数平均为 1.07，整体评价结果为差（图 3-50）。215 条评价河流中，评价结果为优的有 81 条，占比 37.7%；评价结果为良的有 22 条，占比 10.2%；评价结果为中的有 35 条，占比 16.3%；评价结果为差的有 27 条，占比 12.6%；评价结果为劣的有 50 条，占比 23.2%。

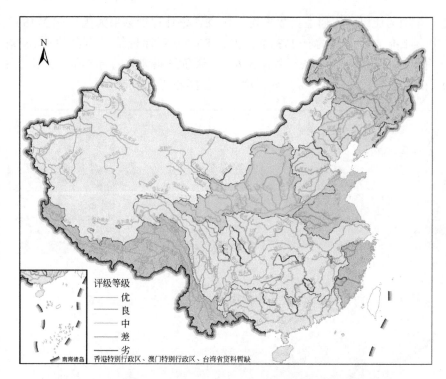

图 3-49   2000 年全国河流纵向连通性评价结果

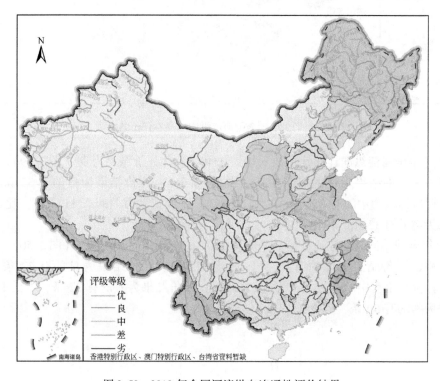

图 3-50   2018 年全国河流纵向连通性评价结果

2. 分省（自治区、直辖市）主要河流纵向连通性承载现状

聚焦分省（自治区、直辖市）主要河流纵向连通性承载现状，全国整体评价结果为 0.74，评价等级为中（图 3-51）。由于海南没有流域面积大于 10 000km² 的河流，因此 31 个参评的省（自治区、直辖市）中只有 30 个有评价结果。评价结果为优的有 4 个（占比 13.3%），分别是黑龙江、上海、西藏和新疆；评价结果为良的有 3 个（占比 10%），分别是内蒙古、江苏和安徽；评价结果为中的有 6 个（占比 20%），分别是山西、吉林、河南、陕西、青海和宁夏；评价结果为差的有 8 个（占比 26.7%），分别是河北、辽宁、江西、山东、湖北、重庆、云南和甘肃；评价结果为劣的有 9 个（占比 30%），分别是北京、天津、浙江、福建、湖南、广东、广西、四川和贵州。

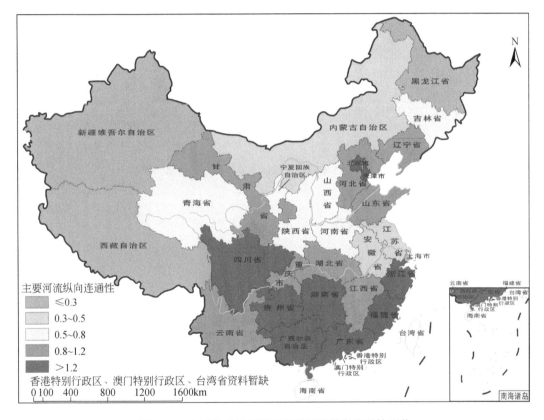

图 3-51　全国各省级行政区主要河流纵向连通性现状

全国十大水资源一级区主要河流纵向连通性评价结果如图 3-52 所示。全国整体评价结果为 0.74，评价等级为中。其中，松花江区主要河流纵向连通性最好，达到优的标准。西南诸河区和西北诸河区其次，评价结果为良。淮河区、黄河区和辽河区主要河流纵向连通性评价结果为中。海河区和长江区主要河流纵向连通性较差，接近劣的标准。主要河流纵向连通性最差的是东南诸河区和珠江区，评价结果为劣。

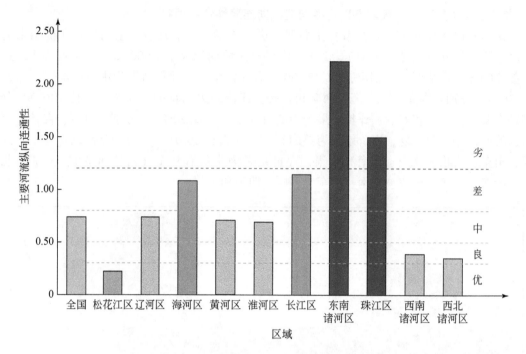

图 3-52　全国十大水资源一级区主要河流纵向连通性现状

九、水生生物种类多样状况

（一）鱼类采集物种比例

2018 年，全国层面鱼类采集物种比例为 67.8%，鱼类多样性保护面临较大压力。从水资源一级区鱼类采集物种比例现状情况看，各水资源一级区中较高的是西北诸河区、松花江区和长江区，介于 78.3% ~ 80.7%，其中西北诸河区最高；海河区的鱼类采集物种比例最低，为 43.0%，鱼类多样性遭受严重破坏。黄河区、珠江区、西南诸河区等大致相当，在 62% 左右，具体如图 3-53 所示。

评估结果显示，中国内陆鱼类多样性总体呈下降趋势。2017 ~ 2019 年 "长江渔业资源与环境调查" 专项实施期间，发现历史有分布而本次专项中未采集到的鱼类有 130 种，占历史分布鱼类总种数的 30%。长江上游二滩库区已发现斑点叉尾鮰、太湖新银鱼、大口黑鲈等 13 种外来鱼类；三峡库区已发现外来鱼类 20 余种。滇池在 20 世纪 50 年代记载有土著鱼类 26 种，到 2000 年后分布于湖体的仅有 4 种；作为中国第三大淡水湖的太湖，鱼类物种数由 20 世纪 60 年代的 106 种下降到目前的 60 ~ 70 种，洄游性鱼类几乎绝迹。黄河流域记录有鱼类 129 种，近年来采集的土著鱼类不足百种，而引入的外来鱼类达 31 种；澜沧江原有 162 种土著鱼类，现今土著鱼类减少 49 种，外来种增加 22 种。

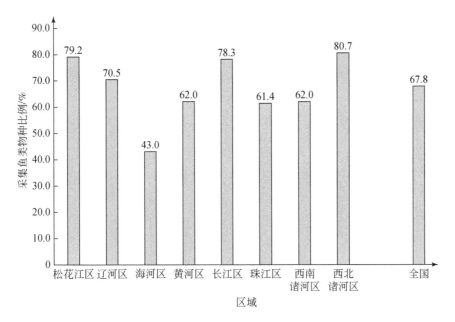

图 3-53　全国不同流域鱼类采集物种比例
暂无淮河区和东南诸河区数据

（二）特有鱼类受威胁种类比例

全国十大水资源一级区中，特有鱼类受威胁种类比例最高的是淮河区，达 50%。其次是黄河区，流域特有鱼类受威种类比例为 36.84%。海河区、长江区和西北诸河区流域特有鱼类受威胁种类比例接近，都在 30% 左右。流域特有鱼类受威胁种类比例最低的四个区为东南诸河区、松花江区、西南诸河区和辽河区，分别为 14.29%、14.75%、16.08% 和 17.86%，如图 3-54 所示。

受人类活动的干扰及其他因素的影响，中国淡水鱼类濒危程度日益加剧，不仅濒危鱼类的数量大幅增加，部分种类的濒危等级明显升高（图 3-55）。根据 2015 年发布的《中国生物多样性红色名录——脊椎动物卷》评估报告，中国 1443 种内陆鱼类中，有 3 种灭绝（EX）、1 种区域灭绝（RE）、65 种极危（CR）、101 种濒危（EN）、129 种易危（VU）、101 种近危（NT）、454 种无危（LC）和 589 种数据缺乏（DD）。与 1998 年《中国濒危动物红皮书：鱼类》及 2009 年《中国物种红色名录（第二卷：脊椎动物卷）》的评估结果相比，1998～2015 年，记录的受威胁物种数由 92 种上升至 299 种，增加了 2.25 倍。2015 年与 2009 年的两次评估中，共有种有 143 种，其中 50 种受威胁等级提升：24 种由濒危上升为极危，25 种由易危上升为濒危，1 种由濒危上升为野外灭绝。极危物种数显著增加。

从地理分布看，长江上游和珠江上游受威胁物种最多，分别为 79 种和 76 种；其次是长江中下游（28 种）和澜沧江（27 种），随后是黄河中上游（19 种）、新疆维吾尔自治区内各水系（17 种）、珠江中下游（15 种）。从受威胁鱼类物种比例来看，新疆维吾尔自

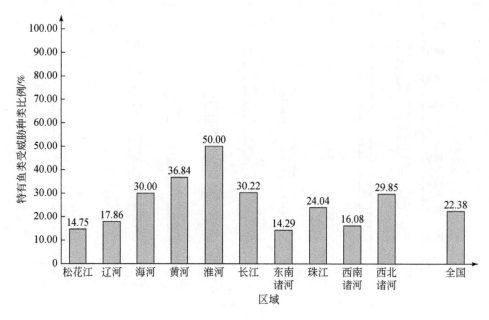

图 3-54 全国十大水资源一级区特有鱼类受威胁种类比例

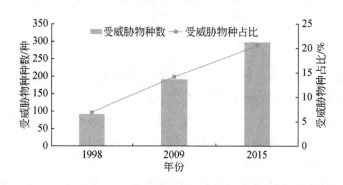

图 3-55 不同年份中国内陆水体受威胁鱼类物种数与比例

治区内各水系最高（29.8%），长江上游（27.6%）、珠江上游（20.9%）、澜沧江（15.2%）次之。受威胁鱼类主要是特有种，占受威胁物种总数的 84.4%，具体如图 3-56 所示。

十、水生生物数量稳定状况

本研究选择鱼类作为水生生物多样性表征，通过分析渔业产量占历史产量百分比探讨水生生物数量稳定状况，结果如图 3-57 所示。在全国十大水资源一级区中，渔业产量占历史产量百分比最高的四个一级区分别为西北诸河区、西南诸河区、珠江区和东南诸河区，渔业产量占历史产量百分比分别为 33%、31%、31% 和 31%。其次是长江区，渔业产量占历史产量百分比为 19%。据《中国渔业统计年鉴》，20 世纪 50 年代初长江流域捕

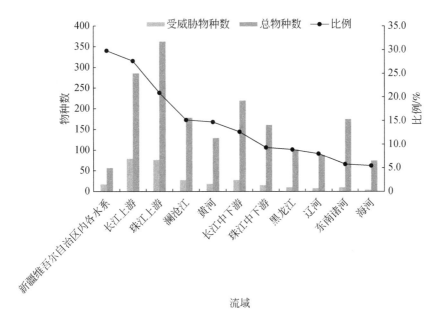

图 3-56　中国不同流域内陆水体受威胁鱼类物种数及比例

捞产量为 43 万 t，20 世纪 50 年代末至 60 年代为 38 万多吨，20 世纪 70 年代捕捞产量约为 23 万 t，20 世纪 80 年代初下降至 20 万 t，20 世纪 90 年代下降至 10 万 t。21 世纪初，长江主要渔业水域捕捞产量下降至不足 10 万 t。长江渔业资源总体仍呈持续衰退趋势。松花江区、黄河区和淮河区的渔业产量均不到历史产量的 10%。此外，辽河区和海河区渔业产量占历史产量百分比几乎为 0。

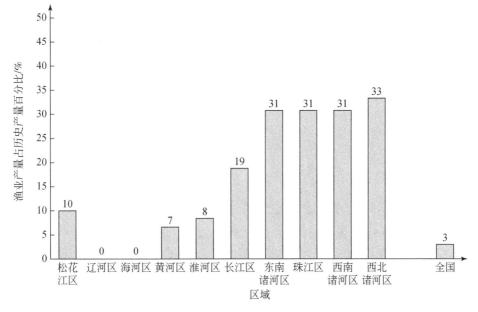

图 3-57　全国十大水资源一级区渔业产量占历史产量百分比

（一）旗舰物种的资源变化

鲟类是一群古老鱼类，是淡水鱼类中个体最大，寿命最长的鱼类之一。世界现存约有28 种，中国有 8 种，主要分布在长江流域、黑龙江流域和西北的新疆跨境河流。其中，达氏鳇、史氏鲟主要分布于黑龙江水系，白鲟、中华鲟主要分布于长江水系及河口近海区，长江鲟则为长江上游特有鱼类。西伯利亚鲟、小体鲟和裸腹鲟则主要分布于新疆。这些物种因生活史周期较长、生长缓慢、繁殖力低等特点，对水域环境变化十分敏感，种群资源极易受到威胁，常常是分布水域的旗舰物种。其中白鲟已宣告功能性灭绝（图 3-58）；长江鲟在 21 世纪初已停止自然繁殖活动，野生种群基本绝迹，人工保种的野生个体仅存几十尾，物种延续面临严峻挑战；近年来，中华鲟繁殖群体数量逐渐减少，2018 年已不足20 尾。2003 年以后，中华鲟产卵时间明显推迟，产卵次数由每年两次减少为每年一次。更为严重的是，近 5 年中华鲟自然繁殖呈不连续趋势。2013 年、2015 年、2017 年和 2018年没有野外繁殖。黑龙江鲟鳇的天然捕捞量已由 1987 年的最高产量 452t 下降为 2010 年的44t，降幅达 90.3%（图 3-59）。

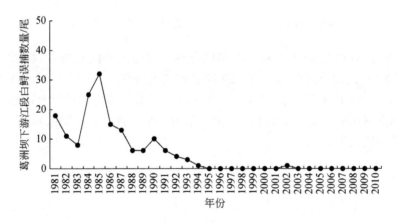

图 3-58　长江葛洲坝下游江段白鲟历年误捕数量

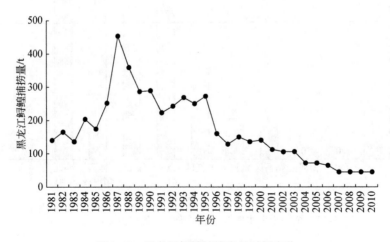

图 3-59　黑龙江鲟鳇捕捞产量时间变化

（二）天然渔业捕捞产量

长期以来，长江、珠江、黄河等重点流域作为中国淡水天然渔业的主要产区，为人们提供了丰富的动物蛋白。随着人类活动的加强，各流域天然渔业捕捞产量持续降低（图3-60）。近年来，长江渔业资源年均捕捞产量不足10万t，仅占中国水产品总产量的0.15%。黄河流域的北方铜鱼、黄河雅罗鱼等常见经济鱼类分布范围急剧缩小，甚至成为濒危物种。

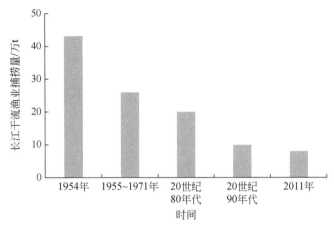

图 3-60　长江干流天然渔业捕捞量时间变化

中国大麻哈鱼的集中产区在乌苏里江下游及黑龙江中游下段抚远市境内。历史上的大麻哈鱼产卵场目前大多数已多年不见鱼，大麻哈鱼的产卵场面积已锐减。黑龙江上游原大麻哈鱼主要产卵河流呼玛河、逊别拉河已基本绝迹。黑龙江萝北江段1999年产大麻哈鱼5尾，2000年没有产量；乌苏里江的饶河、虎林也已多年无产量上报。黑龙江大麻哈鱼的种群资源衰退明显，天然捕捞量已由1976年的2100t下降为2000年的67t（图3-61），降幅达96.8%。

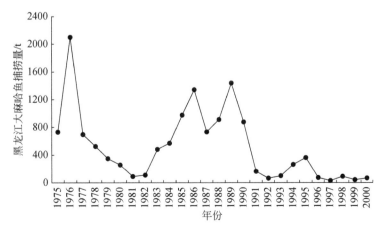

图 3-61　黑龙江大麻哈鱼捕捞量时间变化

| 第四章 | 水环境污染和水生态损害成因解析

针对人类活动对水生态系统在水量、水质、水域空间、水流连通性等方面造成的重要影响，分别从生态流量（水量）破坏、地表-地下水环境污染、水域空间萎缩和变异、水流连通性阻隔、水生生物多样性衰退等方面解析中国水环境污染和水生态损害的成因。

第一节　生态流量（水量）破坏情况与成因

一、全国整体情况

对于现阶段生态基流不达标河流断面，主要从遭遇枯水年型、取用水总量过高、取用水季节性冲突、水利工程调度不合理及其他原因 5 个方面解析生态基流不达标成因。生态基流不达标成因分类及判别条件见表 4-1。

表 4-1　生态基流不达标成因分类及判别条件

成因代号	成因名称	判别条件
A	遭遇枯水年型	近 10 年断面遭遇 90% 以上枯水年的年份有两年及以上（按断面集水面积内多年平均降水量排频）
B	取用水总量过高	$(Q_0 - Q_m)/Q_0 \times 100\% > 10\%$
C	取用水季节性冲突	$(Q'_0 - Q'_m)/Q'_0 \times 100\% > 20\%$
D	水利工程调度不合理	天然状态下不断流但近年实际发生断流
E	其他原因	产汇流关系变异、基流目标设置不合理等

注：Q_0 和 Q_m 分别表示河流断面上游流域现状年天然径流量和实测径流量，万 m^3；Q'_0 和 Q'_m 分别表示河流断面上游流域现状年 4~6 月天然径流量和实测径流量，万 m^3。

对于某一河流断面，其生态基流不达标成因可能同时满足 A~D 中的多项判别条件，此时将其归为综合失衡型，在不达标成因统计分析时，将多种成因均考虑在内。此外，若近 10 年（2009~2018 年）河流断面生态基流不达标，又不满足 A~D 中任何一项成因的判别条件，则其不达标原因归结为其他原因，包括河流断面以上流域产汇流关系变异、基流目标设置不合理等。

全国 404 个自定生态基流目标的河流断面中，有 236 个现阶段生态基流不能稳定达标（即近 10 年不达标年份达到或超过两年）。对不稳定达标断面的各项不达标成因进行分析，76 个断面受到遭遇枯水年型的影响，140 个断面受到取用水总量过高的影响，183 个断面受到取用水季节性冲突影响，96 个断面受到水利工程调度不合理影响，另有 22 个断面受上述四方面影响不明显，存在产汇流关系变异、基流目标设置不合理等因素造成生态基流不达标的可能性。从各项成因的综合占比来看，A~E 各项成因的贡献占比分别为 13.9%、25.6%、33.5%、17.6% 和 9.4%（图 4-1）。可见，取用水总量过高和取用水季节性冲突是造成中国河流生态基流不达标的主要因素，两者贡献之和达到 59.1%；水利工程调度不合理也是河流生态基流不达标的重要原因，但占比和贡献相对较小。

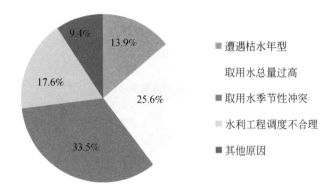

图 4-1　全国近 10 年生态基流不达标成因贡献占比

二、分区域成因解析

立足东北区、黄淮海区、长江中下游区、东南沿海区、西南区和西北区六大分区，解析不同分区内生态基流不达标成因，结果见表 4-2 和图 4-2。

表 4-2　全国六大分区自定生态基流目标断面不达标成因解析

分区	成因 A		成因 B		成因 C		成因 D		成因 E	
	个数	占比/%	个数	占比/%	个数	占比/%	个数	占比/%	个数	占比/%
东北区	14	12.4	28	24.8	37	32.8	19	16.9	6	13.1
黄淮海区	33	12.6	83	31.6	97	36.9	42	16.0	3	2.9
长江中下游区	22	18.2	18	14.9	36	29.8	28	23.2	9	13.9
东南沿海区	2	18.5	1	9.3	3	27.8	3	27.8	1	16.6
西南区	4	19.4	4	19.4	6	29.1	1	4.8	3	27.3
西北区	1	7.1	6	42.9	4	28.6	3	21.4	0	0.0

注：各成因之间有重合。

从分区情况来看，东北区松辽流域面积达到 124.9 万 km²，是世界三大黑土区之一，土地肥沃，是国家重要商品粮基地，粮食总产量占全国的 20%，享有"北大仓"的盛誉，在促进国家经济增长、保障粮食生产、维护生态安全方面的战略地位不可替代。受自然禀赋条件限制及不合理开发利用等影响，流域部分区域生活、生产和生态用水矛盾仍然突出。松花江干流、辽河干流等大江大河整体处于亚健康状态，部分沿河湿地退化趋势明

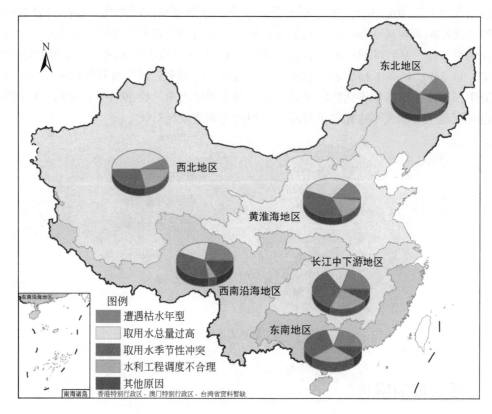

图 4-2　全国六大分区河流生态基流不达标成因示意

显；霍林河、洮儿河等一些中小河流断流、鱼类资源减少，河流生态功能不同程度受损。同时，部分河流由于水资源禀赋先天不足，如西辽河流域为干旱地区，地表水资源主要由上游山丘区产生，下游平原区基本不产流。历史上河道经常断流，很难满足河道内最小生态环境需水量要求。另外，很多河流存在季节性断流或冬季连底冻情况，枯水期河道内生态流量无法得到有效保证。

黄淮海区是中国主要的粮食产区和人口聚集区，土地面积占全国总土地面积的 6.3%，耕地面积占全国总耕地面积的 24.7%，粮食总产量占全国粮食总产量的 25.1% 左右，而水资源却只占全国的 6%，人-地-水不平衡的矛盾最为突出。目前，黄淮海区水资源开发利用率接近 100%，远超国际公认的 40% 警戒线，由取用水季节性冲突和取用水总量过高造成的生态流量不达标问题突出。以海河流域为例，现状水资源开发利用率已达到 106%，过度的水资源开发利用挤占了大量生态环境用水，河道内生态用水"分光吃净"。流域内已建成大、中、小型水库 1879 座，总库容 321 亿 m³，多数水库建设时只考虑了生产生活用水供给和防汛调度要求，没有考虑生态流量下泄，从而导致下游河湖断流等一系列问题。

长江中下游区，特别是下游三角洲地区，是中国经济最发达的地区之一。仅占流域面积 45% 的长江中下游贡献了长江流域 GDP 的 75%，而仅占全国土地面积 1% 的长江三角洲却创造出了 20% 左右的 GDP。长江中下游地区水资源十分丰富，但近年来随着经济的高速发展、大规模水利开发、干旱极端事件的增加等，生态流量保障问题同样突出，表现出综合失衡型特征。据统计，三峡蓄水后枯水期下泄流量衰减幅度超过80%，中下游水文情势发生了重大变化。

东南沿海区包括珠江区和东南诸河区两个水资源一级区，生态流量不达标各项成因占比相对均衡，属于综合失衡型。以珠江来看，珠江地处中国华南和西南，有西江、北江、东江、红河等主要水系，多年平均水资源量为5200多亿立方米，在国内仅次于长江。珠江虽然水资源总量丰沛，水生态环境总体较好，但依然存在部分河流生态流量保障不足的问题。这主要有两方面原因：一是水工程建设带来的影响，山区小水电密集分布，枯水期为了蓄水发电，往往无法保障应有的生态流量下泄要求；二是水资源开发利用挤占河流生态流量。珠江水资源时空分布极为不均，汛期径流量约占年径流量的80%，上游及支流丰枯变化剧烈，部分河流水资源开发利用强度较高，生态流量在一定程度上被挤占。

西南区由于资料有限，涉及诸多国际河流，不展开探讨。西北区不达标成因主要是取用水季节性冲突和取用水总量过高。西北区气候干旱，降水稀少，蒸发旺盛，这样特殊的地理位置及气候条件决定了西北区水资源短缺，生态环境脆弱。长期以来，由于对生态需水的重视不够，西北干旱区水资源过度开发利用的现象普遍存在。生态需水被大量挤占，生态和环境质量恶化问题非常严重。例如，塔里木河、黑河、石羊河由于水资源的过度开发利用，其河流下游水资源量锐减，河道断流、湖泊沼泽萎缩（台特马湖、居延海、青土湖等已干涸）。

第二节　湖泊水质恶化和总体水质不佳成因

一、湖泊地势最低，是所有水体和污染的末端汇集区

湖泊是陆地表层系统各要素相互作用的节点，是地球上重要的淡水资源库、洪水调蓄库和物种基因库，与人类生产与生活息息相关。流域是湖泊的"源"，湖泊是流域的"汇"，湖泊是流域内地势最低的区域，接纳所有水体和污染。在工业化和流域经济社会快速发展背景下，流域各种污染物通过地表径流、地下水、大气沉降及水产养殖投饵等方式不断输入湖泊，加速了湖泊水质恶化。

二、河流水质不考核总氮，污水处理厂将大量氨氮转化为总氮

总氮是反映湖泊营养化程度的指标，总氮偏高在全国湖库中是普遍现象，目前河流型水体水质总氮未作为评价水质的指标，国家《生活饮用水卫生标准》也未把总氮列为饮用水水质指标。因此，河流在接纳各种污水后进入湖泊，导致绝大部分湖泊总氮超标。据统计，珠江流域单纯由于总氮超标的湖库占超标总数的63.2%。2018年海河流域重要湖库水功能区断面总氮指标处于Ⅴ类和劣Ⅴ类，明显差于其他指标（表4-3）。

表 4-3　2018 年海河流域重要湖库水功能区断面主要指标浓度值

二级区	断面数量	总磷		高锰酸盐指数		COD		氨氮		总氮	
		浓度/(mg/L)	水质类别	浓度/(mg/L)	水质类别	浓度/(mg/L)	水质类别	浓度/(mg/L)	水质类别	浓度/(mg/L)	水质类别
滦河及冀东沿海诸河	2	0.09	Ⅳ	3.61	Ⅱ	9.96	Ⅰ	0.21	Ⅱ	4.01	劣Ⅴ
海河北系	5	0.03	Ⅲ	3.69	Ⅱ	14.12	Ⅰ	0.17	Ⅰ	2.19	劣Ⅴ
海河南系	10	0.05	Ⅲ	5.21	Ⅲ	20.16	Ⅲ	0.27	Ⅱ	3.61	劣Ⅴ
徒骇马颊河	1	0.04	Ⅲ	3.56	Ⅱ	17.28	Ⅲ	0.23	Ⅱ	1.60	Ⅴ
海河流域	18	0.05	Ⅲ	4.52	Ⅲ	17.12	Ⅲ	0.24	Ⅱ	3.16	劣Ⅴ

三、汛期水质普遍劣于非汛期，面源污染和干湿沉降严重

汛期水质普遍劣于非汛期。在松花江区，2013～2018 年Ⅰ～Ⅲ类水质河长比例汛期显著低于非汛期（表 4-4）。图 4-3 为 2018 年东南诸河全国重要江河湖泊水功能区湖泊水质达标率，除 8 月外，也显示出汛期水质达标率显著高于非汛期。

表 4-4　2013～2018 年松花江区Ⅰ～Ⅲ类水质河长比例情况　　（单位：%）

水期	松花江区Ⅰ～Ⅲ类水质河长比例情况					
	2013 年	2014 年	2015 年	2016 年	2017 年	2018 年
全年	63.0	75.9	72.0	69.7	74.8	72.9
汛期	45.1	67.2	65.4	65.4	66.0	65.5
非汛期	71.4	72.5	72.4	70.7	74.7	72.4

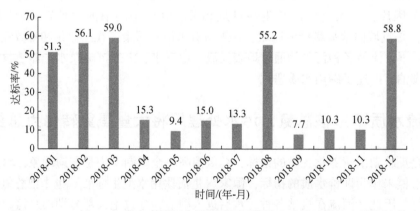

图 4-3　2018 年 1～12 月东南诸河全国重要江河湖泊水功能区湖泊水质达标率

在流域污染负荷逐步得到控制后，面源污染成为流域主要污染源，城镇地表径流和农田面源污染是主要的面源污染类型。近 40 年来，由于畜禽养殖业的发展、农业种植规模

的扩张以及矿物肥料的使用，COD、总氮、总磷的污染负荷分别增加了 91.0%、196.2% 和 244.1%。畜禽养殖和农村生活垃圾对 COD 污染负荷的贡献分别为 83.1% 和 96.6%。以太湖流域为例，主要指标面源入河量占总入河量的比例超过 85%。

此外，大气干湿沉降对水质的影响也非常显著。目前中国大气氮素湿沉降通量平均值高达 9.19kg/(hm² · a)，已经成为继欧洲和美国之后的第三大沉降区。长江流域大气氮沉降量占流域总氮净人为输入量的比例从 1980 年的 3.2% 快速增长至 2015 年的 23.5%，大气磷沉降量占总磷净人为输入量的比例从 1980 年的 3.7% 增长至 2015 年的 5.7%。受此影响，大气降水将增加河湖水体营养盐负荷，加剧水体富营养化。

四、部分流域集中排污问题突出，支流水质威胁干流

长江、黄河流域排污过于集中化问题突出。如图 4-4 所示，长江流域污水排放量多年来呈增加趋势，在 2018 年达到 344.1 亿 t，占到全国排放总量的 40% 以上。污水排放多集中于城市江段，形成连片的超标污染带，沿江生产废水及生活污水的排放，对长江水质造成严重影响。黄河流域主要纳污河段以 35% 左右的水环境承载能力接纳了约 90% 的入河污染负荷。支流水质对干流的威胁也不容忽视。汾河、延河等支流入黄水质长期为 Ⅴ～劣Ⅴ类，湟水、窟野河、渭河、泾河等支流水质难以达标，给黄河干流水质达标造成巨大压力。

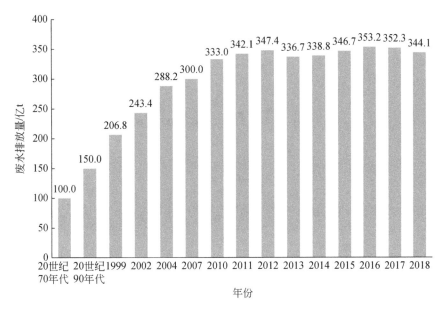

图 4-4　长江流域污水排放量变化情况

五、湖泊水动力条件差，水体滞留时间长，内源污染逐步凸显

与河流相比，湖泊的水体流动性较差，水体滞留时间长，水体自净能力减弱。近年

来，由于各种经济社会活动，一些小型湖泊大量变为城市湖泊，原来的天然湖泊转变为人工控制湖泊，水网通道受阻，水质恶化趋势明显。以太湖为例，江湖阻断后，水体封闭度大，氮磷营养物质在湖内滞留和蓄积，自20世纪50年代起太湖就开始暴发以蓝藻为主的水华。太湖换水周期长达300天，湖水更新自净能力差。为解决太湖水质持续恶化问题，2005年起太湖开始实施"引江济太工程"，连通长江与太湖水网后，太湖换水周期从300天减少至250天左右，通过水位、水量调控，增加了水体的流动和扰动，增强了水体的复氧、自净能力，同时水体停留时间缩短后，污染水体稀释的速度加快，太湖水质呈现明显的持续改善态势，如图4-5所示。

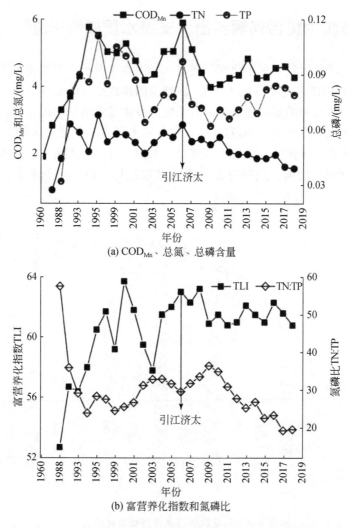

(a) COD_{Mn}、总氮、总磷含量

(b) 富营养化指数和氮磷比

图 4-5　1960～2018 年太湖水体水质变化趋势

部分浅水湖泊在外源污染逐步得到治理后，内源污染问题逐步凸显，在风浪扰动等作用下，沉积物中的污染物重新向上覆水释放，导致湖泊水质恶化状况难以有效根治。

第三节　地下水环境污染成因

天然形态下，地下水资源拥有一定的自动净化功能。含水层自身拥有过滤效用，吸附与离子交替过程有利于降低水资源中的污染物浓度。淋滤的污染物质进到含水层，而含水层中水资源排除时会将部分污染物质排走，进而实现某种均衡。地下水污染的实质是人为活动致使以上的均衡产生损坏，改变了与一定标准相符的地下水资源性质（当中包含其物理、化学、生物性质），即地下水受到了污染。工业生产过程中"废水、废渣、废气"的排放，城镇垃圾堆积及其污水未经有效处理直接排放，农业耕种中广泛使用富含磷、钾等农药化肥，加重了地下水的污染情况。据相关统计，中国大部分城镇地下水都受到不同程度的污染，其中约一半的城市市区地下水污染较为严重，相当部分城市地下水的水质已经严重恶化。地下水作为水生态环境的重要组成部分，也影响其周边的生态环境，一旦受到污染，就会打破环境平衡，加剧环境的恶化。地下水资源污染的方式重点包含下面几点。

一、天然本底超标因素

目前全国地下水水质主要超Ⅲ类标准的项目为锰（37.0%）、总硬度（27.8%）、铁（24.8%）、溶解性总固体（22.5%）及氨氮（17.4%）等，其中锰、总硬度、铁和溶解性总固体受水文地质环境背景值影响较大，而氨氮主要受人类活动影响。因此，需要剖除天然本底超标因素后的地下水水环境状况开展进一步深入分析。

二、农田面源导致土壤层污染并下渗

农田面源导致的地下水污染主要有两个途径：一是化肥、农药的过量施用。以河北省为例，河北省平均每年农用化肥施用量在 307.47 万 t 左右，亩①均施用量为 33.32kg；农药使用量为 7.48 万 t，亩均使用量为 0.77kg。据相关部门调查，河北省化肥利用率仅为 35%，农药利用率不足 30%。由此可见，化肥中大量的氮、磷营养物质和有毒的农药残留在土壤中，并随农田灌溉和雨水渗入地下形成地下水污染，造成地下水中的氮、磷、钾等元素超标。二是用污染较严重的地表水灌溉农田。据统计，河北省现有污灌区 291.6 万亩，年消耗废污水 5.86 亿 m³。这些大量未经处理的地表污水含有大量的有毒有害物质，侵蚀土壤，并下渗到地下水中。另外，在农业灌溉方面，不合理的人工回灌也会给地下水造成严重污染，如使用劣质水、没有处理的工业废水等灌溉农作物，同样也会导致污水渗入地下，对地下水造成污染。

---

① 1 亩 ≈ 666.67m²。

三、受污染地表水体下渗

随着中国城市化进程的加快，城市用水量和废污水排放量也迅速增加，城市工业废水和居民生活污水是城市水污染的重要来源。选矿业、钢铁行业、玻璃制造业、化工行业、饲料加工工业和肉类加工等含氨工业，所排放的废水中含有比较高的氨氮浓度，当其进入到城市水循环系统中时，将会诱发地下水污染，对人们的生产生活造成极大的危害。同时，工业废渣中所含有的挥发酚、重金属、氰化物等有毒有害物质也会慢慢渗透到水和土壤中，进而危及人们的生命财产安全。除此之外工业生产带来的废气、废渣、废水也会对地下水资源造成影响，工业废水如果不经过严格的排放处理直接进入城市河道，就会污染河流，进而破坏地下水水质。相关数据显示，受到城市居民日常污水排放、工业生产废水排放等多个方面的影响，城市地表水已经出现污染程度不断加重的情况，对浅层地下水的污染威胁越来越大。

四、垃圾填埋场、矿山开采等地下点源污染

城市化发展和人民的生活水平普遍提高，也带来了生活垃圾的迅猛增长。当前国内城市垃圾的主要处理方式是卫生填埋，但是卫生填埋的垃圾长时间堆积之后会不断产生甲烷和渗滤液等物质，这些次生产物如果没有经过科学的处理渗透进土壤内部，就会对地下水造成严重的污染。目前国内垃圾填埋场对于渗滤液的处理还处于初级阶段，处理流程不够规范。这就使得渗滤液当中的有害细菌和重金属等物质经过土壤渗透到地下水循环系统中，破坏城市地下水环境。

农村垃圾对地下水的污染也应引起高度重视。随着农村经济发展水平的提高，农村垃圾向复杂化、城市化发展趋势显著，已由传统的易腐烂降解为主发展为以难降解的有毒有害垃圾为主。垃圾主要由传统的可降解有机物类（瓜皮、杂草、废布/纸等）转化为难降解的化学废弃物（塑料薄膜、废弃电池、化学纤维等），种类及成分日趋复杂多样化，对环境污染日益严重。由于设施不健全和农村垃圾管理制度尚未完善，农村垃圾到处堆放或随意填埋，这将给农村地区地下水带来严重污染的隐患。在一些农村地区，由于没有健全的地下排水管道，人们日常的生活污水直接排放在地面，这些污水也会通过降水过程渗入地下，造成地下水中大肠杆菌、氮磷等物质严重超标，进而造成地下水水质恶化。

在矿业开采方面，在对煤炭、稀有金属等矿业进行开采的过程中，会有大量的重金属元素、放射性元素、含有各种盐水的污水需要排放，这些都是矿业开采重要的污染源，另外部分矿业在开采、勘测的过程中会直接连通地下水，使地下水与污水混合在一起，直接造成地下水水质严重超标，导致地下水污染严重。在优势矿产资源开采及深加工过程中，企业往往注重短期经济效益，忽视生态环境效益，不注重排污处理或要求不严格，造成大量有害物质（废水、废气、废渣浸出液）通过地表裂隙等迅速渗透到地下，造成地下水严重污染。例如，2009 年初由中国科学院院士袁道先牵头承担的"西南岩溶石山地区重大环境地质问题及对策研究"项目研究发现，广西凤山县的金牙金矿，因废弃尾矿坝的砷、

硫污染，尾矿坝渗水砷含量近 0.4mg/L，高于饮用水许可标准含量 70 多倍，造成金牙瑶族乡 1000 余人砷中毒及稻田减产，并影响到下游石马水库与三门海地下河。广西黑水河流域的锰矿开发，同样对流域地下水造成严重污染，导致位于地下河出口的湖润镇水厂锰含量超标约 59 倍。

地下水的石化有机物污染近年来也逐渐突出。随着生活水平提高，中国汽车保有量近年来不断增加，加油站密度也越来越大。油罐材料腐蚀或人为使用不当等造成汽油、柴油、煤油的渗漏和泄漏问题日趋突出。据有关资料，美国已确认有近 50 万个埋地油罐存在泄漏现象，约占埋地油罐总量的 1/4。国内目前尚未对埋地油罐油品泄漏问题进行系统调查，但已发现部分建设较早的加油站，因埋地油罐、输油管线老化已开始泄漏。例如，1995 年北京市安家楼加油站发生过严重的漏油事故，一度迫使附近的自来水厂停止运行。泄露油品中的芳香烃、卤代烃类等石化有机物都是难以被降解的成分，甚至有很多都是致癌物质，对人们的健康有严重的危害性。

五、海水入侵及其他

咸水入侵对地下水产生污染的主要地区是滨海地区。受重力作用，水总是由较高水位向较低水位流动，在天然条件下，地下淡水位高于海水水位，地下淡水向海水方向流动，不会发生海水入侵现象。在开采地下淡水的条件下，尤其当开采量超过允许开采量时，地下淡水位就会持续下降，改变了原来的地下淡水与海水的平衡状态，从而具备了海水向淡水流动的动力条件，导致海水入侵发生，使得地下水变咸。一般情况下，咸水入侵现象发生在咸水与淡水相邻的水层之间，当发生咸水越流入侵时，也会导致地下水水质变坏。中国海水入侵主要出现在辽宁、河北、天津、山东、江苏、上海、浙江、海南、广西 9 个省（自治区、直辖市）的沿海地区。最严重的是山东、辽宁两省，入侵总面积已超过 2000km²。

第四节　水域空间面积与结构变异成因

一、大规模农垦开发侵占水域空间面积

1978 年以来，中国高速的经济增长与城镇发展，促进了大规模的建设开发，其中经济发达地区最为突出，该变化使东南沿海地区耕地面积呈现持续下降的趋势（谭永忠等，2017）。因此，为保证国家粮食安全，中国在东北地区、西北地区、西南地区大规模开垦荒地，大范围侵占了水域空间面积。根据国家土地管理局 1988～1995 年的数据分析，在损失耕地的构成中，由于农业结构调整，转变为果园、鱼塘、林地、草地的耕地占有份额最大，达到 62%。其次为非农建设用地，占比为 20%。为了平衡耕地的损失，中国开始大规模开垦荒地，8 年中新增的耕地主要来源于沼泽湿地、河滩地等土地开垦，占比达到 76%；农业结构调整和复垦所占的比例较小，分别为 13% 和 11%（李秀彬，1999）。

此外，通过全国第二次土地调查前后耕地面积的变化分析发现，增加的耕地主要分布在"三北"地区，合计增加耕地面积达到 1076.62 万 hm^2，占全国耕地增加面积的 78.07%。其中东北地区耕地面积增加最多，达到 650.97 万 hm^2，占全国耕地增加面积的 47.20%（谭永忠等，2017）。对比耕地面积与水域空间面积的时空变化情况可以发现，水域空间面积的萎缩与耕地面积的扩张呈显著正相关关系，故大面积的农垦开发是影响水域空间时空分布的主要因素。

二、城镇化高速发展限制水域结构的空间分布

过去几十年中国城镇化进程明显加快，城镇化率从 1978 年的 17.9% 提高到 2017 年的 58.5%，城镇化率提高了 40.6 个百分点，年均提高 1.04 个百分点；城镇常住人口由 1978 年的 1.72 亿人提高到 2017 年的 8.13 亿人，城镇常住人口年均增长 1643.6 万人（赵永平，2016；马志强，2019）。县级以上城市数量从 1978 年的 190 个增加到 2017 年的 1256 个，增加了 5.6 倍；乡镇数量从 1978 年的 7186 个增加到 2017 年的 21 116 个，增加了 1.94 倍（贾若祥，2018）。但中国城镇化水平差异大，城镇化率在空间上存在不平衡性，东部地区高于中西部地区，大致形成了长三角、京津冀、珠三角、川渝、关中、海峡西岸、中原、辽中南、山东半岛和长江中游 10 个城市群，城镇人口出现向十大城市群聚集的趋势（高吉喜等，2016）。然而，随着城镇化进程的加快，忽视了经济社会与资源环境的协调发展，大规模粗放型的外延式城镇化模式导致生态环境问题日益突出。其中，水域空间作为保障生态环境健康的关键环节，受城镇化扩张的影响，其空间分布也遭到了极大限制，生态服务功能逐渐退化。

三、水利工程建设阻断部分水域空间的有效连通

随着经济社会的发展，中国修建了大量的堤防、水电站、闸坝、橡胶坝等水利工程，严重影响了水域空间的自然连通，限制了水域空间的分布范围（吕军等，2017）。以松花江水资源区为例，过去几十年水利工程大规模增加，其中引水式水电站增加了 736 座，闸坝式工程增加了 1875 个，水闸增加了 3790 个，橡胶坝增加了 144 个（图 4-6）。这些闸坝等雍高水位，形成水位落差，造成区域水文情势改变，对上下游鱼类的交流形成严重阻隔，对主河道与洪泛滩区之间的侧向水力联系产生不利影响（练继建等，2017）。此外，自 1980 年以来松花江区堤防数量从 419 个增加到 1416 个，增幅达到 2.38 倍；堤防总长度从 4807km 增加到 10 363km，增幅达到 1.16 倍，如图 4-7 所示。堤防建设对水域空间的阻断及其空间分布的限制具有直接影响，主要表现在以下两个方面：①传统的堤防为了满足其水利工程航运、防洪的作用，往往需要建设规则的斜坡，使得其能够抵御洪水的冲击，这样不规则的河道便被修整规则，河道两岸的滩涂、草甸、沼泽被清理干净，取而代之的是钢筋混凝土的河道，原有的水域空间面积受到了极大的限制，生态栖息地也遭到了严重破坏。②在堤防建设的过程中，为了经济方面的需求，常常需要对弯曲的河道进行裁弯取直，直线的建设模式使得水域空间进一步缩小，河道两岸的生态遭到严重的破坏，甚至影

响到河道两岸的生产生活（欧徽彬，2020）。

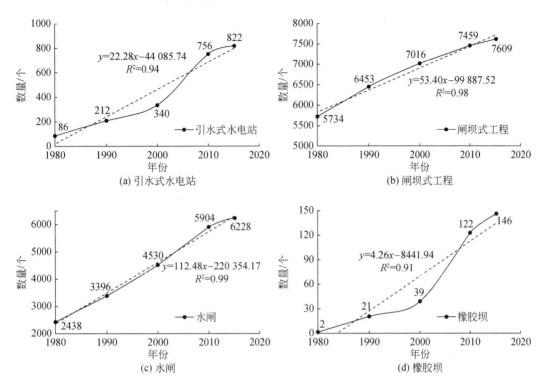

(a) 引水式水电站

(b) 闸坝式工程

(c) 水闸

(d) 橡胶坝

图 4-6　1980～2018 年松花江水资源区主要水利工程数量变化

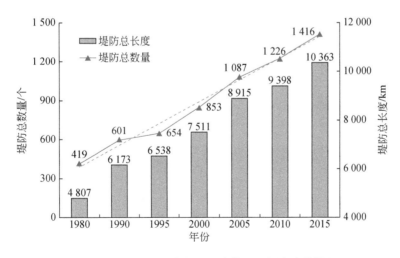

图 4-7　1980～2018 年松花江水资源区堤防建设情况

四、水库建设小幅度提升水域空间范围

与堤防、闸坝等水利工程相比，水库的建设增加了给水预留空间，有效提升了水域空间面积（郭晓雅和李思远，2021）。在全国尺度上，水库面积从 1980 年的 3.4 万 km² 提升到 2018 年的 5.2 万 km²，增幅达到 52.94%（图 4-8）；在省级行政区尺度上，人类活动剧烈的东南沿海地区水库面积明显高于西北内陆地区水库面积，且水库面积增加幅度显著。但由于水库面积在水域空间中的占比相对较小，水库面积的增加对于水域空间整体的变化影响比较有限，具体如图 4-9 所示。

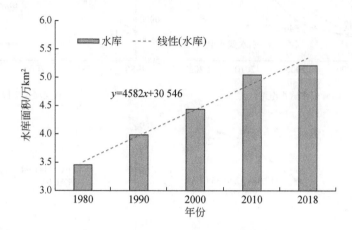

图 4-8　1980～2018 年全国水库面积变化情况

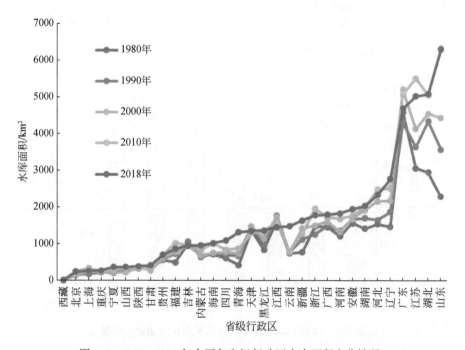

图 4-9　1980～2018 年全国各省级行政区水库面积变化情况

五、气候变化对水域空间影响

　　气候变化引发水热通量在不同时空尺度上重新分配，并导致全球不同生态系统结构、过程和功能发生变化（Walther et al.，2002）。因此气候变化耦合人类活动的共同作用导致水域空间发生改变，并且在大多数地区，人类活动主导的土地利用方式变化是水域空间面积改变的最直接和最强烈的驱动因素，其影响往往掩盖了气候变化对水域波动的贡献（Davis and Froend，1999）。选择代表性年份（1984~1989年，2010~2015年），统计全国每年降水量、湿润指数和区域DEM均值，与水域空间面积展开相关性分析，见表4-5。分析结果发现，降水量与水域空间面积的相关系数大多数值分布在0.2~0.3，所有年份均呈现正相关，表明总体上降水量越多水面面积越大；湿润指数主要在县级尺度上对水域空间有显著影响，呈现正相关关系；DEM均值与水域空间面积的相关系数均为负数，说明随着地势降低，水域空间面积逐渐增大。此外，气候因子是沼泽湿地发育的主要驱动因素，是沼泽湿地形成、发育及不同特征差异的控制因素（薛振山等，2015；张仲胜等，2015）。因此，对于作为水域空间中重要组成部分的沼泽湿地来说，气候变化能够更显著地影响湿地的水文情势，直接诱发侵蚀并改变沼泽湿地面积的扩张或萎缩，从而影响水域空间整体的面积变化与空间分布（Halsey et al.，1997；吕宪国，2008）。

表 4-5　主要自然因素与水域空间面积变化的相关系数

年份	降水量		湿润指数		DEM 均值	
	地市级	县级	地市级	县级	地市级	县级
1984	0.210**	0.211***	0.106*	0.086**	-0.240**	-0.345**
1985	0.208**	0.214**	0.101	0.083**	-0.244**	-0.336**
1986	0.179**	0.185**	0.099	0.080**	-0.247**	-0.333**
1987	0.326**	0.306**	0.113*	0.089**	-0.233**	-0.331**
1988	0.170**	0.169**	0.108	0.088**	-0.224**	-0.316**
1989	0.244**	0.269**	0.100*	0.078**	-0.222**	-0.311**
2010	0.219**	0.248**	0.114*	0.086**	-0.221**	-0.309**
2011	0.183**	0.221**	0.110*	0.087**	-0.217**	-0.307**
2012	0.225**	0.244**	0.113*	0.089**	-0.220**	-0.302**
2013	0.188**	0.206**	0.121*	0.094**	-0.222**	-0.298**
2014	0.204**	0.227**	0.123*	0.096**	-0.215**	-0.277**
2015	0.152**	0.191**	0.102*	0.085**	-0.126**	-0.176*

　　*、**和***分别代表在0.10、0.05和0.01置信水平下显著相关。

第五节　水流连通性变化成因

一、东北地区

东北地区以火力发电为主，除吉林外，其他地区的水电很少。在中国水电开发规划中，东北水电基地［范围包括黑龙江干流界河段、牡丹江干流、西流松花江上游、鸭绿江（含浑江干流）和嫩江流域］共规划建设大中型水电站54座，与西南等地相比东北水电基地整体装机规模较小。区域内大中型水利工程数量占全国水利水电工程总数的13.5%，为全国最高，主要用以保障工农业生产用水，水流连通性一定程度上被削弱。但东北地区水利工程总数共计4207座，仅占全国水利工程总数的2.6%，为全国最低，因此东北地区也是水流连通性相对较好的区域之一。

二、黄淮海地区

黄淮海地区水利水电工程总数居全国第四，且区域内大中型工程占比相对较高（9.3%），以水闸为主。小型工程在区域内占比为90.7%，以小型水库大坝为主。黄河上游干流上建设有刘家峡、李家峡、龙羊峡、公伯峡等著名的大型水电站，三门峡、小浪底水电站建于黄河中游干流。龙羊峡水电站以上的黄河上游也分布有一些水电站，如班多水电站、羊曲水电站等，数量较少。黄河支流以及淮河流域、海河流域主要是一些小型水电站，但由于黄淮海地区河流总体长度较短，水流连通性评价等级为差。

三、长江中下游地区

全国范围内，长江中下游地区工程数量最多，占全国水利水电工程总数的40.5%，相应水流连通性评价结果也最差。长江中下游整体经济社会发达，人口和产业密集，区域内水利工程类型主要为水库大坝和水闸。其中，小型水利工程数量占比为95.4%，大中型水利工程数量占比为4.6%。区域内有许多著名的大中型水电站，如长江上建设有当今世界最大的水力发电工程——三峡大坝，汉江上分布有丹江口、安康水电站，清江上分布有隔河岩、水布垭等大型水电站，沅江上建设有三板溪、五强溪水电站等。

四、东南沿海地区

东南沿海地区水能资源丰富，水利水电工程总数为全国第二，占比为24.9%。其中，小型水利工程数量占比为94.5%，以小水电为主，在优化电力结构和促进农村经济社会发展中作用显著。大中型水利工程数量占总数的5.5%，以水库大坝和水闸为主，两者数量相当。其中珠江流域是中国水力发电的主要区域，南盘江、红水河干流上建设有天生桥一级水电站、天生桥二级水电站、龙滩水电站、岩滩水电站等，支流郁江上建设有西津、百色、贵港水电站，柳江上建设有红花、麻石水电站等，还有很多水电站位于珠江的其他支流上。

五、西南地区

中国水能资源总量丰富，但各省级行政区之间水能资源量差别很大。从地区层面来看，西南地区为中国水能资源主要的分布区域，无论是理论蕴藏量、技术可开发量，还是经济可开发量都居全国之首。西南地区近年来大力开发水电资源，目前西南地区水利水电工程总数为全国第三，占比为 16.2%。其中，小型水利工程数量占比为 95.3%，大中型水利工程数量占比为 4.7%。无论是小型水利工程还是大中型水利工程，其工程类型都以水库大坝为主，与其他区域相比，水闸数量相对较少。

六、西北地区

西北地区的水利工程数量相对较少，是全国范围内水流连通性最好的区域，但经济社会用水需求量大，需要修建水利工程以满足供水需求。西北地区水利工程数量占全国水利工程总数的 4.9%，其中小型水利工程数量占比为 94.8%，以小型水闸为主，大中型水利工程数量占比为 5.2%，以水库大坝为主。由于经济发展和人口分布的相对集中，西北地区人均水资源量的地区分布极不平衡。西北地区一方面面临水资源紧缺的问题，另一方面又存在着人均用水量高、农田灌溉用水定额高、单位 GDP 用水量高等水资源低水平利用的问题。此外，西北各地的水资源开发利用率也极不平衡，甘肃河西走廊的水资源开发利用率高达 92%，新疆塔里木河和准噶尔盆地的水资源开发利用率也分别高达 79% 和 80%。

六大分区各类型拦水建筑物数量分布如图 4-10 和图 4-11 所示。

第六节　水生生物多样性衰退成因

一、鱼类受威胁成因

本研究依据《中国濒危动物红皮书：鱼类》（1998 年），《中国物种红色名录（第二卷：脊椎动物卷）（上册）》（2009 年）、《中国生物多样性红色名录——脊椎动物卷》（2015 年）等资料中查阅的鱼类信息，建立了中国受威胁内陆鱼数据库，主要包含三个不同评估年份下中国内陆鱼分类、名称、威胁等级、评价标准和理由、生境、国内分布、致危因素和保护措施等信息。其中，受威胁鱼类包括极危（CR）、濒危（EN）和易危（VU）三个评价等级的鱼类。根据数据库中鱼类分布区域和濒危等级统计不同评估年份十个水资源一级区中受威胁鱼类物种的数量，结果如图 4-12 所示。

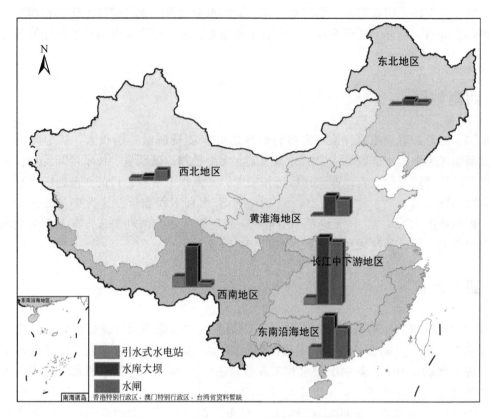

图 4-10　六大分区各类型拦水建筑物数量分布

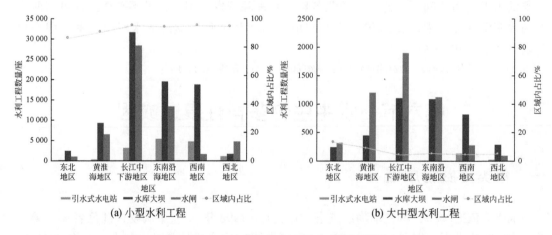

图 4-11　六大分区各类型拦水建筑物数量

　　从图 4-12 中可以看出，受威胁鱼类种数最多的为珠江区，从 1998 年的 30 种增长到 2015 年的 110 种。其次是长江区，受威胁鱼类种数从 1998 年的 29 种增长到 2015 年的 97 种。第三是西南诸河区，从 1998 年的 22 种增长到 2015 年的 53 种。第四是东南诸河区，从 1998 年的 17 种增长到 2015 年的 35 种。受威胁鱼类种数较多的水资源一级区主要集中

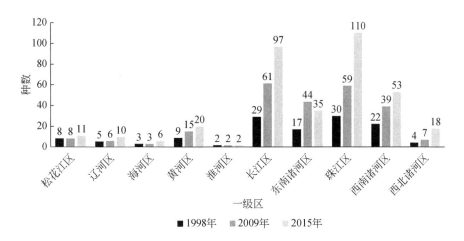

图 4-12　不同评价年份十大水资源一级区受威胁鱼类种数

在中国南方地区，同时长江区、珠江区和东南诸河区也是中国水流连通性恶化较快的区域。此外，东南诸河区大中型水利工程中水库大坝的占比较高，对鱼类洄游的阻碍也较大，因此鱼类受影响的程度也较高。而淮河区由于本身鱼类种数较少（仅 2 种），且该区域内拦水建筑物类型主要为水闸和橡胶坝，对鱼类阻隔作用较小，因此即便近 20 年来淮河区的水流连通性恶化速率较快，但受威胁鱼类种数的变化并不大。其余五个水资源一级区中近 20 年来受威胁鱼类种数的增加并不显著，到 2015 年各区域内受威胁鱼类的种数均保持在 20 种以内。

根据世界自然保护联盟（International Union for Conservation of Nature，IUCN）红色名录中关于致危因素的分类及其代码，对数据库中中国内陆鱼致危因素进行了统计分析，所有分类和代码参见《中国物种红色名录（第二卷：脊椎动物）（上册）》。结果表明，中国内陆鱼受威胁的三大主要因素是生境退化或丧失、污染和内在因素，如图 4-13 所示。全国受威胁鱼类中，共 172 种是由于生境退化或丧失，占比为 34.4%；78 种是由于水质污染，占比为 15.6%；150 种是由于繁殖能力弱、幼体死亡率高、分布范围狭窄等自身内在因素，占比为 30.0%。通过各区域影响鱼类受威胁种数致危因素分析，西北诸河区、西南诸河区、长江区、黄河区、辽河区和松花江区这六个水资源一级区中鱼类受威胁的主要致危因素均为生境退化或丧失，淮河区和海河区中生境退化或丧失和污染对鱼类的影响相当，珠江区和东南诸河区鱼类受威胁的主要致危因素为内在因素。中国内陆鱼受威胁的三大因素中，除内在因素外其他两个威胁主要是由人类活动引起的。近些年来针对污染、捕捞等人为因素采取相应控制措施后取得了显著成效，但水流纵向连通性的下降却难以逆转，因此水流纵向连通性的下降是对鱼类生存最主要的威胁，在未来河流管理中应予以重视。

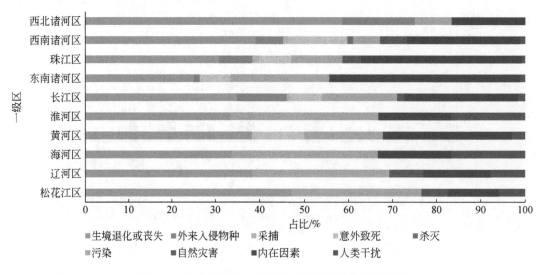

图 4-13　十大水资源一级区受威胁鱼类致危因素分析

二、重点流域水生生物多样性衰退成因

（一）长江流域

长江上游流域水电梯级开发运行带来的水域生态影响突出。工程实施后，一方面导致上下游水文情势显著改变，流水性鱼类栖息生境丧失，资源下降，受胁鱼类增多且濒危程度上升；另一方面导致水温层化，下泄水温升、降滞后，鱼类繁殖期延迟。长江上游的金沙江、雅砻江、大渡河、乌江、三峡等水电基地装机规模约占中国十三大水电基地的一半。高坝深库多集中在金沙江、大渡河、雅砻江等流域。其中，金沙江上游规划 10 级，金沙江中下游规划 14 级；雅砻江干流规划 22 级；岷江干流都江堰以上规划 10 级，岷江中下游规划 12 级；大渡河干流规划 29 级；乌江干流规划 12 级，嘉陵江广元以下干流规划 16 级。目前，乌江、汉江、清江、两湖水系等的水电已基本开发完毕。

长江中下游江湖阻隔导致湖泊淤积加重、面积萎缩，调蓄洪水能力下降，水质恶化，进一步导致水生生物多样性丧失，江湖洄游性鱼类绝迹，鱼类群落结构单一化。历史上，长江中下游地区湖泊密布，均与长江自然连通，形成的江湖复合生态系统在维持长江流域水生生物多样性中发挥着重要的作用。近几十年来，大规模围垦、修堤和建闸等因素导致长江中下游绝大部分湖泊失去了与长江的水力联系，目前仅有 3 个通江湖泊。江湖连通的自然格局发生明显改变。

水域污染也是影响长江流域水环境和水生态安全的主要因素之一。长江沿线地区工农业发达，城镇密集。长江流域废水排放总量占全国 40% 以上，单位面积氨氮、二氧化硫等排放强度是全国平均水平的 1.5 ~ 2.0 倍。长江流域的排污主要集中在太湖水系、洞庭湖水系、湖口以下干流、宜昌至湖口、鄱阳湖水系、汉江和岷沱江，占到长江废污水排放量的81.7%。2016年废污水排放总量为353.2亿t，其中生活污水158.7亿t，工业废水194.5亿t，主要超标项目为总磷、氨氮、五日生化需氧量和高锰酸盐指数等。

此外，过度捕捞加剧了天然渔业资源的衰退，导致渔获物中小型鱼类比例上升、种群年龄结构低龄化和个体小型化。外来入侵物种种类数量不断增加，影响范围不断扩大，也给长江水域生态安全带来了一定的影响。

（二）黄河流域

黄河流域中上游梯级开发程度高，水资源开发利用率高达80%，远超一般流域40%生态警戒线。黄河干流规划有水电梯级36个，其中中大型水库有21座，中型水库有15座。上述梯级的实施导致北方铜鱼、黄河雅罗鱼等土著鱼类分布范围急剧缩小，甚至成为濒危物种。

黄河流域以占全国2%的水资源承纳了全国约6%的废污水和7%的COD排放量，部分干支流污染严重。2018年，黄河137个水质断面中，劣Ⅴ类水占比达12.4%，明显高于全国6.7%的平均水平。黄河上游典型湖泊乌梁素海的年均COD入湖量由2001年的917.3t上升到2014年的2525.47t，1973年、1987年和2002年分别发生过三次大的死鱼事件。

此外，池沼公鱼、大银鱼、巴西龟、克氏原螯虾等外来入侵物种对土著鱼类造成不利影响。

（三）珠江流域

珠江流域上游的南盘江、红水河是中国十三大水电基地之一，干流规划的10个梯级已基本实施完毕，水生生物适宜的天然河段严重缩减，长臀鮠、唇鲮等经济鱼类从常见种、优势种演替为稀有种，洄游性鱼类种群数量锐减，中华鲟、鲥等已多年未见。

长期的酷渔滥捕、水质恶化及外来种入侵也是珠江水生生物多样性丧失的主要因素。珠江三角洲河网区水污染严重、河口滩涂湿地面积大幅度减少，赤潮频发。革胡子鲇、罗非鱼等物种已在珠江水系（西江、北江、东江）建立了自然种群，并维持了相对稳定的种群数量。

（四）松花江流域

松花江流域大规模闸坝建设和引水工程导致流域水系连通性下降，一定程度上阻隔了史氏鲟、达氏鳇、大麻哈鱼等多种冷水性洄游鱼类的洄游通道，造成资源下降。据统计，松花江流域现有水库2300余座，其中大中型水库共200余座；水电站数量为130余座，其中大中型水电站共40座；大中型灌区457处，面积约258.4万hm²。橡胶坝、混凝土坝等拦水工程共计660多个。此外，还建有北部引嫩工程、中部引嫩工程、引嫩入白工程、引洮分洪入向工程、哈达山引水工程和吉林省西部地区河湖连通工程等。

松花江流域重化工业多，历史欠账多，治理难度大，污染排放强度居高不下，加之河道疏浚、水下挖沙采石等涉水活动使水生生物产卵场、索饵场、越冬场等栖息地遭到破坏，哲罗鱼、细鳞鲑、怀头鲇、黑龙江茴鱼等鱼类少见，种群数量持续下降。

（五）其他重点流域

淮河、海河、辽河是中国七大水系中水污染形势最为严峻的河流。近年来，淮河流域水环境质量逐年提升，但历史上水污染严重，并发生过多次重大的水污染突发事件，造成水域生态系统结构和功能退化。此外，淮河流域建有闸坝1.1万余座，导致水生生物栖息地破碎化，水生生物多样性严重下降。

海河流域水资源严重短缺，呈过度开发状态，2015年河道年干涸长度达1589km；流域废污水排放量逐年增加，2016年劣Ⅴ类水河长占总河长的44.6%；地下水超采严重，生态水量严重不足；外来物种入侵加剧，互花米草入侵河口滩涂，并呈泛滥趋势，上述因子均对鱼类等水生生物的生存繁衍造成较大影响。

辽河流域水质污染、生态水量不足和生境萎缩等问题也普遍存在。2018年，辽河流域监测的30个干、支流断面中，Ⅳ类水质占26.7%；Ⅴ类水质占33.3%；劣Ⅴ类占36.7%。辽河铁岭段、盘锦段及浑河抚顺以下、太子河辽阳以下河段污染较重。此外，长期无节制地引水截水，导致辽河中上游断流不同程度断流。水资源的过度开发和地下水严重超采，导致水生生物生境丧失，资源不断减少，生物多样性日益降低，物种濒危程度加剧。

三、水温变化对水生生物的影响

（一）温排水影响

采用直流冷却的火核电厂在运行过程中会产生大量的废热，并以温排水形式排放至江、河、湖、海等自然水域，是环境水体高温热源的主要来源。火核电厂的温排水具有流量大、温升高等特点。通常，1000MW装机容量的火电厂夏季排水温升为8~13℃，温排水水量可达35~45m³/s；对于核电机组，温排水水量更大，为相同装机容量火电机组的1.2~1.5倍，排水温升为6~11℃。受冷却水量的限制，采用直流冷却的大型、超大型火核电厂，主要位于水量充沛区域。受煤炭资源分布不均衡、电力需求东西部差异以及冷却水量要求限制，装机容量较大的直流火电厂大多位于鲁、苏、粤、冀、皖、浙、辽、鄂、闽、赣、桂等水量充沛地区。受冷却水量要求的限制以及核电安全考虑，中国所有运行和在建核电厂均位于辽、苏、浙、闽、鲁、粤、桂、琼等沿海省份。上述区域是中国环境水体高温变异的主要高风险区。

大量温排水排放到环境水体，必然对生态环境产生影响。温排水的生态影响与生物种类、水体自然水温密切相关。不同水生物，相同温升的生态影响存在显著差别，即使对于同种水生物，不同背景水温下相同温升的生态影响也存在较大差别。评价温排水的生态环境影响，需要综合考虑水域生物的差别、关注的重点物种以及自然水温情况。虽然温排水的生态环境效应十分复杂，但仍然具有一定规律性：①对于水质，夏季高温条件下，温排水可能造成深层水体溶解氧匮乏现象；②对于浮游植物，温升大于2℃，蓝藻、绿藻数量增多，硅藻减少，温升小于2℃生物量及多样性会提高；③对于浮游动物，小幅温升（小于3℃）通常对浮游动物种类的增加有利，夏季强增温区（大于4℃），浮游动物种类和数量有所降低；④对于底栖动物，温升大于6℃通常会对底栖动物造成较大危害，4℃温升范围内，自然水温越低，增温对底栖动物种类与数量的增加越有利；⑤鱼类通常具有一定的水温规避能力，水温变异一般不会造成鱼类死亡。

在温排水影响调控方面，温排水的余热综合利用是从源头上减轻温排水负面热影响的根本途径。排放口型式与排放方式是影响温排水初始稀释效果的主要因素。当前，通过优化排放口位置、间距、数量、角度，提高温排水的初始掺混稀释，是减小火核电厂温排水环境生态影响的主要途径。例如，外高桥电厂三期采用深层排放方式，同时设置12个垂直竖管分散排水。

（二）水库低温下泄水影响

大型水电站、高坝建成后，往往形成水深较深的水库。由于水面面积扩大，水深增加，流速减小，水温易于分层。通常夏季坝前表层水温比天然河道水温高，深层水温处于低温状态，中间过渡层为温跃层，水温梯度较大。例如，2017年5月溪洛渡坝前表层水温约19.4℃，库底水温约14.2℃，垂向温差达5.2℃。水库下泄低温水是中国水域低温冷源的主要来源。

受水力资源空间分布差异的影响，中国装机容量500万kW以上的大型水电站主要位于长江、金沙江、澜沧江等流域。大型水电站建设不可避免会形成大型水库。除发电外，中国用于防洪、灌溉、养殖的水库也不少。目前，中国坝高大于100m的水库已超过190余座。水电建设等形成的高坝大库区域，尤其是长江流域、雅砻江流域、黄河流域、珠江流域的大型水库已成为中国低温冷源的主要高风险区。

大型水利工程引起的水温结构分布存在显著的空间差异。长江上游水系水库分层型水温结构居多，如向家坝、溪洛渡、锦屏一级电站的库区。珠江水系混合型水温结构明显，如天一、平班、岩滩、大化、百龙滩等电站库区。黄河水系、长江中游库区水温结构多为复合型，如龙羊峡水电站库区、葛洲坝水库的水温结构均为分层型+混合型。

垂向水温分层水库，高温季节电站下泄水温度往往低于下游河流的自然水温，并较原河道自然水温出现迟滞现象；低温季节电站下泄水温通常高于下游河道水温，出现高温水下泄的现象。目前中国水电基地以梯级开发方式为主，多级水库联合运行会对水库-河流系统水温分布产生累积影响。有学者对向家坝电站下泄水温的研究表明，天然情况下向家坝坝址处水温3月下旬至4月中旬可达18℃，在乌东德、白鹤滩、溪洛渡、向家坝四级电站联合运行时，向家坝坝下水温出现明显滞后，6月上旬才能达到18℃。中国鱼类多以温水性鱼类为主，低温下泄水会减弱鱼类的新陈代谢，减缓生长速度，推迟繁殖。

为了缓解低温下泄水对水生生物尤其是鱼类的影响，主要采用三类措施：人工破坏水体分层、生态调度、实行分层取水。第一种方法主要通过在取水口门附近进行人工扰动或者注入气体来破坏水体分层，对于小型水库有一定作用。第二种方法主要通过控制下泄流量，改变下泄水温的生态影响。第三种方法通过分层取水，实现对高坝大库低温水下泄的控制，应用广泛。

第五章 | 水环境和水生态安全标准和阈值

本章研究确定了中国分区分类的生态基流、敏感期生态流速标准和阈值，提出了地表水和地下水环境安全标准和阈值，制定了水域空间、水系连通性、生物多样性相关安全标准和恢复目标。

第一节 生态基流标准和阈值

为协调水生态保护修复与水资源开发利用，河流生态基流目标的确定受到广泛关注，成为近年来生态水文研究的热点和难点之一。目前，相关研究一般将河流或断面生态基流占其多年平均天然径流量的百分比（以下简称"生态基流占比"）作为反映生态基流目标大小的重要指标。迄今为止，对于河流生态基流目标的确定已发展出包括水文学法、水力学法、生境模拟法和整体分析法四大类数百种方法（Tharme，2003；Acreman and Dunbar，2004；陈昂等，2017）。不同方法适用条件不同，计算结果差异很大。即使采用同一种方法，不同的数据系列、步长、参数等仍会造成结果不一。武玮等（2011）采用 Tennant 法等 7 种水文学方法计算渭河林家村断面生态基流时发现，最大值与最小值间相差达数十倍。Smakhtin（2001）发现通过 7Q10 法计算得到的基流值要显著小于流量历时曲线法所得结果。为此，人们一般利用 Tennant 法成果对计算得到的基流目标做进一步检验和修正，或者将其直接用于缺（少）资料地区基流目标的制定。Tennant 法基于美国中西部 11 条河流生态水文调查，认为河流生态基流占比在枯水期需达到 10%，汛期达到 20% 或 30%（Tennant，1976；郭利丹等，2009）。然而，不同地区气候水文、自然地理、人类活动等差异巨大，河流径流情势迥异，对其生态基流目标不宜采用统一的修正标准，更不能盲目套用 Tennant 法成果。总而言之，目前尚缺乏一套相对科学、能够反映不同地区不同河流类型的生态基流占比阈值标准体系，制约着生态基流目标的合理确定。

已有研究表明，相同类型河流水文情势变化引起的生态响应具有相似性（Poff and Zimmerman，2010；董哲仁等，2017）。对于同一地区同一类型或规模的河流，其生态基流水平同样满足相似性原则，存在一个适宜性区间。为此，研究依据同一地区同一类型河流生态基流水平具有相似性的原则，提出一种分区分类的河流生态基流占比阈值标准确定思路和方法，涉及分区分类河流生态基流占比的上限阈值、下限阈值和一般值，面向水文资料是否充分，径流年内丰枯变化是否剧烈，是否有水利工程正向调节等多种情景，确定过程如下。

一、阈值确定方法

（一）代表性水文站点选择

综合不同气候区、人类活动特点，以及流域的上中下游、干支流差异，结合目前综合规划要求生态需水目标的重点河流断面清单，收集整理全国 439 个代表性水文站点监测断面日（月）径流数据，站点分布见表 5-1 和图 5-1。其中，长江区流域面积最大，水系最为发达，所选择的水文站点数量最多，达到 138 个，站点平均集水面积为 18 559km²；东南诸河区面积较小，独流入海水系众多，站点选择考虑钱塘江、闽江等若干主要河流，数量相对较少，仅有 18 个，站点平均集水面积为 7937km²；西北诸河区和西南诸河区由于涉及诸多跨界河流，资料难以收集获取，所选站点最少，分别仅有 16 个和 12 个。总体看，除西北诸河区和西南诸河区外，所选站点空间分布较为均匀，439 个代表性站点中，最小集水面积 92km²，最大集水面积 863 000km²，平均集水面积 33 996km²。总体来看，选取水文站点具有较好的完整性和代表性，基本实现了对全国范围内主要水系的把控。

表 5-1　全国 439 个代表性水文站点分布情况

区域	站点个数	站点最小集水面积/km²	站点最大集水面积/km²	站点平均集水面积/km²
松花江区	63	162	863 000	63 020
辽河区	26	1 001	136 277	21 050
海河区	55	92	44 100	7 291
黄河区	52	557	751 869	102 798
淮河区	35	353	121 330	12 094
长江区	138	114	458 592	18 559
东南诸河区	18	585	54 500	7 937
珠江区	24	936	327 006	43 507
西南诸河区	12	3 128	110 224	30 868
西北诸河区	16	229	19 983	6 414
全国	439	92	863 000	33 996

（二）生态基流分区分类阈值确定方法

首先，对全国 439 个代表性水文站点监测断面进行分区分类。考虑流域完整性和管理便易性，采用全国十个水资源一级区进行分区。分类层面结合全国河流分级标准，采用断面集水面积作为分类标准。以集水面积达到 2000km² 和 10 000km² 为分界点，将河流规模分为小、中、大三类，具体见表 5-2。然后根据断面上游是否有控制性水利工程分别确定生态基流占多年平均径流量的阈值标准和默认推荐值。

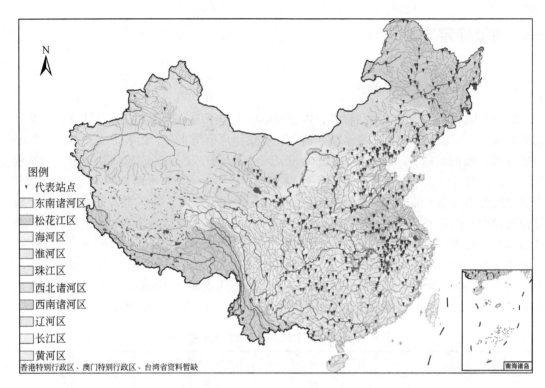

图 5-1　全国 439 个代表性水文站点分布

表 5-2　基于集水面积大小的站点类型分类标准

集水面积	<2 000km²	2 000 ~ 10 000km²	>10 000km²
站点类型	小	中	大

其次，对于上游无控制性水利工程正向调节的断面，基于 1956 ~ 2000 年天然逐月径流系列，利用 Q_{90} 法计算断面生态基流占多年平均天然径流量的比例。在此基础上，计算十个水资源一级区大、中、小不同规模断面天然生态基流占比的最小值、最大值、下四分位值、中位值、平均值、上四分位值和最大值。其中，河流（断面）天然生态基流占比阈值的最小值重点参考该分区分类河流（断面）生态基流的最小值和下四分位值确定；最大值重点参考该分区分类河流（断面）生态基流的上四分位值和最大值确定；推荐值重点参考该分区分类河流（断面）生态基流的中位值和平均值确定。由此，分别制定枯水期（12 月至次年 3 月）、非枯水期（4 ~ 11 月）无控制性水利工程断面生态基流占比阈值和推荐值。其中，生态基流占比阈值的最小值、最大值所构成的区间代表了这个区域这个类型河流断面生态基流目标的推荐范围，无资料地区的断面生态基流目标不宜超出这个范围；即使有资料地区，如无控制性水利工程正向调节作用，生态流量目标也不宜大于最大值，以免目标过高；有资料地区如果天然基流水平确实达不到最小值要求，在无控制性水利工程正向调节作用时，则不强求达到最小值要求。推荐值则代表了在无资料地区推荐采

用的初始建议目标。

在河流（断面）上游存在水利工程正向调节作用时，断面枯水期径流有所增加，此时仅采用天然径流序列进行 Q_{90} 计算将丧失实践指导意义。通过对比分析 1956~2000 年逐月实测和天然径流量变化，若枯水期径流增幅超过 10%，则认为其明显受到水利工程正向调节作用。对于这些站点，通过 Mann-Kendall 法查找其实测径流序列的变异点，选择突变后实测径流序列进行 Q_{90} 保证率计算，确定生态基流占比阈值。当河流（断面）上游具有水利工程调节时，大、中、小站间的生态基流差异将明显遭到弱化。因此，在断面分类中不再进一步划分大、中、小站，对 10 个一级区枯水期（12 月至次年 3 月）和非枯水期（4~11 月）提出生态基流占比阈值和推荐值。

二、无控制性水利工程断面生态基流占比阈值和推荐值

对于上游无控制性水利工程正向调节的断面，在确定生态基流占比阈值时只需考虑不同区域不同类型断面天然生态基流占比即可。因此，针对全部 439 个代表性站点，首先利用月径流 Q_{95} 分别计算各断面天然生态基流占比，然后按照不同水资源一级区、不同断面集水面积规模进行归类，分别统计不同区域不同类型断面生态基流占比的最小值（Min）、下四分位值（P_{75}）、中位值（P_{50}）、平均值（Mean）、上四分位值（P_{25}）和最大值（Max）。最后根据分区分类的各项统计特征值，综合确定无水利工程调控下，不同区域不同类型断面生态基流占比的最小阈值、最大阈值和推荐值。其中，最小阈值重点参考下四分位值和样本最小值确定；最大阈值重点参考上四分位值和样本最大值确定；推荐值重点参考中位值和平均值确定。考虑到部分断面年内径流分配不均，需要分时段确定生态基流目标，因此在分析计算时分为枯水期（12 月至次年 3 月）、非枯水期（4~11 月）分别研究和确定。

全国十大水资源一级区不同规模河流断面枯水期（12 月至次年 3 月）、非枯水期（4~11 月）的天然生态基流占比箱体图如图 5-2~图 5-11 所示。

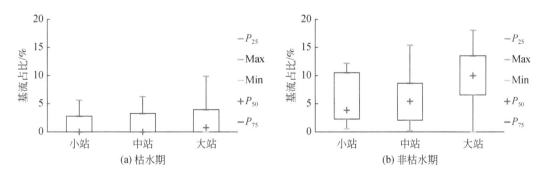

图 5-2　松花江区不同规模河流断面生态基流占比计算

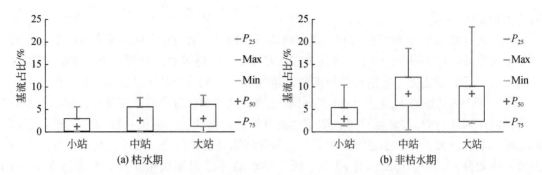

图 5-3　辽河区不同规模河流断面生态基流占比计算

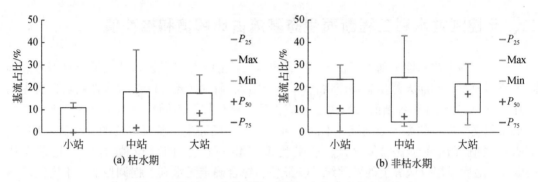

图 5-4　海河区不同规模河流断面生态基流占比计算

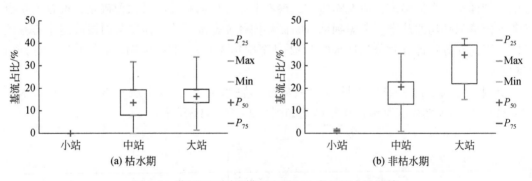

图 5-5　黄河区不同规模河流断面生态基流占比计算

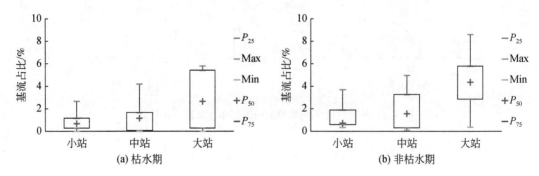

图 5-6　淮河区不同规模河流断面生态基流占比计算

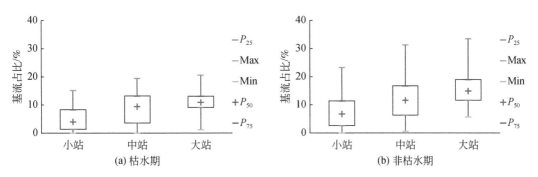

图 5-7 长江区不同规模河流断面生态基流占比计算

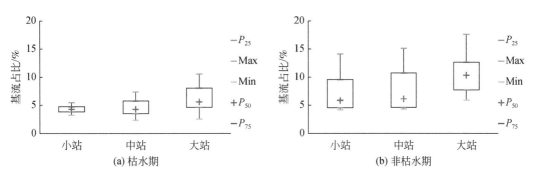

图 5-8 东南诸河区不同规模河流断面生态基流占比计算

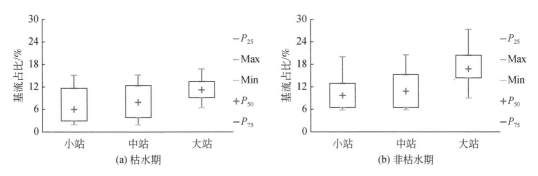

图 5-9 珠江区不同规模河流断面生态基流占比计算

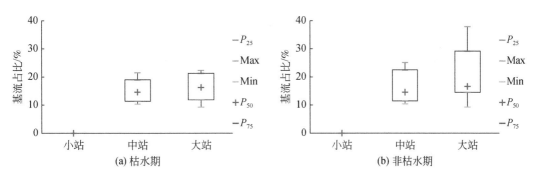

图 5-10 西南诸河区不同规模河流断面生态基流占比计算

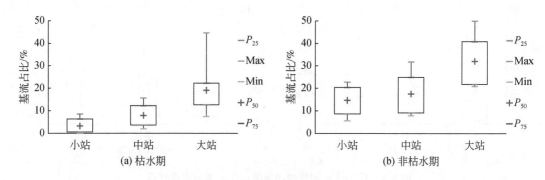

图 5-11　西北诸河区不同规模河流断面生态基流占比计算

　　根据分区分类断面天然基流占比的各项统计值，按照相应阈值制定准则，综合确定全国十大水资源一级区大、中、小规模河流断面枯水期（12月至次年3月）、非枯水期（4~11月）的天然生态基流占比阈值和推荐值，结果见表5-3和表5-4。

表5-3　分区分类河流断面枯水期（12月至次年3月）天然生态基流占比阈值

（单位：%）

一级区	小站			中站			大站		
	最小值	最大值	推荐值	最小值	最大值	推荐值	最小值	最大值	推荐值
松花江区	0	5	0	0	6	0	0	10	1
辽河区	0	6	1	0	10	3	1	10	3
海河区	0	12	3	0	15	5	5	18	10
黄河区	5	15	10	7	20	14	10	20	16
淮河区	0	4	1	0	5	1	1	6	3
长江区	1	10	5	3	15	10	8	18	11
东南诸河区	3	6	4	3	8	4	4	10	5
珠江区	2	15	7	2	15	7	8	18	11
西南诸河区	5	15	10	8	20	14	10	22	16
西北诸河区	1	8	3	3	15	8	10	25	16

表5-4　分区分类河流断面非枯水期（4~11月）天然生态基流占比阈值（单位：%）

一级区	小站			中站			大站		
	最小值	最大值	推荐值	最小值	最大值	推荐值	最小值	最大值	推荐值
松花江区	2	12	5	2	15	6	6	18	10
辽河区	2	12	5	5	20	9	5	20	10
海河区	8	24	14	8	25	15	9	30	17
黄河区	8	25	15	12	30	20	20	40	30
淮河区	1	10	2	1	10	3	3	15	5

一级区	小站			中站			大站		
	最小值	最大值	推荐值	最小值	最大值	推荐值	最小值	最大值	推荐值
长江区	3	20	7	6	25	12	10	30	15
东南诸河区	5	15	6	5	15	6	6	20	10
珠江区	6	20	11	6	20	11	12	25	17
西南诸河区	10	25	15	10	25	15	12	30	18
西北诸河区	8	23	14	12	30	20	20	40	30

三、控制性水利工程调控断面生态基流占比阈值和推荐值

当上游存在控制性水利工程并发挥正向调节作用时，断面基流水平将显著增加，此时仅采用天然径流序列确定断面生态基流占比阈值将丧失实践指导意义。为此，分别计算长系列逐月天然径流过程的 Q_{95} 值（简称"天然月径流 Q_{95}"）、近 20 年逐月实测径流过程的 Q_{95} 值（简称"实测月径流 Q_{95}"）、近 10 年逐日实测径流过程的 Q_{90} 值（简称"实测日径流 Q_{90}"），若三者的最大值相对天然月径流 Q_{95} 满足如下条件：生态基流占比增加 1% 以上，相对值增加超过 20%，则认为该断面受到控制性水利工程正向调节。具体判别条件为

$$\begin{cases} (BQ_m - Q_{95})/\overline{Q_o} \cdot 100\% \geqslant 1\% \\ (BQ_m - Q_{95})/Q_{95} \cdot 100\% \geqslant 20\% \end{cases} \tag{5-1}$$

式中，BQ_m 和 Q_{95} 分别为基流最大值和天然月径流量，m^3/s；$\overline{Q_o}$ 为多年平均天然径流量，m^3/s。

当河流受水利工程正向调节时，不同大小或规模间的生态基流差异将遭到显著弱化。因此，针对水利工程正向调节断面，不再区分大、中、小规模，仅针对 10 个水资源一级区，提出不同区域枯水期（12 月至次年 3 月）和非枯水期（4～11 月）生态基流占比阈值和推荐值。阈值确定方法与无控制性水利工程调控断面类似，通过不同区域相关断面实测基流占比的统计值分析确定，详细结果见表 5-5。

表 5-5　控制性水利工程调控断面生态基流占比阈值和推荐值　　　（单位:%）

一级区	枯水期基流占比阈值			非枯水期基流占比阈值		
	最小值	最大值	推荐值	最小值	最大值	推荐值
松花江区	3	15	7	10	25	13
辽河区	3	15	7	5	20	10
海河区	6	18	10	9	30	17
黄河区	12	30	20	20	40	30
淮河区	3	20	8	5	25	10
长江区	8	20	12	10	30	15

一级区	枯水期基流占比阈值			非枯水期基流占比阈值		
	最小值	最大值	推荐值	最小值	最大值	推荐值
东南诸河区	5	15	8	6	20	10
珠江区	10	25	16	12	35	20
西南诸河区	10	22	16	12	30	18
西北诸河区	10	25	16	20	40	30

第二节　敏感期生态流速标准和阈值

鱼类是分布最为广泛的河流敏感期生态保护目标。同时，鱼类是水生生态系统食物链顶端的生物之一，其生境保护对于维持河流敏感期生态健康具有重要指示作用。在众多评价因子中，流速是贯穿鱼类不同生命阶段生境保护的关键指标。生态流速需要满足鱼类不同生育期以及不同鱼类对流速的需求，包括洄游感应流速、产卵刺激流速和鱼卵漂浮适宜流速等。同时，相对于流量、水深等因子，生态流速在同一区域同一类型的河流具有相似性，更适合作为区域或流域尺度评价的指标。为此，本节综合水文学方法和机理实验，构建全国分区分类河流敏感期生态流速阈值体系。

一、阈值确定方法

敏感期生态流速标准研究综合机理实验和水文学方法，首先结合鱼类不同阶段流速阈值机理实验，明晰典型鱼类自然繁殖期适宜流速范围，设定河流敏感期生态流速目标初值，进而针对人类活动干扰较小的重点生态保护断面，利用近十年实测流量，设定分区分类的生态流速阈值。

（一）流速阈值机理实验

1. 鱼类洄游适宜流速研究

鱼类洄游刺激流速实验重点针对鱼类洄游过程及其所需水文条件开展研究，探求足以支撑鱼类洄游持续刺激的流速阈值范围，以及不同流速条件对鱼类洄游的刺激强弱。以四大家鱼等典型经济鱼类为研究对象，通过搭建鱼类洄游仿真河道，营造不同的水文情景，观察不同情景方案下目标上溯情况，探究水文要素变化对鱼类洄游过程的影响方式和影响程度，明晰典型鱼类洄游的适宜水文水动力条件及阈值范围，绘制流速适宜度曲线。

实验装置：如图 5-12 所示，实验区域约为 23m×9m，1 为实验装置外墙、2 为内墙、3 为仿真河道、4 为整流栅、5 为上游消能池、6 为下游消能池、7 为水泵、8 为拦截网、9 为输水管道、10 为可调闸门、11 为进水口。主体部分由九条不同河底高程的仿真河道（3）组成，长 20m、宽 0.8m，从右到左河道底板依次为 0.4m、0.3m、0.4m、0.2m、0.4m、0.1m、0.4m、0m、0.4m。其中河道底高 0.4m 的河道，主要进行同水深下不同流速对比实验；不同河道底高的实验河道主要进行不同水深的对比实验；受管道口径的限制，单台水泵额定提水为 0.1m³/s，为满足高流速实验情景，实验装置采用不同底高河道交叉布置，同时结合挡水板开闭组合、整流栅开度调整等，实现多水泵供一条河道，保证实验预期流速。河道上、下游分别设置消能池（5、6），长 1.5m，避免水流直接冲入实验河道形成湍流，各缓冲池间均设有 60cm×40cm 的可调闸门（10），由挡水板开闭控制水流在不同实验河道间流动。河道上游由整流栅（4）开度控制进入水量，同时配备紊流栅网，用于消能及控制水流流态；河道末端与下游缓冲池连接处设置拦截网（8），防止实验鱼进入下游缓冲池。每条实验河道配备一个水泵（7）及相应的输水管道（9），通过水泵将下游缓冲池中水抽至上游缓冲区，实现水体的循环流动，为实验提供水源及动力。

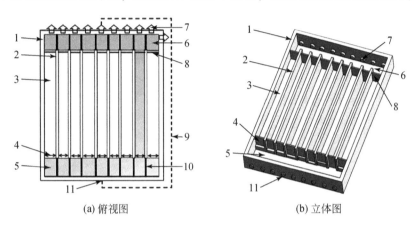

(a) 俯视图　　　　　　　　　(b) 立体图

图 5-12　鱼类洄游刺激流速实验装置

水文情景设置：流速初步划分为感应流速、适宜流速和极限流速 3 个区间进行方案设置和对比，其中感应流速区间按照 0.05m/s 的流速梯度设置对比方案，适宜流速和极限流速区间按照 0.1m/s 的梯度设置对比方案，流速变化区间 0.05～1.6m/s，一共设置 20 个流速梯度。实验过程中，水温稳定在 25℃ 左右，误差不超过 1℃；水深稳定在 0.5m，误差不超过 0.2m；pH 及水体溶解氧均维持在适宜水平。具体水文条件设置见表 5-6。

表 5-6　鱼类生殖洄游流速条件对比方案设置　　　　　（单位：m³/s）

流速	感应流速对比	0.05	0.1	0.15	0.2	0.25	0.3	0.35
	适宜流速对比	0.4	0.5	0.6	0.7	0.8	0.9	1
	极限流速对比	1.1	1.2	1.3	1.4	1.5	1.6	

实验步骤：

（1）向实验河道内注水，调整至实验所需水深，晾晒 3～5 天；添加生石灰或硫酸铜（8mg/kg）进行消毒处理，调整水体 pH 稳定在 7～8.5。

（2）每次选取同一批次 2 龄以上性成熟的成年鱼（雌雄混合）100 条作为实验鱼群，对鱼群进行 2～3 天的驯化，使实验鱼群适应水池环境，驯化完成后挑选 10 条左右代表性家鱼进行生物学测量和解剖，记录体重、体长、性腺发育程度等指标。

（3）根据拟定的水文要素对比方案，利用水泵、整流栅、制冷机等设备为各条实验河道设置不同的流速条件，进行全面的观测记录。各项指标稳定并达到实验要求后，将同一批次的实验鱼群投入到各条实验河道中，单条河道内投放不少于10条，并利用渔网将鱼群首先集中下游2m范围以内。

（4）待鱼群稳定身形后，缓慢撒开渔网，开始计时。结合录像设备，观察统计实验河道中鱼群上溯洄游情况，记录各河道内鱼群开始上溯时间、通过河道关键断面（5m、10m、15m及最上游）的时间，统计鱼群5min上溯成功率、10min上溯成功率、总体上溯成功率，以及平均洄游速度、停留回落情况等。

（5）每组实验总时长为15min，各流速条件至少开展10次平行实验，为减少实验鱼群生理活性和性腺发育程度不一致带来的影响，每组平行实验采用同一批次的不同组别鱼群交叉开展。为维持实验鱼群体力，各组实验间隔2h以上。整理实验结果并进行统计分析，得到有效刺激性四大家鱼开展生殖洄游的临界水温、流速及其适宜组合条件。

确定鱼类洄游流速阈值。基于鱼类洄游实验结果，以典型生殖洄游鱼类草鱼为主，综合分析鱼类洄游期生态-水文响应关系。整体上，目标鱼类在流速大于0.25m/s时，能够感受到来流刺激，流速超过0.4m/s时，鱼群能较为迅速的开始上溯，当流速超过1m/s时，鱼群持续上溯能力明显减弱。流速适宜度曲线如图5-13所示。

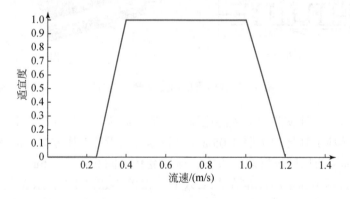

图5-13　鱼类洄游流速适宜度曲线

2. 漂流性鱼卵安全漂流的水动力条件研究

漂流性鱼卵需要一定的流速才可以使鱼卵漂浮或悬浮于水面成功孵化，本研究利用实验河道，模拟鱼卵在不同流速水深下的运动及断面分布状况，系统研究典型漂流性鱼卵的水动力特征及其漂移规律。通过观察记录不同流场环境下漂流性鱼卵在河道里的不同分层的收集率，确定漂流性鱼卵在不同水流速度下鱼卵断面分布情况、鱼卵在流水中安全漂流的流速下限阈值，进而预测漂流性鱼卵漂流孵化的时空条件。在此基础上，建立鱼卵漂流与水力学需求的定量化联系。

实验结果如图5-14所示，鱼卵漂浮流速的极限阈值与水深有着密切的关系；以80%收集率作为鱼卵安全漂流的判别标准，1m水深流速下限阈值为0.25m/s，而0.75m与0.5m水深下流速下限阈值为0.275m/s；初步得出水深的降低一定程度上需要提高最低流速阈值而不使鱼卵沉底死亡。另外根据鱼卵在各层的分布收集情况，鱼卵运动并不是单纯逐渐下降的过程，而是在水体中上下不断波动运动，在水位相对较低的情况下，鱼卵多数集中于水底下层运动前行，因此满足鱼卵漂流孵化运动除了流速达到相应的阈值以外，也应该满足基本的水位需求。

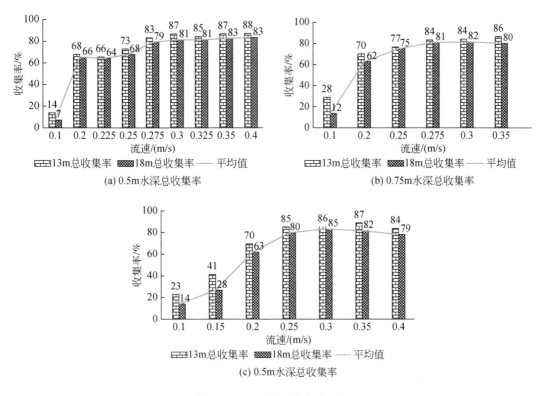

图 5-14　断面鱼卵收集率分布

（二）分区分类生态流速目标设定方法

基于鱼类洄游和鱼卵漂浮机理实验研究，以生态流速作为全国分区敏感期生态流量的控制指标，结合全国不同区域特有鱼类分析，以受人类活动干扰较小的国家级种质资源保护区所在河段为主要研究对象，分析分区分类的河流生态流速阈值。具体方法如下。

1. 明确保护目标和控制断面

根据全国鱼类区划、水资源区划及地形条件，在十大流域基础上，在全国范围内划分六大区域，分别为东北地区、黄淮海地区、西南地区、长江中下游地区、东南沿海地区及西北地区。以 228 条流域面积超过 10 000km² 的河流作为研究河段，并结合国家级种质资源保护区分布，根据水文站分布确定重点生态控制断面，鱼类生境重点保护断面如图 5-15 所示。对具有敏感生态保护需求的断面进行分析，结合各水文站枯水期天然月径流与实测月径流过程，以相对误差不超过 5% 为标准，选取人类活动干扰较小断面 168 个。

2. 确定各河段生态流速初值

根据各控制断面对应种质资源保护区代表性物种，基于实验结果和文献资料，明确各流域典型鱼类产卵期适宜生态流速范围，包括洄游刺激流速、产卵刺激流速、漂浮性鱼卵

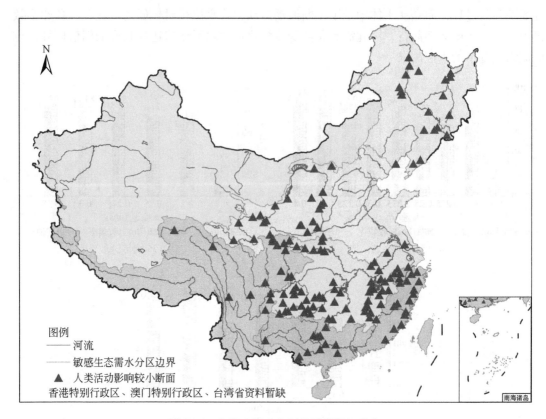

图 5-15　鱼类生境重点保护控制断面分布

安全漂流流速等。针对各重点控制断面，结合种质资源保护区目标鱼类和分区重点保护鱼类生物学特性分析，确定洄游刺激流速 V_1，针对产漂流性卵鱼类，结合鱼卵漂浮流速需求，确定鱼卵安全漂流流速 V_2，针对长江、松花江干流等重要产卵场，结合主要产卵鱼类的产卵刺激需求，确定产卵刺激流速 V_3，进而综合不同流速要求，确定各河段生态流速初值范围。一般而言，以 0.25m/s 作为刺激鱼类洄游的最小流速；以 0.4～1m/s 作为刺激鱼类洄游产卵的适宜流速；产卵刺激流速主要由代表性鱼类产卵需求确定。

3. 确定持续时间和发生频次

基于各分区重点保护物种的鱼卵孵化时间，确定脉冲流量持续时间和发生频次，分区代表性鱼类及其鱼卵孵化时间，见表 5-7。

4. 校核适宜生态流速阈值

分别针对各分区人类活动干扰较小的河段，结合控制断面流速-流量关系，利用近 10 年逐日实测流量根据现状满足程度校核适宜生态流速阈值。其中，考虑到地形条件、集水面积和河道比降对流速的影响，各分区内部按照集水面积分为大站、小站，其中大站为集水面积超过 10 000km² 的水文站控制断面，同时按照地形条件分别按山区河段、平原河段核算阈值。分析产卵期各月份连续 N 天达到生态流速的满足程度，N 值根据该断面典型鱼类的鱼卵孵化时间确定；保证率以 75% 为准，要求 75% 的年份能满足年内 4 个月产卵期中至少 3 个月均能满足一次为期 N 天达到生态流速的过程，代表不同区域生态流速的本底值。

表5-7　分区代表性鱼类及鱼卵孵化时间

分区名称	保护目标	代表性鱼类	产卵时期	鱼卵孵化持续时间
东北地区	土著冷水鱼	"三花五罗十八子"（鳜、长春鳊、江鲫、哲罗鱼、三角鲂、雅罗鱼、细鳞鱼、黑斑狗鱼等）	4~7月	7天
黄淮海地区	主要经济鱼类、黄河特有鱼类	兰州鲇、黄河鲤、长吻鮠、乌鳢、棒花鱼、麦穗鱼、黄颡鱼、鳜	4~7月	5天
西北地区	高原特有鱼类	拟鲇高原鳅、厚唇裸重唇鱼、骨唇黄河鱼、北方铜鱼、扁咽齿鱼、鳇鱼	5~7月	7天
西南地区	长江上游珍稀特有鱼类	胭脂鱼、铜鱼、圆口铜鱼、长薄鳅、南方大口鲇、岩原鲤、重口裂腹鱼、中华裂腹鱼、中华倒刺鲃、巨魟、尖裸鲤、拉萨裂腹鱼、云纹鳗鲡、贡山裂腹鱼、中国结鱼	4~7月	5天
长江中下游地区	四大家鱼	四大家鱼、鲥等	4~7月	5天
东南沿海地区		花鳗鲡、香鱼、黄尾密鲴、金线鲃、唇鲮、广东鲂、斑鳠	3~6月	5天

二、分区域标准和阈值

各地区分级分类河流生态流速阈值见表5-8～表5-12。

表5-8　东北地区代表站点流速阈值核算

分类型	控制断面	河流	集水面积/km²	流速阈值/（m/s）
山区大站	晨明	汤旺河	19 186	0.8
	石灰窑	嫩江	17 205	0.5
	文得根	绰尔河	12 447	0.8
	五道沟	辉发河	12 391	0.7
山区小站	辉发城	辉发河	8 762	0.5
	大山嘴子	牡丹江	8 075	0.6
	泉太	东辽河	1 774	0.4
	漫江	头道松花江	586	0.4
平原大站	古城子	诺敏河	25 292	0.7
	柳家屯	甘河	19 665	0.6
	两家子	绰尔河	15 544	0.6
	碾子山	雅鲁河	13 567	0.25

分类型	控制断面	河流	集水面积/km²	流速阈值/(m/s)
平原小站	德都	讷谟尔河	7 200	0.3
	景星	罕达罕河	4 104	0.3
	绥中	六股河	3 008	0.3
	宝泉岭	梧桐河	2 750	0.25
	鹤立	阿陵达河	485	0.4
	沙里寨	大洋河	4 810	0.3
	茧场	碧流河	1 170	0.25

由表5-8可知，东北地区各代表站点流速阈值集中在0.25~0.8m/s，基于各断面集水面积和地形条件进行分类，以75%以上站点适宜流速作为核算标准，归纳东北地区分级分类阈值。结果显示，山区大站流速阈值为0.8m/s，小站流速阈值为0.5m/s；平原大站流速阈值为0.6m/s，小站流速阈值为0.3m/s。

根据表5-9，基于各断面集水面积和地形条件进行分类，以75%以上站点适宜流速作为核算标准，归纳黄淮海地区分级分类阈值。结果显示，山区大站流速阈值为1.0m/s，小站流速阈值为0.6m/s；平原大站流速阈值为0.5m/s，小站流速阈值为0.3m/s。

表5-9　黄淮海地区代表站点流速阈值核算

分类型	控制断面	河流	集水面积/km²	流速阈值/(m/s)
山区大站	唐乃亥	黄河	121 972	1.8
	玛曲	黄河	86 048	0.7
	吉迈	黄河	45 019	1.1
	红旗	洮河	24 973	1
	民和	湟水	15 342	1
	岷县	洮河	14 108	0.7
山区小站	温家川	窟野河	8 515	0.5
	双城	大夏河	6 144	0.7
	后大成	三川河	4 102	0.6
	延川	清涧河	3 468	0.5
	横山	无定河	2 415	0.5
平原大站	张家山	泾河	43 216	0.4
	雨落坪	马莲河	19 019	0.7
	交口河	北洛河	17 180	0.7
	泉眼山	清水河	14 480	0.5
	杨家坪	泾河	14 124	0.5

分类型	控制断面	河流	集水面积/km²	流速阈值/(m/s)
平原小站	郭家桥	苦水河	5 216	0.5
	旗下营	大黑河	2 914	0.3
	灵口	洛河	2 476	0.3
	塔尔湾	昆都仑河	2 282	0.3

西南地区各代表站点流速阈值见表5-10，基于各断面集水面积和地形条件进行分类，以75%以上站点适宜流速作为核算标准，归纳西南地区分级分类阈值。由于西南地区多为山区，不能按照山区、平原进行分级，但不同地域间高低起伏度和河道比降的不同依然造成了巨大的流速差异，因此，将西南地区按照横断山脉地区和其余山区进行分类。结果显示，横断山脉地区大站流速阈值为1.2m/s，小站流速阈值为0.8m/s；其余山区大站流速阈值为0.6m/s，小站流速阈值为0.4m/s。

表 5-10 西南地区代表站点流速阈值核算

分类型	控制断面	河流	集水面积/km²	流速阈值/(m/s)
横断山脉地区大站	直门达	通天河	137 704	1.5
	泸宁	雅砻江	108 083	0.8
	赤水	赤水河	16 622	1.1
	沱沱河	沱沱河	15 924	1.2
	武都	白龙江	14 288	1.2
	大沙店	牛栏江	11 226	1.5
横断山脉地区小站	豆沙关	关河	9 410	0.9
	舟曲	白龙江	8 955	1.4
	长坝	芙蓉江	5 454	0.8
	赤水河	赤水河	3 141	0.3
	上桥头	冈曲	2 432	0.8
	宕昌	岷河	1 449	1.2
其余山区大站	武胜	嘉陵江	79 714	0.7
	思南	乌江	51 270	0.4
	构皮滩	乌江	43 481	0.5
	乌江渡	乌江	27 838	1.1
	鸭池河	乌江	18 180	0.5
	夹江	青衣江	12 588	0.4

续表

分类型	控制断面	河流	集水面积/km²	流速阈值/(m/s)
其余山区小站	洪家渡	六冲河	9 656	0.4
	镡家坝	西汉水	9 538	0.4
	茨坝	嘉陵江	2 752	0.4
	永宁镇	永宁河	2 071	0.4
	石角	蒲河	707	0.25
	松坎	松坎河	639	0.4

长江中下游地区各代表站点流速阈值见表 5-11，基于各断面集水面积和地形条件进行分类，以 75% 以上站点适宜流速作为核算标准，归纳长江中下游地区分级分类阈值。结果显示，山区大站流速阈值为 0.8m/s，小站流速阈值为 0.6m/s；平原大站流速阈值为 0.6m/s，小站流速阈值为 0.3m/s。

表 5-11　长江中下游地区代表站点流速阈值核算

分类型	控制断面	河流	集水面积/km²	流速阈值/(m/s)
山区大站	白河	汉江	59 115	0.7
	吉安	赣江	56 223	0.8
	栋背	赣江	40 231	0.9
	峡山	贡水	16 033	0.8
	锦屏	清水江	11 375	1.1
山区小站	居龙滩	桃江	7 751	0.6
	高安	锦江	6 215	0.6
	施洞	清水江	6 039	0.6
	上沙兰	禾水	5 257	0.7
	玉屏	舞水	5 243	0.5
	娄家村	临水	4 969	0.7
	翰林桥	平江	2 689	0.7
	湾水	重安江	2 603	0.3
	大菜园	舞水	2 200	0.4
	松桃	松桃河	896	0.6
	资源	夫夷水	469	0.4

分类型	控制断面	河流	集水面积/km²	流速阈值/(m/s)
平原大站	桃源	沅江	85 223	0.8
	浦市	沅江	54 144	0.6
	衡阳	湘江	52 150	0.3
	桃江	资水	26 748	0.7
	冷水江	资水	16 260	0.3
	石门	澧水	15 307	0.6
平原小站	弋阳	信江	8 753	0.5
	向家坪	旬河	6 448	0.25
	全州	湘江	5 568	0.4
	渡峰坑	昌江	5 013	0.2
	万家埠	潦水	3 548	0.2
	瓶窑	东苕溪	1 420	0.2
	潜山	潜水	984	0.5
	吉首	峒河	769	0.25
	梓坊	博阳河	626	0.3
	莲花	文汇江	550	0.25

东南沿海地区各代表站点流速阈值见表 5-12，基于各断面集水面积和地形条件进行分类，以 75% 以上站点适宜流速作为核算标准，归纳东南沿海地区分级分类阈值。东南沿海地区（包括东南诸河区和珠江流域）大多为低山丘陵地带，因此仅按照集水面积进行分类。结果显示，大站流速阈值为 0.6m/s，小站流速阈值为 0.4m/s。

表 5-12 东南沿海地区代表站点流速阈值核算

分类型	控制断面	河流	集水面积/km²	流速阈值/(m/s)
大站	梧州	西江	327 006	0.8
	大湟江口	浔江	289 418	0.6
	贵港	郁江	86 333	0.5
	南宁	郁江	72 656	0.4
	柳州	柳江	45 413	0.4
	潮安	韩江	29 077	0.8
	崇左	左江	26 823	0.4
	江边街	南盘江	25 116	0.7
	三岔	龙江	16 280	0.4
	鹤城	瓯江	13 448	0.5

分类型	控制断面	河流	集水面积/km²	流速阈值/(m/s)
小站	浦南	九龙江	8 490	0.4
	对亭	洛清江	7 274	0.6
	金华	金华江	5 953	0.5
	衢州	衢江	5 424	0.5
	宁明	明江	4 281	0.3
	桂林	桂江	2 762	0.4
	月潭	率水	954	0.3
	临溪	杨之水	585	0.3

综上所述，全国分区分类河流生态流速阈值见表 5-13。东北地区，山区大站流速阈值为 0.8m/s，小站流速阈值为 0.5m/s；平原大站流速阈值为 0.6m/s，小站流速阈值为 0.3m/s。黄淮海地区，山区大站流速阈值为 1.0m/s，小站流速阈值为 0.6m/s；平原大站流速阈值为 0.5m/s，小站流速阈值为 0.3m/s。西南地区，横断山脉地区大站流速阈值为 1.2m/s，小站流速阈值为 0.8m/s；其余山区大站流速阈值为 0.6m/s，小站流速阈值为 0.4m/s。长江中下游地区，山区大站流速阈值为 0.8m/s，小站流速阈值为 0.6m/s；平原大站流速阈值为 0.6m/s，小站流速阈值为 0.3m/s。东南沿海地区，大站流速阈值为 0.6m/s，小站流速阈值为 0.4m/s。西北地区，鱼类保护重点是在出山口以上河段，人类活动干扰较小，该区敏感生态需水的重点是河谷林草和尾闾湿地。

表 5-13　全国分区分类河流生态流速阈值　　　　　　（单位：m/s）

分区	山丘区（西南指横断山脉地区）		平原区（西南指较缓山区）	
	大站	小站	大站	小站
东北地区	0.8	0.5	0.6	0.3
黄淮海地区	1.0	0.6	0.5	0.3
西南地区	1.2	0.8	0.6	0.4
长江中下游地区	0.8	0.6	0.6	0.3
东南沿海地区	0.6	0.4	0.6	0.4

第三节　水环境安全标准和阈值

一、地表水环境安全标准和阈值

《地表水环境质量标准》（GB 3838—2002）已明晰了各类地表水体的水环境安全管控

指标和阈值标准，具体见表5-14。其中，规定Ⅲ类地表水域功能为"主要适用于集中式生活饮用水地表水源地二级保护区、鱼虾类越冬场、洄游通道、水产养殖区等渔业水域及游泳区"；Ⅱ类地表水域功能为"主要适用于集中式生活饮用水地表水源地一级保护区、珍稀水生生物栖息地、鱼虾类产场、仔稚幼鱼的索饵场等"。可见，从水生态安全的角度而言，为满足水生生物洄游栖息和产卵繁殖的需要，除部分地区某些指标本底值超标外，水环境质量不宜低于Ⅲ类水标准；珍稀水生生物栖息地、鱼虾类产卵场、仔稚幼鱼的索饵场不宜低于Ⅱ类水标准。

表 5-14 水环境安全管控指标和阈值标准

序号	项目	地表水Ⅱ类标准	地表水Ⅲ类标准	地下水Ⅲ类标准
1	水温/℃	人为造成的环境水温变化应限制在：周平均最大温升≤1℃，周平均最大温降≤2℃		—
2	水温变异影响范围	对于滨河核电厂温排水排放，2℃温升等值线包络范围不超过河道横截面面积的50%，1℃温升等值线的最远离岸距离不超过河道水面宽度的2/3		—
3	pH	6～9		6.5～8.5
4	溶解氧(DO)/(mg/L)	≥6	≥5	—
5	高锰酸盐指数/(mg/L)	≤4	≤6	≤3
6	化学需氧量(COD)/(mg/L)	≤15	≤20	—
7	五日生化需氧量(BOD_5)/(mg/L)	≤3	≤4	—
8	氨氮(NH_3-N)/(mg/L)	≤0.5	≤1.0	≤0.5
9	总磷(以P计)/(mg/L)	≤0.1(湖、库0.025)	≤0.2(湖、库0.05)	—
10	总氮(湖、库，以N计)/(mg/L)	≤0.5	≤1	—
11	铜/(mg/L)	≤1	≤1	≤1
12	锌/(mg/L)	≤1	≤1	≤1
13	氟化物(以F⁻计)/(mg/L)	≤1	≤1	≤1
14	硒/(mg/L)	≤0.01	≤0.01	≤0.01
15	砷/(mg/L)	≤0.05	≤0.05	≤0.05
16	汞/(mg/L)	≤0.00005	≤0.0001	≤0.001
17	镉/(mg/L)	≤0.005	≤0.005	≤0.005
18	铬(六价)/(mg/L)	≤0.05	≤0.05	≤0.05
19	铅/(mg/L)	≤0.01	≤0.05	≤0.01
20	氰化物/(mg/L)	≤0.05	≤0.2	≤0.05
21	挥发酚/(mg/L)	≤0.002	≤0.005	≤0.002

续表

序号	项目	地表水 II类标准	地表水 III类标准	地下水 III类标准
22	石油类/(mg/L)	≤0.05	≤0.05	—
23	阴离子表面活性剂/(mg/L)	≤0.2	≤0.2	≤0.3
24	硫化物/(mg/L)	≤0.1	≤0.2	≤0.02
25	粪大肠菌群/(个/L)	≤2 000	≤10 000	—
26	硫酸盐(以 SO_4^{2-} 计)/(mg/L)	≤250		≤250
27	氯化物(以 Cl^- 计)/(mg/L)	≤250		≤250
28	硝酸盐(以 N 计)/(mg/L)	≤10		≤20
29	铁/(mg/L)	≤0.3		≤0.3
30	锰/(mg/L)	≤0.1		≤0.1
31	色(铂钴色度单位)	—	—	≤15
32	嗅和味	—	—	无
33	浑浊度/NTU	—	—	≤3
34	肉眼可见物	—	—	无
35	总硬度(以 $CaCO_3$ 计)/(mg/L)	—	—	≤450
36	溶解性总固体/(mg/L)	—	—	≤1 000
37	铝/(mg/L)	—	—	≤0.2
38	钠/(mg/L)	—	—	≤200
39	总大肠菌群/(MPN/100mL 或 CFU/100mL)	—	—	≤3
40	菌落总数/(CFU/mL)	—	—	≤100
41	亚硝酸盐(以 N 计)/(mg/L)	—	—	≤1
42	碘化物/(mg/L)	—	—	≤0.08
43	三氯甲烷/(μg/L)	—	—	≤60
44	四氯化碳/(μg/L)	—	—	≤2
45	苯/(μg/L)	—	—	≤10
46	甲苯/(μg/L)	—	—	≤700
47	总 α 放射性/(Bq/L)	—	—	≤0.5
48	总 β 放射性/(Bq/L)	—	—	≤1

注：NTU 为散射浊度单位；MPN 表示最可能数；CFU 表示菌落形成单位；放射性指标超过指导值，应进行核素分析和评价。

二、地下水环境安全标准和阈值

《地下水质量标准》（GB/T 14848—2017）已明晰了地下水环境安全的指标和阈值。基于人体健康的需求，为满足地下水资源作为饮用水水源的需要，除部分地区某些指标本底值超标外，地下水质量不宜低于Ⅲ类水标准。

三、不同区域地表水体 DO 阈值

一方面，开展鱼类耐氧性实验，以 5 条鱼为一组，放入密闭水箱中，并不断降低水体 DO。以第一条鱼出现浮头的 DO 作为其浮头点。平行实验次数不少于 5 组，浮头点的平均值可作为水体中维持鱼类栖息的最小 DO 阈值。实验结果显示，为了维持鱼类正常的生命活动，草鱼、鲤鱼与黄颡鱼在水体中 DO 应分别不低于其平均浮头点 2.26mg/L、2.35mg/L 及 1.87mg/L，以此作为 DO 的最小值。此外，大量文献确定为 5mg/L 以上，能满足水质要求较高的冷水性鱼类生长需求，见表 5-15。

表 5-15 鱼类耐氧性统计

鱼种	实验次数	体长/cm	初始 DO/（mg/L）	浮头点 DO/（mg/L）	平均/（mg/L）	窒息点 DO/（mg/L）	平均/（mg/L）
草鱼	5	54～58	5.5～8.3	2.0～2.5	2.26	0.4～0.5	0.46
鲤鱼	5	52～58	4.5～8.0	2.0～2.7	2.35	0.35～0.39	0.36
黄颡鱼	4	12.3～14	5～7.6	1.6～2.0	1.87	0.25～0.3	0.27

另一方面，开展溶解氧与水温、流速等水动力条件的综合关系研究。研究结果显示，在 0～0.05m/s 流速范围内，流速对 DO 的变化起主导作用，当流速从 0m/s 增加到 0.05m/s 时，DO 上升超过 50%。进一步增加流速值，在 0.05～0.4m/s 流速范围内，水温影响逐渐占据主导地位，水温越高，DO 越低。此外，溶解氧饱和度整个过程几乎只受流速变化影响，水温的影响是"天花板"式影响，无法恢复（图 5-16 和图 5-17）。

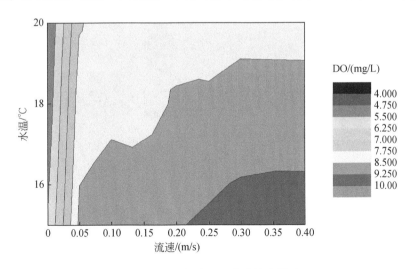

图 5-16 DO 与水温、流速综合关系

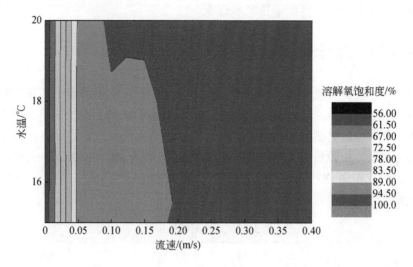

图 5-17　溶解氧饱和度与水温、流速综合关系

从时间规律以及 DO 在全国各省级行政区空间分布来看，汛期 DO 明显低于非汛期，一方面汛期面源污染负荷相对较大，另一方面汛期水温高，也会造成 DO 降低（图 5-18）。

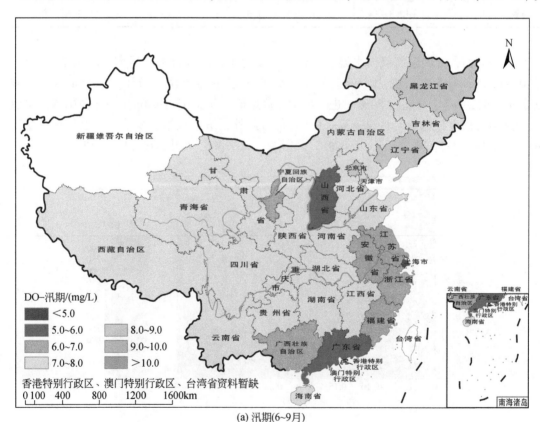

(a) 汛期(6~9月)

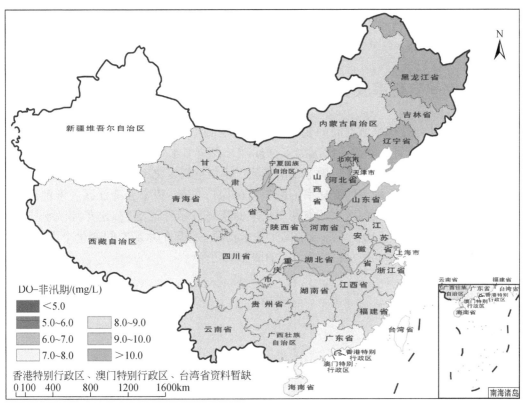

(b) 非汛期(1~5月、10~12月)

图 5-18　DO 在全国各省级行政区空间分布

　　最终，基于文献调研、机理实验和 DO 浓度现状，确定了中国不同区域不同季节的 DO 阈值，见表 5-16。

表 5-16　中国不同区域不同季节的 DO 阈值　　　　　　　　（单位：mg/L）

分区名称	范围	汛期阈值	非汛期阈值
东北地区	辽宁、吉林、黑龙江、内蒙古东部	6	7
黄淮海地区	北京、天津、河北、山西、山东、河南	5	6
长江中下游地区	江苏、安徽、江西、湖北、湖南	5	6.5
东南沿海地区	上海、浙江、福建、广东、广西、海南	4	5.5
西南地区	四川、贵州、云南、重庆、西藏	5.5	6
西北地区	陕西、甘肃、青海、宁夏、新疆、内蒙古西部	5.5	7

第四节　水域空间安全标准和恢复目标

一、水域空间变化率安全标准和恢复目标

　　根据过去几十年全国水域空间的变化趋势，考虑到 1980 年处于中国社会经济大规模发展之前，确定 1980 年水域空间状况为安全标准。在全国水资源一级区中，考虑到现状条件及未来不同流域的发展需要，确定东南诸河区水域空间变化率的恢复目标保持在 10%以上，海河区、长江区水域空间变化率的恢复目标保持在 5%以上，珠江区、淮河区、西南诸河区、西北诸河区和黄河区水域空间变化率的恢复目标控制在 0，松花江区水域空间变化率的恢复目标控制在 –10%。综合全国十大水资源一级区的水域空间变化率恢复目标，确定全国水域空间变化率的恢复目标为 0，如图 5-19 所示。

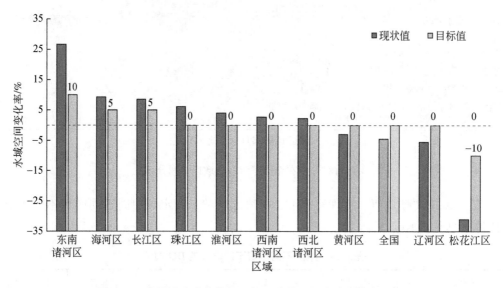

图 5-19　全国及十大水资源一级区水域空间变化率恢复目标

二、水域空间保留率安全标准和恢复目标

　　根据过去几十年中国经济社会的发展趋势，确定 1980 年水域空间状况为安全标准。在全国水资源一级区中，考虑到现状条件及未来不同流域的发展需要，确定西南诸河区水域空间保留率恢复目标为 98%，西北诸河区、长江区水域空间保留率恢复目标为 95%，淮河区水域空间保留率恢复目标为 90%，珠江区水域空间保留率恢复目标为 82%，黄河区、东南诸河区和海河区水域空间保留率恢复目标为 80%，辽河区水域空间保留率恢复目标为 70%，松花江区水域空间保留率恢复目标为 60%。综合全国十大水资源一级区的恢复目标，考虑到水域空间不可避免与其他空间有相互转化关系以及基

本保障天然水域空间生态功能维持的需求，故确定全国水域空间保留率恢复目标为82%，如图5-20所示。

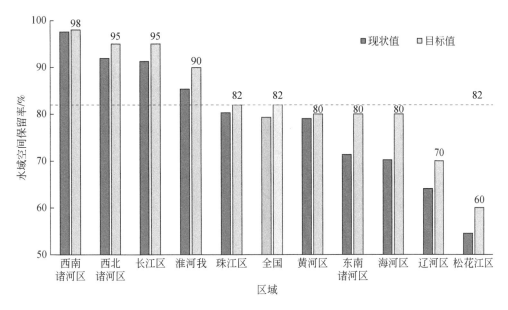

图5-20 全国十大水资源一级区水域空间保留率恢复目标

三、水域空间保护率安全标准和恢复目标

（一）中国湿地保护空白区及关键区识别

1. 湿地保护空白区识别

2018年，中国未保护湿地总共有2810.42万hm²，占湿地总面积的55.32%，将未保护湿地作为湿地保护空白区。为识别湿地未保护密集区域，将未保护湿地转为栅格像元为1km的栅格图，再转为矢量点，计算点密度，因重点湿地是未来湿地保护重点区域，故将重点湿地设置权重为2，一般湿地设置权重为1，领域半径设置为100km，计算未保护湿地点密度空间分布，如图5-21所示。

总体来看，未保护湿地空间分布范围较广。其中，未保护重点湿地主要分布在沿海地区以及领土东北角，未保护一般湿地在青海中部偏北有大面积分布。对其进行点密度分析可知，未保护湿地聚集区在渤海湾到珠江流域沿海区域呈带状分布，在松花江流域北部、西北诸河流域西南部与黄河流域及长江流域相邻处呈片状分布，江苏、上海整个区域，天津、河北、浙江、福建、广东、广西沿海区域，黑龙江西北部及西部、内蒙古东北部、青海中部偏北，未保护湿地最密集，成为湿地保护一级空白区；辽宁沿海区域、四川北部、江西北部、湖北中南部未保护地较为密集，成为湿地保护中等空白区。

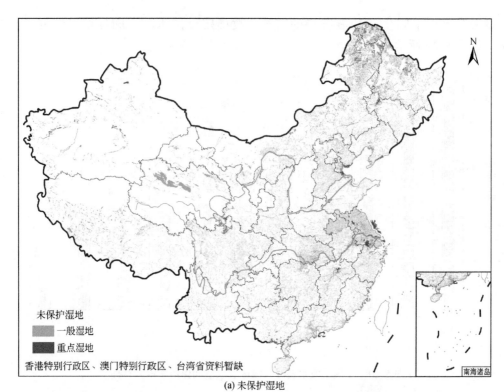

(a) 未保护湿地

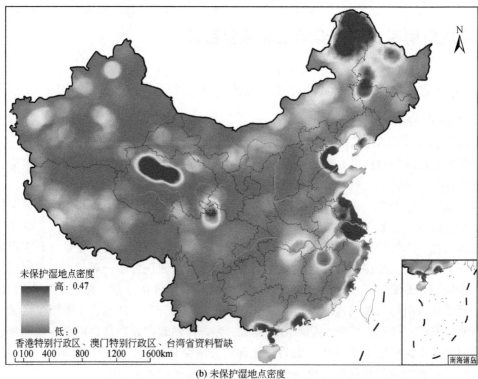

(b) 未保护湿地点密度

图 5-21　中国湿地未保护空白区空间及点密度分布

2. 湿地保护关键区识别

本研究将重点湿地列为湿地保护关键区，同时通过点密度分析来识别湿地保护重点区的聚集分布区，重点保护湿地点密度高的区域即为湿地保护关键区，并进一步对重点湿地未保护区进行点密度分析，将未保护重点湿地密度高的区域作为下一阶段湿地保护关键区。

中国重点湿地主要分布在新疆南部除外的西部、东北、长江中下游及沿海区域，对重点湿地进行点密度分析可知（图 5-22），湿地保护的一级关键区和次级关键区主要分布在西北诸河流域西南部、西北部、东北部，长江流域西北部、东北部，黄河流域西部，松花江流域北部，以及从辽河流域南部到珠江流域的海岸带，其中三个较大片区为西藏西部与北部、青海、新疆西北部组成的西部片区，江苏、上海、安徽中部、江西北部、湖南北部、湖北南部组成的长江中下游片区，内蒙古东北部、黑龙江北部与东西部组成的东北片区，此外中国海岸带也是湿地保护关键带。

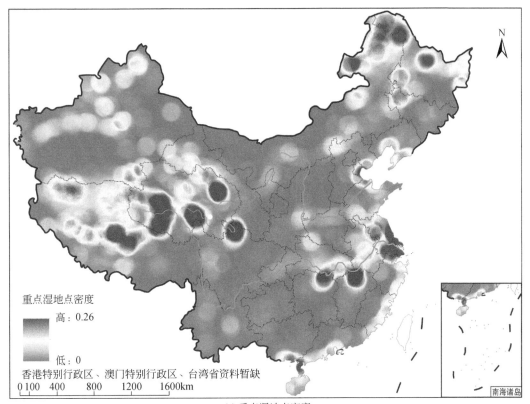

(a) 重点湿地点密度

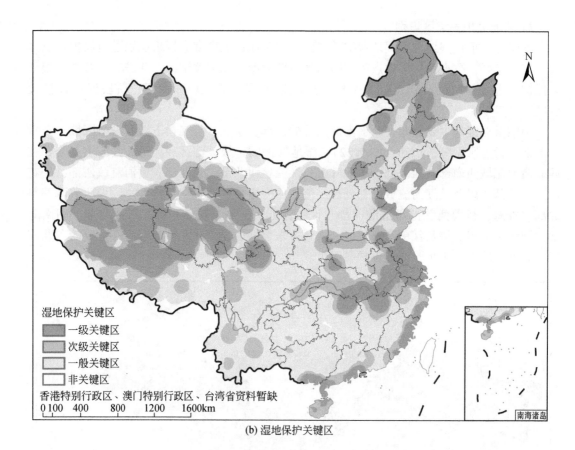

(b) 湿地保护关键区

图 5-22 中国湿地保护关键区点密度分布及分级

中国下一阶段的湿地保护关键区即为未保护的重点湿地（图 5-23），主要分布在东北部以及东部沿海。具体来说，通过点密度分析结果可得，下一阶段中国湿地保护的一级关键区为内蒙古东北部、黑龙江北部、天津、河北沿海地区、江苏、上海、安徽中部、江西北部、福建与浙江沿海地区、广东西部沿海地区、广西东部沿海地区、海南北部沿海地区、澳门、四川北部以及新疆北部地区；内蒙古南部、河北北部、陕西中部、云南西部、贵州、广西南部为湿地保护次级关键区。

（二）中国湿地保护目标

首先，根据各省级行政区目前的湿地保护率、重点保护湿地保护率、湿地面积及全国需要达到阶段性目标，对各省级行政区湿地保护率测算阶段目标等级划分如图 5-24 所示，其中目标保护率测算优先考虑重点保护湿地，在优先完成重点湿地保护的情况下，综合考虑湿地整体保护率。

根据测算需要达到的预期目标及目前湿地保护现状，将各省级行政区的未来湿地保护工作需要推进力度分为三个等级：①需极力推进。包含澳门、广西、广东、福建、江苏、天津、浙江、内蒙古、上海、贵州、海南、河北、江西、云南，该等级所含省级行政区目前湿地保护率、重点湿地保护率均较低，基本均低于全国平均水平较多，未来 15 年，需

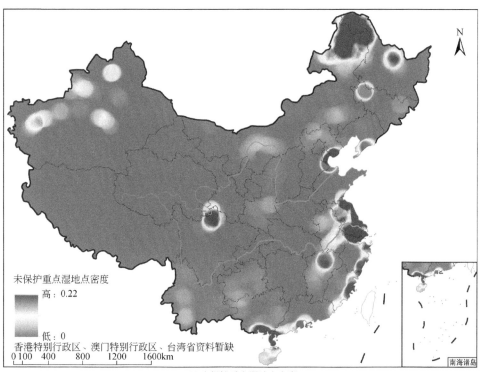

(a) 未保护重点湿地点密度

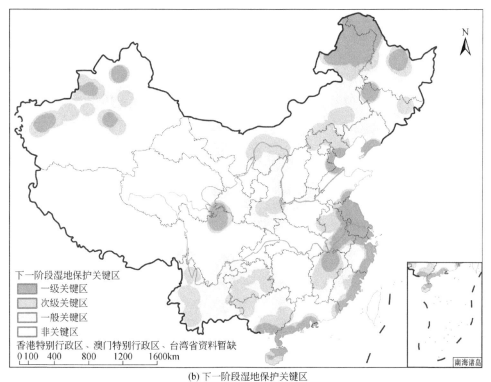

(b) 下一阶段湿地保护关键区

图 5-23 中国未保护湿地关键区点密度分布及分级

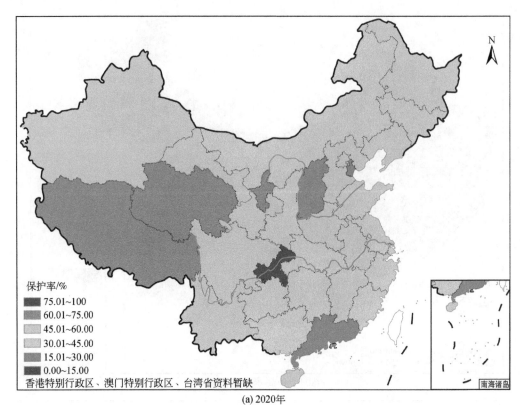

(a) 2020年

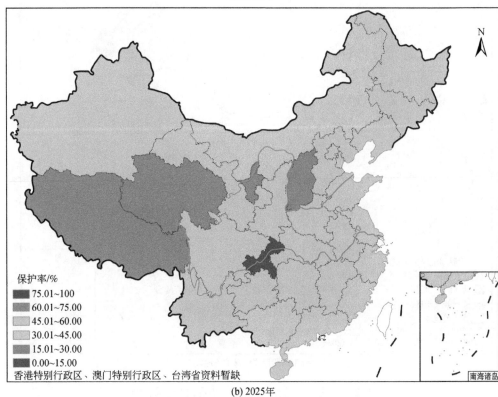

(b) 2025年

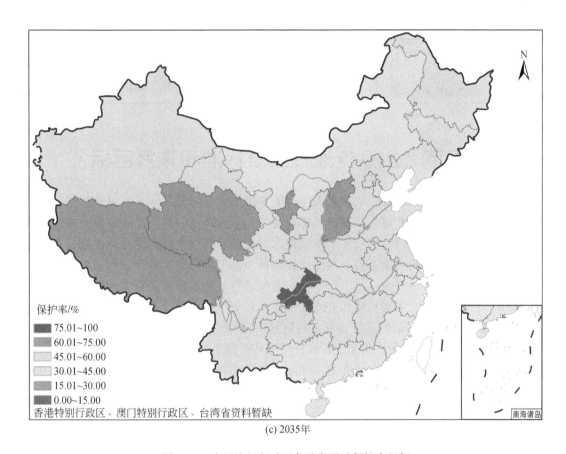

(c) 2035年

图 5-24 中国省级行政区各阶段湿地保护率目标

极力推进湿地保护工作，到阶段末期，湿地保护率需增加 15 个百分点以上。②需高度推进。包含香港、四川、山东、安徽、吉林、陕西、黑龙江、辽宁、湖北、湖南、北京，该等级所含省份目前湿地保护率基本低于全国平均水平 10 个百分点，其中四川比全国平均水平略高，重点湿地保护率也低于全国平均水平 10 个百分点，未来 15 年需高度推进湿地保护工作，到阶段末期争取达到甚至超过当期全国平均水平。③保持稳定推进。包含河南、新疆、甘肃、宁夏、青海、山西、西藏、重庆，该等级所含省级行政区目前湿地保护率在全国平均水平以上，同时重点湿地保护率较高，除新疆外，其余省级行政区重点湿地保护率均在 94% 以上，未来 15 年需保持现阶段优势，进一步稳定推进湿地保护工作。

在各省级行政区湿地保护目标确定的基础上，综合《全国湿地保护"十三五"实施规划》相关目标要求，将全国湿地保护目标设定如下：①2025 年湿地保护率要达到 52%，2035 年湿地保护率需达到 55%；②对于重点保护湿地，现阶段保护率为 74.15%，2025年达到 87%，2035 年达到 91% 以上，详见表 5-17。

表 5-17　中国湿地保护率阶段性目标　　　　　　　　　（单位：%）

指标	现阶段	2025 年	2035 年
湿地保护率	44.68	52	55
重点保护湿地区保护率	74.15	87	91

第五节　水系连通性安全标准和恢复目标

随着人类生存发展的需要，水利水电工程的大规模建设降低了水流的纵向连通性。从保障民生和社会经济发展考虑，虽然目前难以通过大量拆除水利水电工程的方式来恢复水系连通，但可以尽可能通过一些技术手段减缓水利工程建设对水流连通性的影响，在一定程度上保障和恢复河流的功能连通。具体措施包括：①上行方向，合理设置过鱼设施，减小水利工程对鱼类洄游的影响；②下行方向，通过增殖放流加强对鱼类资源的保障。

从统计资料来看，大多数鱼道提升高度都在 60m 以下。情景 1 预测了在全国所有坝高不超过 60m 的工程上都采取修建鱼道等上行恢复措施后全国河流的功能连通情况，预测结果如图 5-25 所示。结果表明，实施上行恢复措施后全国平均河流纵向连通性指数为 0.74，整体评价结果为中。215 条评价河流中，预测结果为优的有 98 条，占比 45.6%；预测结

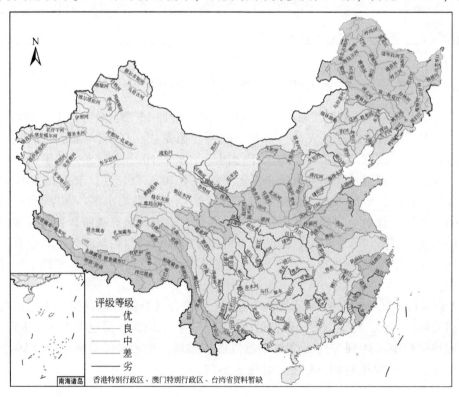

图 5-25　采取上行恢复措施后全国河流功能连通预测结果（情景 1）

果为良的有 28 条，占比 13.0%；预测结果为中的有 37 条，占比 17.2%；预测结果为差的有 19 条，占比 8.8%；预测结果为劣的有 33 条，占比 15.4%。

情景 2 预测了在全国主要河流中均采取增殖放流等下行恢复措施后河流功能连通情况，预测结果如图 5-26 所示。结果表明，实施增殖放流等下行恢复措施后预测得到的全国平均河流纵向连通性指数为 0.83，整体评价结果为差。215 条评价河流中，预测结果为优的有 81 条，占比 37.7%；预测结果为良的有 42 条，占比 19.5%；预测结果为中的有 33 条，占比 15.4%；预测结果为差的有 20 条，占比 9.3%；预测结果为劣的有 39 条，占比 18.1%。

图 5-26 采取下行恢复措施后全国河流功能连通预测结果（情景 2）

情景 3 预测了在河流中同时采取上行和下行恢复措施后全国河流的功能连通情况，预测结果如图 5-27 所示。结果表明，同时实施修建鱼道等上行恢复措施和增殖放流等下行恢复措施后预测得到的全国平均河流纵向连通性指数为 0.59，整体评价结果为中。215 条评价河流中，预测结果为优的有 109 条，占比 50.7%；预测结果为良的有 34 条，占比 15.8%；预测结果为中的有 31 条，占比 14.4%；预测结果为差的有 16 条，占比 7.5%；预测结果为劣的有 25 条，占比 11.6%。

对比不同情景下全国十大水资源一级区功能连通预测结果，如图 5-28 所示。结果表明，采取上行、下行及综合恢复措施后，全国十大水资源一级区的河流功能连通均有显著

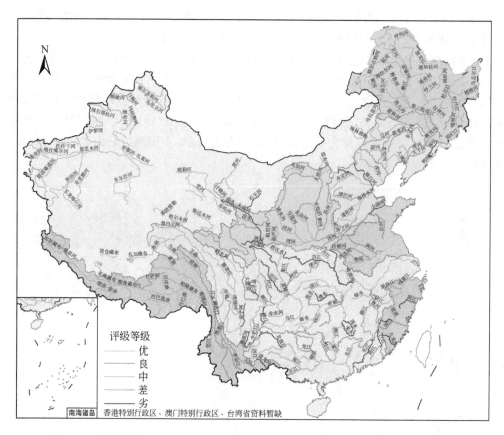

图 5-27　同时采取上行和下行恢复措施后全国河流功能连通预测结果（情景 3）

改善，以同时采取上行和下行恢复措施（情景 3）的改善效果最好。其中，东南诸河区的现状纵向连通性最差，但功能连通改善幅度最大，从现状的 2.41 改善至 1.22，其水系连通性恢复目标可定为 1.2，评价等级由劣恢复到差。其次是珠江区，从现状的 1.80 改善至 0.85；长江区由现状的 1.54 改善至 0.83；海河区由现状的 1.15 改善至 0.8，这三个区采取恢复措施后功能连通评价结果均能达到或接近中的标准，因此水系连通性的恢复目标定为 0.8。辽河区、黄河区、淮河区和西南诸河区采取恢复措施后功能连通性较好，达到或接近良的标准，水系连通性恢复目标定为 0.5。松花江区和西北诸河区采取恢复措施后功能连通性达到优的标准，水系连通性恢复目标定为 0.3。

　　对于河流纵向连通性，其更具机理性的恢复目标是控制相邻两个阻隔物之间的最小距离或原生态支流长度，以降低和避免对于该流域具有洄游习性和较大栖息范围需求的鱼类影响，特别是满足产漂流性卵鱼类鱼卵漂流孵化的最小漂程需求。国际和国内学者粗略估计保障鱼类繁殖所需的最小河流长度至少是 100km，但是实际所需的最小长度在不同的河流之间是有差异的，取决于很多的变量，如河段流量、断面形态、比降、鱼卵孵化时间等，因此很难制定统一的阈值标准，但可以建立起相关技术方法，针对实际河段和工程进行具体分析。

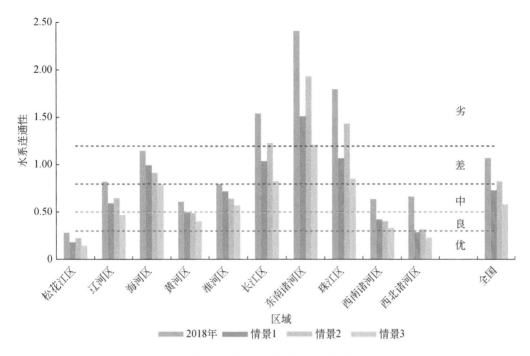

图5-28　不同情景下全国十大水资源一级区河流功能连通情况

第六节　生物多样性安全标准和恢复目标

一、鱼类生物多样性恢复目标

中国水生生物多样性极为丰富，具有特有程度高、孑遗物种多等特点，在世界生物多样性中占据重要地位。中国江河湖泊众多，生境类型复杂多样，为水生生物提供了良好的生存条件和繁衍空间，尤其是长江、黄河、珠江、松花江、淮河、海河和辽河等重点流域，是中国重要的水源地和水生生物宝库，维系着中国众多珍稀濒危物种和重要水生经济物种的生存与繁衍。近年来，由于栖息地丧失和破碎化、资源过度利用、水环境污染、外来物种入侵等，部分流域水生态环境不断恶化，鱼类资源呈现土著鱼类多样性下降、珍稀特有鱼类濒危程度上升、天然渔业产量下降、外来鱼类入侵加剧等生态问题，影响着中国的水域生态安全。基于第四章第六节对生物多样性状况的分析，提出各重点流域生物多样性未来恢复重点。

（一）重点流域生物多样性恢复重点

1. 长江流域

长江源头区重点保护各支流源头及山溪湿地，高原高寒草甸、湿地原始生境，以及小头高原鱼、黄石爬鮡等高原鱼类及其栖息地。

金沙江及长江上游重点保护金沙江水系特有鱼类资源、附属高原湖泊鱼类等狭域物种以及白鲟、长江鲟、川陕哲罗鱼、胭脂鱼等重点保护鱼类和圆口铜鱼、长鳍吻鮈等 67 种特有鱼类。

三峡库区水系重点保护喜流水鱼类及圆口铜鱼、圆筒吻鮈等长江上游特有鱼类仔幼鱼阶段的栖息地以及"四大家鱼"、铜鱼等重要经济鱼类种质资源。

长江中下游水系重点保护长江江豚、中华鲟栖息地和洄游通道,"四大家鱼"、黄颡鱼、铜鱼、鳊、鳜等重要经济鱼类种质资源及其栖息地;长江河口重点保护中华绒螯蟹、鳗鲡、暗纹东方鲀等的产卵场和栖息地。

2. 黄河流域

黄河源头区重点保护花斑裸鲤、极边扁咽齿鱼、拟鲶高原鳅、厚唇裸重唇鱼、黄河裸裂尻鱼、骨唇黄河鱼、黄河高原鳅等物种及高原湖泊、河网等重要生境。

黄河上游保护重点保护刺鮈、厚唇裸重唇鱼、骨唇黄河鱼、黄河裸裂尻鱼、拟鲶高原鳅、极边扁咽齿鱼、花斑裸鲤等物种及上游宽谷河段生态系统。

黄河中游重点保护北方铜鱼、大鼻吻鮈、兰州鲇、黄河鮈、黄河雅罗鱼、乌苏里拟鲿、唇䱻等物种及干流河道内沙洲、河湾、通河湖泊等重要生境,支流汾渭盆地河流湿地生态系统和兰州鲇、北方铜鱼、大鼻吻鮈、黄河鲤、赤眼鳟、平鳍鳅鮀等物种及其生境,秦岭北麓秦岭细鳞鲑、多鳞白甲鱼等珍稀濒危物种及其生境。

黄河下游重点保护溯河洄游鱼类、日本鳗鲡、中华绒螯蟹、刀鲚、北方铜鱼、"四大家鱼"等物种及其生境。黄河三角洲河口保护重点为河口洄游性鱼类。

3. 珠江流域

珠江源头重点保护曲靖白鱼、云南倒刺鲃、宜良墨头鱼、云南裂腹鱼、裸胸鳅鮀、薄鳅、叶结鱼、瑶山鲤等特有鱼类,广西溶洞区洞穴鱼金线鲃类。

珠江中上游重点保护高原湖泊、湿地生态系统和杞麓白鱼、鱇浪白鱼、星云白鱼、大鳞白鱼等珍稀特有鱼类,广西段珍稀、特有和重要经济鱼类及其栖息地与产卵场,西江重点保护似鳡、鳡、"四大家鱼"等国家重点保护物种和经济鱼类及其栖息地。

珠江河口河网重点保护中华白海豚栖息地,以及中华鲟、黄唇鱼等国家重点保护鱼类及其产卵场、洄游通道与栖息地。

4. 松花江流域

松花江源头区保护重点为南源西流松花江和北源嫩江湿地生态系统、珍稀水生动物栖息地及鱼类产卵场。松花江干流上游保护重点为森林冷水湿地和细鳞鲑、哲罗鱼等流水性鱼类产卵场。松花江干流中下游保护重点为森林湿地,以及史氏鲟、达氏鳇、大麻哈鱼等冷水性鱼类产卵场、索饵场和洄游通道。

5. 淮河流域

淮河源头区重点保护源头湿地生态系统和鳜、鲂、鲴、鲌等重要经济鱼类及其栖息地。

淮河中游重点保护花鳗鲡等国家重点保护野生动植物和长吻鮠、瓦氏黄颡鱼、橄榄蛏蚌、淮河鲤等土著物种及其栖息地。

淮河下游湖泊重点保护野菱等国家重点保护野生植物和湖鲚、银鱼、鳜、河蚬等重要经济物种及其栖息地。

沂沭泗河水系重点保护银鱼、沂河鲤、青虾、鳜、翘嘴鲌、鲢、鳙等重要经济物种及其栖息地。

6. 海河流域

在白洋淀重点保护湿地生态系统和黄颡鱼、乌鳢、鳜等重要经济鱼类；在滹沱河重点保护黄颡鱼等重要经济物种；在潮白河上游及其支流重点保护湿地生态系统和中华九刺鱼、细鳞鲑、瓦氏雅罗鱼等鱼类。

7. 辽河流域

辽河流域保护重点包括辽河河口湿地生态系统和辽河刀鲚等珍稀野生动物及其栖息地，三岔河区域湿地生态系统及黄颡鱼、辽河突吻鮈、辽河刀鲚等栖息地。

（二）鱼类生物多样性恢复愿景

针对中国水生生物多样性的现状，结合恢复生态学的相关理论，从受胁物种比例、物种总数、旗舰物种或重要经济物种种群资源、外来种控制等方面，提出中国各大流域以鱼类为代表的水生生物多样性恢复愿景。

1. 总体目标

（1）近期目标（2025 年）：水生生物多样性观测评估体系、就地保护体系、水域用途管控体系和执法体系得到完善，中国水生生物多样性下降速度得到初步遏制。

（2）远期目标（2035 年）：形成完善的水生生物多样性保护政策法律体系和生物资源可持续利用机制，中国水生生物多样性得到切实保护。

2. 恢复（管控）标准

（1）物种总数：土著鱼类物种数恢复到参照数（记录数）的 80% 以上。

（2）资源量：各流域鱼类资源量（天然渔业捕捞量）恢复到 20 世纪 70～80 年代水平。

（3）旗舰物种种群资源：各流域标志性物种能够完成生活史过程、种群资源得到恢复，如长江中华鲟、圆口铜鱼、黄河北方铜鱼、黑龙江大麻哈鱼；濒危物种比例下降，濒危等级下调。

（4）外来种：外来种的爆发和新的外来种的增加得到有效控制。

二、浮游和底栖生物多样性安全标准

中国江河湖泊众多，生境类型复杂多样，为水生生物提供了良好的生存条件和繁衍空间。但由于资源过度利用、水环境污染、外来物种入侵和栖息地破碎化等，部分流域水生态环境不断恶化，水生物种资源严重衰退，已成为影响中国生态安全的突出问题。

（一）中国水环境中浮游和底栖生物时空变化趋势

整体而言，中国水环境中底栖动物和浮游生物的种数栖息密度、多样性和生物量等指标都呈下降趋势，环境分析表明，底栖动物生存环境整体趋于恶化。以长江口为例，从时间尺度来看，自 20 世纪 70 年代末以来，长江口底栖动物的种数发生了较大的波动：从 20 世纪 70 年代末至 80 年代初的 153 种，降至 90 年代的 28 种；2005 年后，种数又有所增加，达到 50 余种；2010 年春季调查中该区域又降至 30 种。与 20 世纪 70~80 年代相比，2010 年长江口底栖动物种数减少了 80.4%（图 5-29），生物量下降了 14.1%。21 世纪后，长江口水体中多毛类底栖动物种数逐渐增加，表明该区域受人类活动影响加剧。

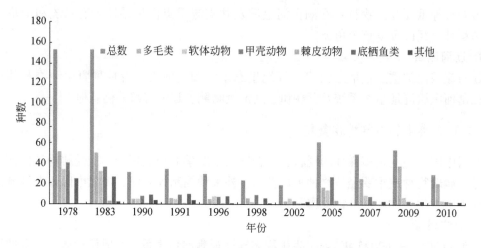

图 5-29　长江口大型底栖动物物种总数及主要类群种数年际变化

从空间尺度来看，不同地区河流底栖动物变化趋势有所差别，与 20 世纪 70~80 年代相比，黄河口和珠江口底栖动物种数分别下降了 53.4% 和 35.8%，黄河口生物量（春季）下降了 62.9%，但珠江口生物量基本保持不变。由于缺乏早期数据，与 90 年代相比，海河口底栖动物种数下降 67.6%，生物量下降 65.1%。整体而言，长江口底栖动物种数下降比例最高，但目前正在呈上升趋势，底栖生物量海河口下降最多，其顺序依次为海河口（65.1%）>黄河口（62.9%）>长江口（14.1%）>珠江口（0.9%），部分数据详见表 5-18 和图 5-30。长江口、黄河口、珠江口和海河口底栖动物种数和生物量的时空变化，一定程度反映中国不同水环境中底栖动物和浮游生物的变化趋势。

表 5-18　不同河口底栖生物量　　　　　　　　　（单位：g/m²）

年份	底栖生物量					
	黄河口		长江口		珠江口	
	春季	夏季	春季	夏季	春季	夏季
1959	32.48	12.55	25.14	18.39	27.42	94.70
2004	6.31	7.71	13.55	9.76	439.69	189.06
2005	10.52	4.99	7.15	12.23	127.17	25.36
2006	7.52	12.30	23.12	7.40	31.14	13.52
2007	7.63	23.14	7.15	5.35	30.19	37.28
2008	13.2	15.04	20.80	2.18	27.15	38.91

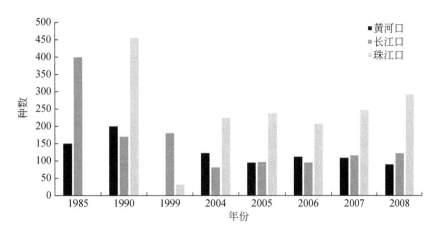

图 5-30　不同河口大型底栖动物种数年际变化

（二）浮游和底栖生物多样性安全标准

目前，中国的水生态保护工作还处于河湖水质及湖泊的富营养化恢复阶段。针对中国水生生物多样性的现状，结合恢复生态学的相关理论，以水生生物作为水质污染的指示物种，将水环境和水生态问题有机结合，利用水生生物香农–维纳（Shannon-Wiener）多样性指数（H'）、生物指数（BI）等生态学方法来系统评价水生态是较适宜的方法。

多样性指数 H' 由式（5-2）进行计算：

$$H' = -\sum_{i=1}^{S} \frac{N_i}{N} \log_2 \frac{N_i}{N} \tag{5-2}$$

式中，S 为样品种类数；N 为总个体数；N_i 为第 i 种的个体数。

香农–维纳多样性指数（H'）能很好反映底栖生物群落的变化，在国内外被广泛地应用于监测水环境质量的变化，但对天然和人为干扰因素难以区分。因此，实际应用中常结合生物指数来综合评价水生态健康状况。生物指数是通过底栖群落组成变化的相关指数来反映受扰动环境对大型底栖生物群落影响的等级，能较好反映软基沉积物的大型底栖动物群落对天然和人为干扰对水质的改变。

生物指数 BI 由式（5-3）进行计算：

$$BI = \sum_{i=1}^{S} \frac{N_i \times t_i}{N} \tag{5-3}$$

式中，S 为样品种类数；N 为总个体数；N_i 为第 i 种的个体数；t_i 为第 i 分类单元的耐污值。

根据香农–维纳多样性指数 H'、生物指数 BI 计算结果，可将水体分为四个等级，其对应情况见表 5-19。

表 5-19　不同评价方法计算结果水质对应表

H'	≥3	2～3	1～2	0.1～1
BI	0～5.5	5.5～7.5	7.5～8.5	8.5～10
水质状况	清洁	轻度污染	中度污染	重度污染

按照上述方法，本研究通过文献调研，系统地评估了中国十大水资源一级区水生生物多样性现状（图5-31）。在香农-维纳多样性指数 H' 方面，西南诸河区和东南诸河区的底栖动物多样性相对丰富，优势种多以敏感的蜉蝣目存在，$H' \geq 3$；而海河和辽河流域水生态破坏相对严重，不仅底栖动物多样性较低，而且优势种多以耐污的寡毛类存在，$H' < 1$；长江流域、珠江流域水质相对较好，H' 在 $2 \sim 3$；西北诸河区由于自然因素的影响，虽然香农-维纳多样性指数较低（$2 < H' < 3$），但对应的水质较为清洁；黄河与20世纪80年代相比，由于水利工程的修建增加了栖息地的多样性，底栖动物种类有所增加，但优势种都是敏感种，如摇蚊幼虫逐渐变为耐污能力较强的寡毛类，其对应 H' 在 $1 \sim 2$，淮河和松花江流域情况类似。在生物指数 BI 方面，黑龙江、澜沧江、怒江等水体的 BI 在 $4 \sim 7$，水生态状况良好；滦河的 BI 在 $5 \sim 9$，整体水生态状况欠佳。

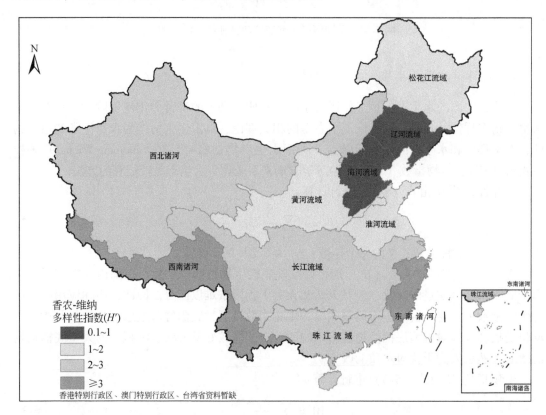

图5-31　全国十大水资源一级区香农-维纳多样性指数

另外，对五大湖区水体中底栖动物情况的分析表明，东部平原区和东北平原区多以耐污寡毛类存在；而蒙新高原湖区、云贵高原湖和青藏高原湖区多以敏感种摇蚊幼虫和螺类存在。中国五大淡水湖（鄱阳湖、洞庭湖、太湖、洪泽湖、巢湖）底栖动物组成和差异性较大，但与之前相比，底栖动物群落结构变化明显，都有向简单化发展的趋势，优势种也逐渐向耐污种转化。

综上，从水生态系统健康和稳定方面考虑，各水体浮游和底栖生物水生态安全标准香农-维纳多样性指数（H'）宜大于2.5，生物指数（BI）宜小于7。

　　中国幅员辽阔，河湖特征差异巨大，如青藏高原地区生态系统脆弱，是中国生物多样性薄弱区，有研究表明，雅鲁藏布江水体中底栖生物的多样性和生物量远小于长江、黄河等内地河流，但其水质整体较好。从空间分布来看，中国南、北方（以秦岭为界）河流中底栖生物的种类和数量组成差别较大，北方河流中水生昆虫占多数，而南方河流中软体动物占比较高。从南、北方河流的自然条件来看，主要的区别在于北方河流属于半干旱半湿润地区，降水是主要的河水补给来源，水位变幅较大，夏季汛期较多；而南方河流属于比较湿润的地区，降水季节较长，水文变幅较短，汛期较长，且季节变化小。从东、西方向来看（长江重庆以下、黄河兰州以下），西部河流以流水性的水生昆虫为主，而东部河流以软体动物、寡毛类和静水性水生昆虫为主。中国西部多为高原和山地，气候多为典型的大陆性气候，降水量少，昼夜温差大，河流一般以雨水和融雪为水源，西北河流一般污染较小。而东部多由平原和丘陵组成，是季风性气候，气温年较差小，夏季高温多雨，河流一般以雨水为水源，而且污染较西部严重一些。整体而言，中国从西北地区至东南地区河湖中底栖动物的多样性、生物量等多种生物指标均呈现逐渐增加趋势。因此，在充分考虑全国主要河湖地理、气候等自然因素的差异性和污染现状的基础上，分区域给出了中国十大水资源一级区底栖动物多样性恢复目标（表5-20）。

表5-20　中国十大水资源一级区底栖动物多样性恢复目标

一级区	H'	
	2025 年	2035 年
长江区	>2.5	>3.0
黄河区	>2.0	>2.5
海河区	>1.5	>2.0
淮河区	>2.0	>2.5
辽河区	>2.0	>2.5
松花江区	>2.0	>3.0
珠江区	>2.0	>3.0
西北诸河区	>2.5	>2.5
西南诸河区	>2.5	>3.0
东南诸河区	>3.0	>3.0

第六章 中国水环境和水生态安全保障目标愿景

以 2025 年作为近期，2035 年为中期，2050 年为远期，考虑水环境和水生态对中国现代化建设"两步走"战略的支撑作用，分期提出中国水环境和水生态安全保障目标。进一步，充分结合已有规划成果，提出量–质–域–流–生各维度表征指标的目标值，绘制近期、中期全国各省（自治区、直辖市）水环境和水生态安全目标蓝图。

第一节　总　体　目　标

2025 年：地表–地下水环境质量进一步改善，水体感官质量基本满足"幸福河湖"建设需求，河湖水体社会经济系统水质安全度整体达到 85 以上，自然生态系统水质安全度达到 75 以上；以水为纽带的重要生态功能区/脆弱区"山水林田湖草"生命共同体得到有效保护和治理，水生态系统"量–质–域–流–生"多维要素得到有效监管，水环境和水生态整体安全度达到 70 以上，达到"较安全"水平。

2035 年：河湖水体质量不影响其功能发挥，人为地下水环境污染得到有效控制，水体感官质量普遍满足公众需求和要求，社会经济系统水质安全度达到 95 以上，自然生态系统水质安全度达到 80 以上；各流域/区域形成健康完整的水循环过程，大江大河、重要湖库生态监测体系全面建立，全国水生态系统结构和功能得到整体恢复，水环境和水生态整体安全度达到 80 以上，达到"安全"水平。

2050 年：河湖和地下水体质量全面满足功能要求，优美宜居水环境对于公众幸福感提升的促进作用显著，山青水净、鱼翔浅底的"美丽中国"山水画卷基本绘成，水环境和水生态安全保障长效机制得到建立完善。

第二节　具　体　指　标

根据水环境和水生态安全评价指标体系，分别提出了各分项指标 2025 年、2035 年的目标，以支撑中国水环境和水生态安全总体目标的实现。各项指标现状与规划水平年目标指标见表 6-1。

（1）生态基流达标率：生态基流是维持河流基本生态形态和功能的基本流量，其保障应仅次于基本生活用水，在 90% 以上。随着河湖生态环境保护的日益加强，全国重点河湖生态基流达标率到 2025 年和 2035 年分别提升至 80.0% 和 95.0%，基本实现全国重点河湖生态基流的供给保障。

表 6-1　中国水环境和水生态安全保障目标指标

维度	分类	表征指标	现状	2025 年	2035 年
水量	河湖生态流量保障	生态基流达标率	62.2%	80.0%	95.0%
		敏感生态需水达标率	51.0%	75.0%	95.0%
	地下水采补平衡	平原区地下水超采面积比例	9.71%	<5%	0
		平原区地下水超采强度	7.4%	<1%	0
	坡面水源涵养稳定	林草地面积占比	54.2%	54.5%	55%
		中高覆盖度林草地比例	70.51%	74%	80%
		水土保持率	71.2%	74.1%	77.1%
		中等以上侵蚀强度占比	38.5%	<28%	<18%
水质	社会经济系统水质安全	水功能区水质达标率（全指标）	66.4%	75%	85%
		饮用水水源地水质达标率	83.5%	90%	99%
	自然生态系统水质安全	Ⅰ～Ⅲ类水质河长比例	81.6%	85%	90%
		劣Ⅴ类水质河长比例	5.5%	2%	0
		湖库平均富营养化指数	47%	45%	40%
		Ⅰ～Ⅲ类地下水水质监测井比例	27.5%	30%	50%
水域	面积稳定	水域空间变化率	−4.5%	−3.5%	0
		水域空间保留率	79.21%	80%	82%
	结构合理	水域空间保护率	44.68%	50%	55%
		水域空间聚合度	84.9%	87%	90%
		最大斑块指数	27.5%	30%	32%
水流	水流连通	区域整体连通性	1.85	<1.7	<1.5
		主要河流纵向连通性	1.07	<1	<0.8
水生生物	种类多样	鱼类采集物种比例	67.8%	70%	75%
		特有鱼类受威胁种类比例	20.7%	20%	18%
	数量稳定	渔业产量占历史产量百分比	18%	30%	50%

（2）敏感生态需水达标率：敏感生态需水主要保护水生生物繁衍生存，具有一定的恢复弹性，保证率要求可等同于农业用水保证率，即 75%。到 2025 年和 2035 年应从现状的 51.0% 分别提升至 75.0% 和 95.0%。

（3）平原区地下水超采面积比例：随着地下水超采治理工作的深入推进以及国家水网工程的全面实施，平原区地下水超采面积有望持续削减，到 2025 年控制到 5% 以内，到 2035 年基本消除地下水超采。

（4）平原区地下水超采强度：到 2025 年由 7.4% 控制到 1% 以内，到 2035 年基本消除地下水超采。

（5）林草地面积占比：相比 1980 年，全国现状林草地面积占比有所下降，未来需采取有力措施遏制这一趋势，并逐步恢复至合理水平。到 2025 年林草地面积占比相对现状增加 0.3 个百分点至 54.5%，到 2035 年增加至 55%。

（6）中高覆盖度林草地比例：相比 1980 年，2018 年全国中高覆盖度林草地面积增加约 5%。随着水土保持工作的推进，未来 2025 年和 2035 年全国中高覆盖度林草地面积分别提升至 74% 和 80%。

（7）水土保持率：通过 60 多年长期不懈的努力，中国水土保持步入国家重点治理与全社会广泛参与相结合的规模治理轨道，水土流失防治取得了显著成效。根据《全国水土保持规划（2015—2030 年)》，到 2020 年，基本建成与中国经济社会发展相适应的水土流失综合防治体系，全国新增水土流失治理面积 32 万 km^2。到 2030 年，建成与中国经济社会发展相适应的水土流失综合防治体系，全国新增水土流失治理面积 94 万 km^2。综合考虑，到 2025 年和 2035 年，全国水土保持率规划由 71.2% 分别提升至 74.1% 和 77.1%。

（8）中等以上侵蚀强度占比：建议全国中等以上侵蚀强度占比在 2025 年和 2035 年分别控制在 28% 和 18% 以下。

（9）水功能区水质达标率：多年来整体呈稳步增长趋势，年均增长率在 4.5% 左右。随着生态文明建设的深入推进，对标"十九大"全面建设社会主义现代化国家"两步走"战略安排，2025 年全国水功能区水质达标率应整体达到 75%，2035 年进一步提升至 85%。

（10）饮用水水源地水质达标率：保障饮用水安全，是实现小康社会，建设美丽中国，提升民众幸福感的基础。中国饮用水水源地水质达标率从 2008 年的 56.1% 增长到了 2018 年的 83.5%，增长速度较快且尚有较大增长空间。通过强化监管，2025 年饮用水水源地水质达标率应提升至 90% 以上，2035 年基本实现全面达标。

（11）Ⅰ～Ⅲ类水质河长比例：2008～2018 年，全国河流水质评价河长逐年增加，其中Ⅰ～Ⅲ类水质河长比例稳步上升。随着河长制的不断深入和完善，2025 年和 2035 年Ⅰ～Ⅲ类水质河长比例有望达到 85% 和 90%。

（12）劣Ⅴ类水质河长比例：2025 年和 2035 年劣Ⅴ类水质河长比例持续下降，控制在 2% 直至完全消除。

（13）湖库平均富营养化指数：中国湖泊水质近年来整体呈现出持续恶化的趋势，如何遏制湖泊水质下降并向好发展，是未来有待加强的重点工作。然而，湖泊是流域污染物的主要汇集处，需要从流域层面开展统筹治理，至 2025 年初步遏制湖泊水质恶化并有微弱回升，湖库平均富营养化指数由 47% 降至 45%，至 2035 年稳步下降至 40%。

（14）Ⅰ～Ⅲ类地下水水质监测井比例：地下水污染不易察觉、具有较高隐蔽性等特点，加之重视程度不够，使得部分地下水污染源仍未得到有效控制、污染途径尚未根本切断。深入践行水利改革发展总基调，加强地下水环境监测以及污染源调查监管和整治，逐步提高地下水环境质量。到 2025 年和 2035 年，Ⅰ～Ⅲ类地下水水质监测井比例提升至 30% 和 50%。

（15）水域空间变化率：20 世纪 80 年代以来，农业生产和快速城市化导致天然水域部分被侵占，水域空间面积萎缩。未来随着三生空间的划定和生态环保意识的增加，水域空间受侵占趋势将得到有效遏制。预计 2025 年水域空间变化率下降至 -3.5%，2035 年基本恢复至 20 世纪 80 年代水平。

（16）水域空间保留率：该指标代表着水域空间面积相对 1980 年的稳定状况，目前国家及各级政府在积极推进重要湖泊、湿地的修复，未来水域空间保留率会有所增长，到 2025 年和 2035 年分别达到 80% 和 82%。

（17）水域空间保护率：该指标反映水域空间受保护状况，目前我国正在建立完善以国家公园为主体的自然保护地体系建设，未来水域空间保护率会有所增加，预计在 2025 年和 2035 年达到 50% 和 55%。

（18）水域空间聚合度：该指标反映水域斑块间的邻近程度，水域空间的修复和保护会带来水域斑块紧密度的进一步增加，预计在 2025 年和 2035 年达到 87% 和 90%。

（19）最大斑块指数：近年来中国致力于水系连通工程，以修复水体生态环境功能，受此作用，最大斑块指数未来仍会有所增加，预计到 2025 年和 2035 年分别达到 30% 和 32%。

（20）区域整体连通性：河水受到水利工程设施的阻碍，自由流通状态受到挑战，从而对生态系统构成威胁。中华人民共和国成立以后，水利工程的大量、粗放式建设导致河流连通状态遭到严重破坏。新时期随着绿色水电开发和水利工程生态化改造的持续推进，水流连通状态将有所改观，预计到 2025 年和 2035 年区域整体连通性分别达到 1.7 和 1.5。

（21）主要河流纵向连通性：预计到 2025 年和 2035 年分别达到 1 和 0.8。

（22）鱼类采集物种比例：水生态损害导致河流生物多样性指数严重下降，2018 年习近平总书记在深入推动长江经济带发展座谈会上指出，长江生物完整性指数到了最差的"无鱼"等级。未来依托河湖长制，实施生态河湖行动，提升鱼类生境，鱼类采集物种比例预计在 2025 年和 2035 年分别增长至 70% 和 75%。

（23）特有鱼类受威胁种类比例：目前中国淡水鱼类受威胁物种数呈不断上升趋势，河湖生态遭到严重破坏。随着河湖生态保护的深入，预计到 2025 年和 2035 年特有鱼类受威胁种类比例分别降低至 20% 和 18%。

（24）渔业产量占历史产量百分比：社会经济的粗放式发展导致渔业生态环境遭到破坏，过度捕捞、涉渔工程建设等使中国渔业资源大幅萎缩。随着各大流域生态保护力度的增加以及禁渔等措施的实施，渔业资源预计会持续恢复，预计到 2025 年和 2035 年相对现状的 18% 分别增至 30% 和 50%。

第三节　分省（自治区、直辖市）目标

2025 年和 2035 年中国水环境和水生态安全保障目标评价结果见表6-2、表6-3 和图6-1。从结果看，中国水环境和水生态安全得分至 2025 年和 2035 年将分别达到 73.74 和 83.04，处于"较安全"和"安全"等级。其中，水量和水生生物两个维度安全得分的涨幅最大。水量维度由现状年的 64.04 提升至 2025 年的 76.42，安全等级从"一般"提高至"较安全"，到 2035 年进一步提高到 88.82 的"安全"等级。水生生物维度安全得分变化与水量相似，但由于现状短板更大，2035 年尚未达到"安全"等级，尚有较大的提升空间。未来中国仍将在水土流失治理、河流连通改善、水生生物多样性恢复等方面面临突出挑战，水环境和水生态的保护修复是一个久久为功的工作，很难短期内发生巨大改观，需要政府和公众多年持续不断的努力与扎实的推进。

表 6-2　2025 年中国水环境和水生态安全评价得分

目标（得分）	维度（得分）	分类（得分）	表征指标	指标得分
水环境和水生态安全（73.74）	水量（76.42）	河湖生态流量保障（77.78）	生态基流达标率	80.00
			敏感生态需水达标率	75.00
		地下水采补平衡（92.9）	平原区地下水超采面积比例	87.50
			平原区地下水超采强度	97.50
		坡面水源涵养稳定（74.4）	林草地面积占比	77.86
			中高覆盖度林草地比例	74.00
			水土保持率	74.10
			中等以上侵蚀强度占比	72.00
	水质（80.13）	社会经济系统水质安全（83.5）	水功能区水质达标率（全指标）	75.00
			饮用水水源地水质达标率	90.00
		自然生态系统水质安全（76.48）	Ⅰ～Ⅲ类水质河长比例	85.00
			劣Ⅴ类水质河长比例	96.00
			湖库平均富营养化指数	62.50
			Ⅰ～Ⅲ类地下水水质监测井比例	30.00
	水域（79.93）	面积稳定（88.10）	水域空间变化率	96.50
			水域空间保留率	80.00
		结构合理（71.77）	水域空间保护率	71.43
			水域空间聚合度	87.00
			最大斑块指数	60.00
	水流（68.68）	水流连通（68.68）	区域整体连通性	66.00
			主要河流纵向连通性	73.00
	水生生物（60.66）	种类多样（83.82）	鱼类采集物种比例	87.50
			特有鱼类受威胁种类比例	80.00
		数量稳定（37.50）	渔业产量占历史产量百分比	37.50

表 6-3　2035 年中国水环境和水生态安全评价得分

目标（得分）	维度（得分）	分类（得分）	表征指标	指标得分
水环境和水生态安全（83.04）	水量（88.82）	河湖生态流量保障（95.00）	生态基流达标率	95.00
			敏感生态需水达标率	95.00
		地下水采补平衡（100.00）	平原区地下水超采面积比例	100.00
			平原区地下水超采强度	100.00
		坡面水源涵养稳定（79.56）	林草地面积占比	78.57
			中高覆盖度林草地比例	80.00
			水土保持率	77.10
			中等以上侵蚀强度占比	82.00

续表

目标（得分）	维度（得分）	分类（得分）	表征指标	指标得分
水环境和水生态安全（83.04）	水质（89.04）	社会经济系统水质安全（82.93）	水功能区水质达标率（全指标）	85.00
			饮用水水源地水质达标率	99.00
		自然生态系统水质安全（84.83）	Ⅰ～Ⅲ类水质河长比例	90.00
			劣Ⅴ类水质河长比例	100.00
			湖库平均富营养化指数	75.00
			Ⅰ～Ⅲ类地下水水质监测井比例	50.00
	水域（83.73）	面积稳定（90.83）	水域空间变化率	100.00
			水域空间保留率	82.00
		结构合理（76.63）	水域空间保护率	78.57
			水域空间聚合度	90.00
			最大斑块指数	64.00
	水流（73.83）	水流连通（73.83）	区域整体连通性	70.00
			主要河流纵向连通性	80.00
	水生生物（75.24）	种类多样（87.98）	鱼类采集物种比例	93.75
			特有鱼类受威胁种类比例	82.00
		数量稳定（62.50）	渔业产量占历史产量百分比	62.50

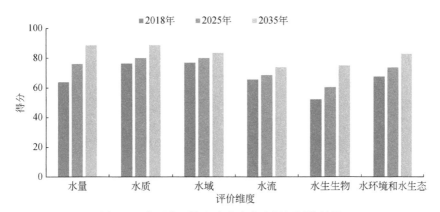

图 6-1 中国水环境和水生态安全目标评价结果

中国各省级行政区 2025 年和 2035 年水环境和水生态安全保障目标如图 6-2、图 6-3 所示。至 2025 年，广西、海南、四川、云南、西藏、甘肃、青海 7 个省（自治区）水环境和水生态状态有望达到"安全"等级，安全得分提升至 80 分以上；北京、河北、山西、辽宁、吉林、上海、山东、广东、重庆等省（直辖市）水环境和水生态得分虽然有不同程度的提高，但由于现状情况较差，仅达到"一般"等级，而天津仍然为"不安全"等级；到 2035 年，中国各省（自治区、直辖市）水环境和水生态安全状态得到进一步改善，绝大部分省（自治区、直辖市）能够达到"安全"等级，仅北京、天津、河北、山东、上海 5 个省（直辖市）为"较安全"等级，尚有较大的改善和提升空间。

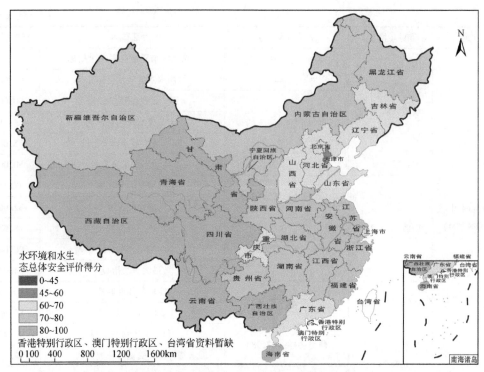

图 6-2　2025 年中国各省级行政区水环境和水生态安全目标蓝图

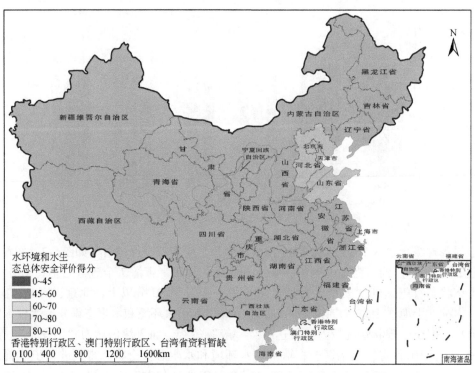

图 6-3　2035 年中国各省级行政区水环境和水生态安全目标蓝图

|第七章| 中国水环境和水生态安全保障战略与布局

立足于做好"利人"与"利生态"的统筹协调，提出由五大方面组成的"水利再平衡"战略，并从东北地区、黄淮海地区、长江中下游地区、东南沿海地区、西南地区、西北地区分区域开展空间布局，围绕水量、水质、水域、水流、水利工程生态化、水环境和水生态监利六大层面剖析各自现状短板及未来重要任务，最终提出 2020～2050 年推进图景。

第一节 总 体 战 略

基于新时期美丽中国建设目标和系统治水思想，从水利部门角度，水环境和水生态安全保障重点是做好"利人"与"利生态"的统筹协调，实现人与自然和谐共生背景下的"水利再平衡"战略。重点包括以下 5 个方面。

一、退水还河，严控河道外用水保障生态流量，让江河"流"起来

从全国来说，中国水资源开发强度整体上不高，但在各流域和省市间差别较大，如北方的很多河流过度引水用水导致常年断流，南方部分河流引水式水电开发导致河道下游无水量下泄。地表水没有开发余地时，就超采地下水，造成地下水位持续下降，并诱发很多生态环境问题。今后，最严格水资源管理和用耗水管控、节水型社会建设等工作只能继续加强而不能削弱。要按照"以水定地、以水定产、以水定城、以水定人"的基本原则，全面梳理和调控全国各地的社会经济用水总量与效率，对于用水超载的流域，要像对黄河的要求一样，严格实施耗水管控，逐步退水还河，增加生态水量，促进河流生态健康。

二、退污还清，严格控制入河污染物总量与浓度，让江河"净"起来

按照"源头治理"的原则，实行社会经济排水处理回用率的硬性约束，减少社会经济系统向河湖排放污染物，实施资源化再利用。社会经济用水后的退水，必须不影响水体的使用功能，包括生态功能和供水功能。在全国各级城镇的最严格管理考核中和生态文明建设中，将污水再生利用率作为刚性约束指标进行管理。继续加强和巩固水土流失治理，让"清水下山"，加强河湖库的淤积管控、水沙调控和治理。

三、退地还盆，严格保护水域生态空间完整性，让江河"阔"起来

人水争地问题普遍，河湖水域空间甚至库区以及岸上水土流失易发区等都被开发成农田和建设用地。应从岸上水土保持、岸线的保护利用、水域的清理腾退、采砂管控等方面全面整顿社会经济的不合理用地，保障水陆生态空间的完整性，该拆的拆，该退的退，河湖滨水区林草生态缓冲带该恢复的要全面恢复起来。

四、退堵还疏，严格保护和改善江河水系连通性，让江河"畅"起来

进行水上建筑物的生态化改造，该清除的清除，该改造的改造，逐步恢复河流的连通性和近自然的江湖关系。不能改造的大型水利水电航电等工程要实施生态调度，将汛期防洪调度和枯季生态流量调度结合起来，实施全年河湖调度管理，强调防洪调度和生态调度高于电调和水调的基本规则，全面推行。

五、退渔还生，严格保护水生生物多样性与生物量，让江河"活"起来

随着中国人民生活水平的提高，对水产品需求旺盛，过度养殖、过度捕捞可谓遍地开花，导致河湖及近海生物多样性全面退化。长江大保护中一个重要政策为全面禁渔，这值得其他流域借鉴学习。要将生物多样性作为水利工作的硬指标，纳入水利工程建设、运行维护、水资源管理等事务中。

第二节　空间布局

针对中国不同区域自然条件和经济社会发展差异，以及各区域面临的主要水环境和水生态问题，将全国划分为东北地区、黄淮海地区、长江中下游地区、东南沿海地区、西南地区、西北地区六大主要区域（图7-1）。各区域水环境和水生态安全保障的重点如下。

一、东北地区：保湿地、护廊道、防风险

东北地区是中国重要的商品粮基地、老工业基地、牧业基地和林业基地，同时也是全国水域空间被侵占最严重的地区之一，松花江流域接近一半的天然水域面积被侵占。伴随着湿地面积的减小，逐步形成"孤岛"效应，湿地与湿地之间，以及河流与沼泽之间的连通性被削弱，导致平原区重要湿地生态需水得不到保障，沼泽湿地洪水调蓄和生态维持功

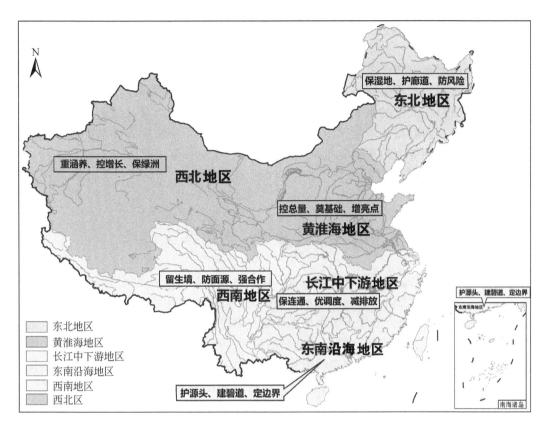

图 7-1　中国水环境和水生态安全保障分区总体布局

能明显退化。在保湿地、护水源的基础上，要进一步加强松花江、辽河两大水系廊道的修复；保护区域特色冷水性鱼类；同时严防重化工产业、汛期洪水冲击下存蓄污染集中释放带来的水环境风险。

二、黄淮海地区：控总量、奠基础、增亮点

黄淮海地区是全国水资源最为短缺，同时人口和产业密度又高度集中的区域。相比于天然状况，该区域是水环境和水生态本底条件改变最为显著的区域，且部分改变已不可逆转。在此情形下，区域水环境和水生态安全保障的首要任务是强化水资源刚性约束，严控用水和排污总量的进一步增长；通过地下水超采治理、河湖疏浚、支流污染治理等工作，奠定区域水生态系统结构和功能恢复的基础；针对黄河口、南水北调东线沿线、"六河五湖"等重点区，做好保护工作，增加本区域水环境和水生态安全保障的亮点。

三、长江中下游地区：促连通、优调度、减排放

长江中下游原有100多个通江湖泊，目前仅洞庭湖、鄱阳湖、石臼湖等少数湖泊与长江干流自然连通，严重影响了区域水生态安全，需要大力加强通江湖泊的自然连通。长江中下游本身存在大量的水利工程，同时其水环境和水生态状况又受到上游大量水利水电工程的影响，需要以流域敏感生态目标如四大家鱼、中华鲟生态需水过程，长江口枯水期控制咸潮上溯等为约束，实施水利工程群联合优化调度。长江中下游整体经济社会发达，人口和产业密集，沿江化工企业众多，需要严格节水减排，降低污染物排放总量。

四、东南沿海地区：护源头、建碧道、定边界

东南沿海地区水生态基础条件较好，人口和产业主要集中在下游河口区域，要立足区域天然生态优势，加强源区水源涵养和水生态保护，打造上游绿色生态屏障。通过骨干水库统一调度和水生态修复恢复中下游水生态环境，福建省、广东省在中下游打造"万里生态水系""万里碧道"，目前均已取得了良好的成效，可以在区域内进一步推广相应经验和模式。在下游城镇集中区，要划定城镇开发边界和生态保护红线，促进产业结构调整和升级转型，留足洪水调蓄和生态缓冲空间，促进区域水环境和水生态安全保障韧性的提升。

五、西南地区：留生境、防面源、强合作

西南地区是中国目前水环境和水生态条件最好的区域，但日益增加的大型水利水电工程严重割裂了河流自然生境，需要站在流域尺度，保留充足的生态水头和支流替代生境，实现水电绿色可持续发展。同时，针对区域内高原湖泊的水质污染和富营养化问题，要全面加强面源污染防控，包括水土流失性面源和农村农田面源污染。针对众多跨境河流水生态安全保障，要加强区域政府间合作，有条件区域科学论证，适度开发。

六、西北地区：重涵养、控增长、保绿洲

西北地区具有显著的"三区"特征，即上游产水山区、中游人工绿洲区、下游尾闾湖泊区。针对上游产水山区，重点做好水源涵养和生态保护，保护祁连山、阿尔金山、阿尔泰山、天山等多个国家重点生态功能区，筑牢安全屏障。中游人工绿洲区是主要的径流耗散区，目前普遍面临经济社会用水总量大，基本"吃干喝净"的问题，要推广塔里木河、额尔齐斯河治理经验，严控区域灌溉面积和用水总量增长，还水于河，还水于生态和环境。下游区域在流域整体调控下，探索再生水、跨流域调水等开源途径，保护天然绿洲。

第三节　主　要　任　务

一、水量层面

（一）现状短板

1. 缺乏分区分类阈值标准，敏感生态需水考虑不足

在生态流量的计算方法确定后，影响目标合理制定的关键因素就是阈值中的关键参数。例如，目前应用最广泛的 Tennant 法，推荐的生态基流占多年平均径流量比例阈值一般是枯水期 10%，汛期 20% 或 30%。而中国幅员辽阔，不同区域河流径流特征有很大差异，采用统一的阈值标准体系既不科学，在有些区域也不可行。另外部分涉及水生生物水文水动力需求的计算方法，由于欠缺扎实的基础研究，其阈值的制定有较大主观因素，如在鱼类产卵期脉冲流量计算中，鱼类洄游产卵的生态流速阈值将直接决定脉冲流量目标值，而在不同区域、不同鱼类组成和地形地貌条件下，生态流速阈值需要分别制定。

2. 北方取用水季节性冲突和用水总量超标是主因，南方水利工程影响较大

分析代表性河流断面生态基流不达标成因发现，松辽流域、西北地区、黄淮海地区水资源禀赋较差，超强度的水资源开发利用一方面造成社会经济用水总量超过当地河流承载能力，生态需水被"挤占"；另一方面季节性用水高峰的出现造成与生态需水的"冲突升级"，很多河流径流被"分光吃净"。目前，黄淮海地区水资源开发利用率接近 100%，海河流域现状水资源开发利用率已达到 106%，远超国际公认的 40% 警戒线，"有河皆干"现象突出。同时，长江中下游地区、东南诸河区水资源相对丰富，近年来随着经济的高速发展、大规模水利开发，尤其是山区小水电的密集开发，加上干旱极端事件的增加等多重因素，生态流量保障问题同样突出。

3. 生态流量实时监控预警与调控保障体系不健全

目前，关于全国重点河湖生态流量目标制定工作已进入快车道，水利部于 2020 年 4 月和 12 月先后发布了两批共计 166 个河流断面生态流量目标，各流域、地区结合水资源综合规划、跨省江河水量分配方案等也在抓紧开展当地河湖生态流量目标的制定与保障工作。然而，合理的生态流量目标不可能一蹴而就，需要一个"目标制定–成效监测–滚动修正–成熟管理"的持续过程，这就需要建立一套实时监控预警与调控保障体系提供支撑。然而，目前相关工作重点还停留在目标制定上，对已有目标的断面缺乏监督管理设施和手段，有关制度建设也明显滞后。

4. 部分地区地下水仍处于超采甚至严重超采状态

近年来，国家高度重视地下水超采综合治理工作，尤其是在京津冀地区，地下水超采治理效果明显。但地下水采补平衡状态的恢复是一个缓慢的过程，一些地区仍然存在着地下水超采甚至严重超采的情况，远未达到采补平衡状态。据测算，目前地下水超采区域集中在河北、山东、河南以及东北三省，分别占全国总超采面积的 27.67%、24.84%、

17.60%、10.81%。天津、石家庄、沧州等地甚至存在一定的承压水超采情况。地下水超采导致地下水位持续下降，形成地表水及周边径流对地下水的激发补给，地表水被严重袭夺造成径流锐减，水生态环境遭到破坏。

（二）重要任务

1. 完善生态流量、地下水位目标制定与考核体系

目前国家及各流域/区域正重点开展生态流量、地下水位目标的制定，但有关生态流量、地下水位的达标评价和考核方法还不够明晰，目标制定效果很难科学评判。为此，一方面要持续完善生态流量、地下水位目标的制定技术方法，机理分析与大数据统计相结合，分区分类、因地制宜地形成一套科学、行之有效的目标制定技术；另一方面要着力推动生态流量、地下水位目标达标评价与考核工作，使其与目标制定工作同步进行，为保障效果的评估和目标的滚动修正提供基础支撑。

2. 加强流域水量分配与分水源、分季节用水总量控制

经济社会取用水总量过高或与生态流量的季节性冲突是中国河湖生态流量不达标的主要原因。最严格水资源管理制度建立了各行政区的用水总量控制目标，但未能将用水总量指标分配到各级流域和各个时段，与生态流量保障需求在时间尺度上不相匹配，导致目前用水总量不超标但生态流量（水量）不达标的局面。应在目前国家开展的跨省江河水量分配工作基础上，按照"优先保障基本生态，分配指标丰增枯减，重点季节单独控制"的原则，进一步在不同层级河流建立完善水量分配机制，促进生态流量达标。

3. 建设完善水利工程生态流量泄放设施与生态调度机制，保障基流和敏感期生态需水

水利工程对于河湖生态流量保障是"双刃剑"。调度运行得好，水利工程是保障甚至大幅提高河流生态流量的"利器"；调度运行不好，则成为人为造成河流断流的"罪魁祸首"。总体而言，中国北方大江大河干流的水利工程对于维持河流生态基流发挥了巨大正向作用，但部分支流的水利工程由于缺乏硬性管理要求，严重阻碍了生态流量保障；南方河流引水式电站一定程度造成减水河段生态流量不达标，更重要的是水利工程生态调度缺失导致敏感期生态需水得不到保障。

4. 开展重点河湖湿地生态补水、地下水超采区综合治理

目前，北方湖泊湿地普遍面临干旱缺水的问题，造成湿地萎缩、功能退化。由于长期缺水，大部分湖泊湿地的河湖（湿）关系已经发生根本性变化，河湖（湿）连通关系被阻隔或大幅衰退，依靠自身水资源条件已难以恢复。同时，北方平原区由于地下水过度超采已出现大面积的地下水漏斗区，带来一系列地质环境灾害。在此情势下，需要针对重点湖泊湿地、重点地下水漏斗区，针对性地提出生态补水保障工程措施方案，并明晰生态水权，科学实施重要河湖湿地、地下水漏斗区生态补水，保障补水成效。

5. 建立国家和流域/区域生态流量、地下水超采治理监控预警平台，加强实时调控保障

在生态流量和地下水位控制目标制定之后，由于达标评估的事后性和极端水文条件的不可控性，必须建立起国家到各流域/区域的实时监控预警平台，才能有效保障目标的实现。国家层面的监控预警平台可以目前的水情会商系统为基础，根据全国主要江河湖泊的实时流量/水位监测数据以及重点超采区地下水位监测数据，在流量/水位达到各级预警标准时，实时发布预警信息；流域/区域层面收到预警信息后，利用系统平台实时提出调控方案，并对各种方案的调控保障效果进行评估，确定优化方案并予以实施。

二、水质层面

（一）现状短板

1. 水体社会经济系统水质安全情况较好，自然生态系统水质安全程度有待提升

从评价结果看，水功能区和饮用水水源地水质达标情况呈稳中向好趋势，2008～2018年饮用水水源地水质达标率从56.1%增长到83.5%，水功能区水质达标率从42.9%增长到66.4%。水体社会经济系统水质安全现状评价得分达到81.34分，处于"安全"等级，为服务人民生活和社会经济发展提供了有力支撑。相比之下，自然生态系统水质安全形势相对严峻，安全评价得分仅71.71分，比社会经济系统水质安全评价得分低近10分，自然河湖及地下水污染问题仍比较突出。伴随物质生活的健康富足，人民对宜居水环境的需求显得更加迫切，面对新时代下的新命题，水环境综合治理与改善还需深入推进。

2. 河流水质整体趋好，湖泊、地下水水质恶化严重

从2008～2018年全国Ⅰ～Ⅲ类水质河长比例和劣Ⅴ类水质河长比例变化来看，水质评价河长从16.1万km增加到26.2万km，增长62.7%。同时，Ⅰ～Ⅲ类水质河长比例从61.2%增加到81.6%，劣Ⅴ类水质河长比例从20.6%降低到5.5%，河流水质稳步好转。但湖泊、地下水的水环境质量令人担忧，多年来未出现明显改善，部分地区甚至出现恶化。近10年（2009～2018年）全国Ⅰ～Ⅲ类湖泊水质比例从58.4%降至25%，富营养化比例整体呈增加趋势。2019年全国2830处浅层地下水水质监测井中，Ⅰ～Ⅲ类水质监测井数量占比仅为23.7%，Ⅴ类数量占比却高达46.2%（图7-2）。相比于河流水体，湖泊和地下水同属流域污染物的"汇集区"，治理难度大，需要全流域水污染综合治理才能有效改善其水质状况。

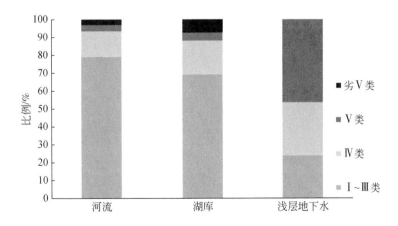

图7-2　2019年全国河流、湖库及浅层地下水水质达标率对比

3. 汛期水质普遍劣于非汛期，面源污染和干湿沉降严重

从河流、湖泊水环境质量年内变化情况来看，汛期水质出现普遍劣于非汛期的情况，如松花江区Ⅰ～Ⅲ类水质河长比例在 2013～2018 年汛期平均为 62.4%，比同时段非汛期低 10 个百分点。2018 年东南诸河全国重要江河湖泊水功能区湖泊水质达标率在非汛期基本维持在 50% 以上，而在汛期多不到 15%。洱海是大理市主要饮用水水源地，2002～2019 年湖体总氮多年月均浓度年内呈现较明显的季节变化规律，1～4 月总氮质量浓度持续降低，于枯水期的 3 月和 4 月达到年内最低值，波谷值平均为 0.48mg/L，4 月之后浓度逐月升高，在丰水期 8 月和 9 月达到年内最大值，波峰值平均为 0.62mg/L，之后 10～12 月持续降低（张浩霞，2020）。这一现象的主要原因可能在于流域面源污染和干湿沉降影响，雨季由于雨水冲刷，形成的地表径流挟带了大量污染物进入河湖。

4. 部分流域集中排污问题突出，支流水质威胁干流

研究发现，长江、黄河等流域排污过于集中化的问题突出。经测算，2018 年长江流域污水排放量占全国排放总量的 40% 以上，沿江生产废水及生活污水的排放对长江水质造成严重影响。有关研究表明，黄河流域主要水污染物排放呈现明显的空间集聚效应，集中分布在晋中城市群和中原城市群。陕西、山西、河南、山东四省的水污染物排放量占全流域排放量的 65%～90%（白璐等，2020）汾河、延河等支流入黄水质长期为Ⅴ～劣Ⅴ类，湟水、窟野河、渭河、泾河等支流水质难以达标。有关研究表明，黄河流域主要纳污河段以约 37% 的纳污能力承载了全流域超过 91% 的入河污染负荷，尤其是城市河段入河污染物超载情况严重（图 7-3）。

（二）重要任务

1. 加强城乡宜居水环境治理和提升，提升公共服务水平

坚持问题导向强监管，紧紧围绕治水矛盾的变化，加强中小河道综合整治和管理，畅通河道水系，加强污染源源头管控，完善长效管理机制，确保中小河道水质全面达标。厚植区域发展融合底蕴，将地域特色、民俗风貌、农耕文化作为提升水文化建设的重要因素，分区域打造具有特色的水韵景观。充分考虑人民群众对宜居水环境等美好生活的需

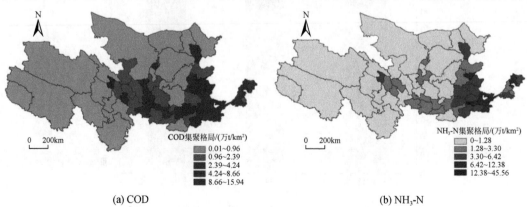

(a) COD   (b) NH₃-N

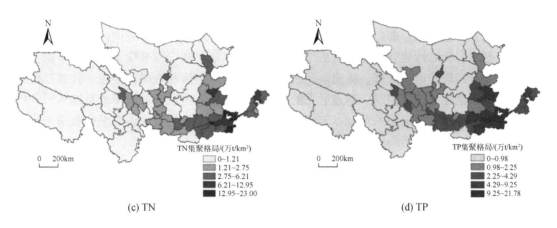

图 7-3　黄河流域各地区主要水污染物地理集聚度结果（白璐等，2020）

要，以稳固水安全、注重水生态、提升水文化、创新水机制作为重点，立足于高质量稳定脱贫要求，深入实施水美新村建设，将兴水利与乡村振兴深度融合，做活水文章，实现水价值，推动实现人水和谐共生。同步推进河道周边违法建筑拆违工作，有效改善河道面貌。采用生态修复技术，提升河道生态质量，构建亲水景观，提升水环境服务功能。

2. 促进厂–河–湖–海过渡区水质标准统筹与污染控制

加强法律法规、体制机制体系的完善。尽快从立法上理顺各部门对厂–河–湖–海过渡区生态环境保护的职责分工和协作机制，加强与河（湖）长制的对接，充分实现对过渡区的共治共管。开展污水处理厂尾水排放标准、河湖海水质标准衔接的研究。加强技术标准、治理方案与治理技术制定过程中的科技支撑。重视和加强生态环境基础数据，包括生态环境质量、生态状况、污染调查的采集和跟踪评价。充分调动各方力量参与，发挥合力作用。强化污水处理设施联动，确保达标率先实行"厂网河"全要素治理统筹推进，确保调度源头管控、过程调控、结果可控。

3. 加强地下水污染控制，完善预防措施

建立健全地下水环境监管体系，完善地下水环境监测网络，建立地下水环境监测评价体系和信息共享平台，制定地下水污染防治应急措施，形成地下水污染突发事件应急预案和技术储备体系，加强地下水环境保护执法监管。同时，进一步加快地下水饮用水水源保护区调整、划定和建设工作，开展多尺度地下水型饮用水水源的污染防治区划工作。重视废水、废物堆放及处理过程（如有害固体物填埋场）对地下水环境和生态的影响与评价，强调源头防范确保地下水水质安全。严格防止污废水管网渗漏，控制城镇生活垃圾对地下水环境质量的影响。

4. 推进流域系统治理，加强农业节水减排，防控城市面源污染

坚持山水林田湖草综合治理、系统治理、源头治理，不断改善流域水生态环境和水域生态功能，提升生态系统质量和稳定性。加强水源涵养区水生态保护修复，持续加强饮用水水源保护。加大江河源头区、水源涵养区等重点河湖水生态保护修复和综合治理力度，持续开展水生态修复和环境污染治理。切实加强农业用水管理，落实好"三条红线"，加强农田水利基础设施建设，逐步推广农业用水和排水计量。加强培训和激励，提高农民和管水员的管理水平与积极性，建立农村基层组织用好水、管好水的机制和制度，完善农业节水服务体系，会同农业部门开展农业用水指导和节水管理工作。转变中国城市道路排水设计的观念，有针对性地完善相应的法律法规和部门规章，制定监督检查办法。从源头着手对城市面源污染物进行处理，将雨水径流污染物从源头上控制在最低限度；针对在雨水污染物的扩散途径上进行控制，通过适当的措施，减少污染物进入城市排水系统的污染物总量，进而减少对城市水系的污染；末端处理，通过自然生态技术或人工净化技术来降解带入城市水系中的径流污染物。

5. 加强河流型饮用水水源地的上游污染防控与监测预警

对于河流型饮用水水源地要严格控制上游源头污染防控与监测预警工作。首先，建立完善保护区范围污染物处理排放机制。核查水域沿线所有存在污水排放且经雨季地面冲刷或形成地表径流可能汇入河道的村落的人口和排水现状，确定需建设污水收集与处理设施的村落，并核定污水处理规模。二级保护区内生活污水经收集后引到保护区外处理排放，或全部收集到污水处理厂（设施），处理后引到保护区下游排放。二级保护区内生活垃圾统一收集后输送至保护区外进行处理。生活垃圾转运站采取防渗漏措施。保护区内种植业实行生态补偿政策，优先考虑退耕还林还草，补偿种植户的经济损失。在二级保护区内耕地建议优先发展有机农业，准保护区内应建设生态缓冲带，选用低毒农药，推广测土配方技术。其次，建立水源地保护区上游产业发展负面清单，严格限制相关审批。结合不同地段的实际情况，因地制宜地采取适当的保护和防治措施，最大限度地保护和恢复水源地保护区水质环境，探索合理利用自然资源和自然环境的途径，促进保护区生态环境进入良性循环与正向演替。最后，加强水源地保护区公共基础设施建设，加强水源地水质及生态环境监测预警，建立并完善相关机制，制定突发事件应急预案。

三、水域层面

（一）现状短板

1. 水域总体面积变化不大，天然水域保留程度较低

从 1980~2018 年的卫星遥感影像上看，全国水域总面积只有小幅度下降，总体变化不大，基本保持在 32.75 万~33.16 万 km²。但是，以 20 世纪 80 年代水域空间作为天然水域标准，目前天然水域的保留量已显著下降。2018 年全国总体的天然水域保留率仅79.21%，也就是说有 1/5 的天然水域空间被其他的土地利用类型侵占。十大水资源一级区内，松花江区的天然水域保留率下降最为严重，仅为 54.48%，即相较于 20 世纪 80 年代，近一半的天然水域空间被侵占。被侵占的区域主要集中在三江平原地区和松嫩平原地区。究其原因，大规模的农垦开发侵占了河湖沼泽湿地，造成天然水域空间被改变。从水域组成上看，天然水域占比减少，人工水域占比增加，其中湖泊、滩涂、沼泽等天然水域在总水域面积中的占比从 78% 下降到 73%，人工水域水库的面积在总水域面积中的占比由 10% 上升到 14%，与水库紧密关联的河流，成为半天然、半人工水体，面积占比由12% 上升到 13%，水域整体受人类活动影响加重。

2. 大面积水域有所增加，末梢水体大量消亡

在全国总水域面积变化不大的情况下，水域斑块个数从 1980 年的 41.96 万个减少至 2018 年的 20.15 万个，斑块数量减少超过一半，减幅达到 52.0%。同时，单个水体的平均面积增加约 50%，说明大面积水域显著增加，小湖泊与坑塘等末梢水体大量消亡。十大水资源一级区中西北诸河区、长江区和黄河区水域斑块数量下降最为显著，减少幅度高达 64%。如此一来，区域水域空间面积率容易出现两极分化，会导致水域对区域生态系统的支撑能力整体下降。大水体增加和末梢水体的消亡虽然未带来水域空间总面积的下降，但原有水域生态系统受到破坏甚至中断，新水域生态系统的成长和成熟还有待时日，其中的不利因素不是短时间内可以扭转的。为控制上述不利变化进一步发展，需要有效约束人类活动对水域空间的干扰和改变。

3. 体制机制基本建立，管理能力和手段有待提升

自 2016 年 12 月，中共中央办公厅、国务院办公厅印发了《关于全面推行河长制的意见》，至 2018 年 6 月底，全国已全面建立河长制，共明确省、市、县、乡、村级河长逾 100 万名，原先松散的涉水管理部门被整合进一个层级严密、分工明确的组织体系中，逐步构建起责任明确、协调有序的河湖管理保护机制，为落实水资源保护、加强河湖水域岸线管理等工作提供了制度保障。这种自上而下的层次化体系，不同层级的机构管理的精细化程度不同，省级以上管理部门主要负责顶层设计和协调省际矛盾，真正面向对象的管控在县市。然而，中国水管理能力从国家到基层却存在明显的逐级递减问题，国家级最强，县区级最弱，即"上面千条线，下面一根针"。这种状况造成即便再好的顶层设计，往往因"最后一公里"的问题，具体落实往往达不到预期，严重影响水域保护的实施效果。为此，要高度重视并大力加强基层水管理能力建设。

4. 水域保护比例不高，空间破碎化影响功能发挥

根据全国第二次湿地调查结果，全国仅有 44.68% 的水域面积划定了保护范围，保护比例最低的广西壮族自治区水域保护面积占比仅为 13.12%，可见大部分水域未被纳入保护监管中，或有监管但没有明确的保护目标、范围和内容等。与低保护率相对应的，1980～2018 年由于侵占、阻断及周边取用水影响等，全国水域空间破碎化程度显著加重，十大流域区最大水域斑块占比平均下降 21.42%，最为严重的海河区和松花江区下降达 52.52% 和 33.78%。2019 年 3 月，水利部办公厅发布《河湖岸线保护与利用规划编制指南（试行）》，为水域保护和河湖岸线利用规划统一了目标任务、主要内容、技术要求等，明确了长江、黄河、淮河、海河、珠江、松辽、太湖流域重要水域岸线保护规划编制的范围和 2021 年底完成规划编制的时间进度要求，各级水行政主管部门还需要抓紧研究制定区域内水域保护名录和保护方案，全面推进水域空间保护。

（二）重要任务

1. 建立水域保护基础信息库，形成全国水域保护一张图

针对水域空间保护比例不高、水域持续被干扰甚至破坏的问题，需要完善水域保护规划体系，划定各级水域保护名录，确定保护的范围边界，上下结合开展水域空间保护基础信息的采集与汇总，内容包括全国水域空间的历史、现状、保护目标、保护边界和保护内容等，建立起全国水域保护基础信息库，基于全国水利一张图形成全国水域保护一张图，为各级水域保护工作提供基础数据支撑。

2. 加强末梢水体保护，严格控制缺水地区大水面营造

为防控水域空间结构向不利方向演变，遏制天然–人工水体、大–小水体、新–旧水体比例向不安全方向转变，需要加强末梢和天然小水体的保护，严格控制缺水地区大水面营造。在小水体保护上，根据分区水域空间结构的安全性评价情况，划定重点保护范围，与区域地下水位管控相结合，制定保护措施，明确监管指标。对于城市水景观营造项目，须进行所在流域整体水域空间安全论证，严防缺水地区人工大水面营造及其对流域整体生态环境的破坏。

3. 与河（湖）长制相结合，逐步恢复重点区域被侵占天然水域空间

为逐步恢复科学合理的水域空间范围及良性结构，需要与河（湖）长制相结合，完善水域空间和岸线的保护管理体系，建立不同层级、不同阶段的水域保护目标，落实保护目标实现的路径、措施和驱动力，编制水域保护管理工作规范，构建标准化、智能化的水域管理平台，增强对基础河湖管理部门的支撑和扶持，科学引导水域空间良性演变和重点区域水域生态修复。

4. 建立卫星与地面协同的水域空间动态监测能力

为支撑水域空间的全面监管和保护，需要建立卫星与地面协同的动态监测能力。水域是广泛分布的面状空间对象，传统的地面监测、调查和普查虽然具有较高精度，但难以做到高时效的全面覆盖。卫星遥感具有大范围、快速重返的对地观测优势，能够获取良好的空间相对变化情况，但也有绝对精度不高的问题。将卫星遥感与地面监测、调查相结合，使两者优势互补，形成水域空间全面、动态、精准的监测能力。

5. 加强整体规划，支撑构建水–陆–空立体生态廊道

为支撑构建水–陆–空立体生态廊道，需要加强水域空间保护与区域相关规划的协同性，避免孤立地开展水域空间保护，要从区域整体生态环境保护的视角出发，明确陆域生态及鸟类、大气环境保护等对水域空间及结构的需求，使水域空间保护和利用融入区域发展的整体进程中，成为可持续发展的重要保障，同时也获取更大的动力与支持。

四、水流层面

（一）现状短板

1. 河湖水系连通情况缺乏流域性的整体评估

流域生态环境离不开水流，保持水系连通对于维持合理的生态基流和环境流量，保持水域生态类型的多样性和水生生物多样性具有重要作用。以长江流域的涨渡湖、天鹅洲和黑瓦屋故道为例，经过两年的灌江纳苗，2005年水域的鱼类产量增长15.4%，经济收益增长16.9%。研究表明，水系连通性的增加，能够增加鱼类组成，优化湖泊/故道的鱼类群落结构，提高生物多样性。河湖水系连通作为解决水问题的重要途径，在中央文件、水利部会议中多次被强调，已成为国家江河治理的重大需求，并作为新形势下的治水方略和战略指导思想受到高度重视。然而，河湖水系连通工程虽已有很多，但相关理论技术研究仍处于探索阶段。水系流动性和连通性作为流域水体循环的重要属性，缺乏流域层面的系统评估，整体生态连通性缺乏总体设计。部分地区水资源承载能力不足，北方地区水资源严重短缺，经济社会用水挤占生态环境用水，水资源供需矛盾日益突出，水域生态系统结构和功能衰退的整体格局仍未扭转。

2. 河湖横向连通性重视不足

横向连通性指在河流与河岸带、湖泊、湿地之间的通道连通程度。以长江流域为例，长江中下游的通江湖泊，由原有的 102 个减少至如今的 2 个，仅剩下洞庭湖和鄱阳湖。洪泛平原河湖连通性的丧失导致湖泊鲥、短颌鲚、暗纹东方鲀、鲸、胭脂鱼、蛇鮈等多种洄游性鱼类绝迹，湖泊生态系统结构简化，功能衰退。涨渡湖 20 世纪 50 年代有鱼类 80 种左右，江湖阻隔后鱼类不断减少，到 80 年代为 63 种左右，1995～2003 年调查到 52 种，其中洄游性和流水性鱼类的比例由 50% 下降至不足 30%。东湖 1971 年以前有鱼类 67 种，其中河海洄游性鱼类 3 种，江湖洄游性鱼类 13 种，湖泊定居性鱼类 45 种。70 年代以来，通江水闸全年不开。1992 年以来的调查仅发现鱼类 38 种。河流自然岸线的渠化、硬化也降低了河岸带的横向连通性。自然状态下的河堤、洲滩水陆交错带中的土壤和植被含有大量动植物、微生物，既可以为水生动物提供饵料，也是水生动物重要的产卵场所，同时也能促进水体与土壤自由渗透交换、发挥滞洪补枯的作用，然而密集的、大规模的混凝土硬化护岸、护滩工程措施严重影响了包括滩地在内的自然岸线的生态功能，仔幼鱼适宜的栖息地缩减。总体上，目前国家及各级流域/区域河湖横向连通性的重视还不足，长江重要水生动物、水产资源、防洪蓄洪涉及岸线 3458km，其中 30% 的岸段遭受不同程度的侵占和干扰，主要表现为砂石及小散乱码头、工业和城镇生活等侵占的方式；河湖横向连通性丧失还导致湖泊、泡沼水质变差，湿地萎缩。

3. 对典型鱼类洄游栖息习性和路线认识还不够深刻

洄游性鱼类往往是中国珍稀鱼类或重要的经济鱼类，具有重要的科学价值和经济价值。但是，受限于多种因素，洄游性鱼类相关的生态学研究基础薄弱，如中华鲟的迁移行为和活动规律等仍不甚清楚，近海中华鲟的资源和分布状态不明，刀鲚、凤鲚等洄游鱼类的洄游模式和生境履历尚未明晰，这些问题限制了有关保护对策和措施的制定。

（二）重要任务

1. 以水系为单元开展连通性的评价和保护，确定重点保护河段/支流

针对珍稀、濒危及特有鱼类的资源现状和分布，科学开展支流连通性评价与恢复工作，科学评估小水电的经济效益、生态效益和社会效益，深入推进流域小水电整顿清理工作；优先在长江流域的青衣江、安宁河、水洛河，黄河流域的洮河、渭河、伊洛河等河流开展连通性恢复及生态修复示范。

2. 加强江河与附属湖泊、湿地之间的横向连通性，恢复湖泊生物多样性

创新基于流域生态特征的河湖连通性评价体系，科学分析江河与附属湖泊、湿地之间的横向连通性，提出横向连通性恢复的有效方法，加大干支流河漫滩、洲滩、湖泊、库湾、岸线、河口滩涂等生物多样性保护与恢复；加强珠江源高原湖泊、长江中下游湖泊、黄河乌梁素海等重要湖泊和湿地的水系连通与生态修复，恢复湖泊、湿地的生物多样性。

3. 加强基础研究，完善监测网络，促进数据共享

河湖水系连通理论与评估体系涉及河湖水系连通的问题识别、功能分析、适应性分析、方案设计、运行管理及效果评价等多个方面。江河湖库水系连通是一项庞大的系统工程，应加强相关的基础研究，统筹考虑水的资源功能、环境功能、生态功能，为构建布局合理、连通有序、通畅自然、循环良性、生态健康的江河湖库水系连通格局提供理论依据和技术支撑。为此，需加强水域生态学、水生生物多样性维持机制等方面的基础研究，从内因（能量学、蛋白质组学、内分泌学）和外因（水温、水动力）、导航（方向和时间）和运动能力等鱼类洄游相关的基本问题出发，研究洄游性鱼类生活史过程的驱动机制；结合人类活动、土地利用和气候变化等外在胁迫，分析洄游履历及其资源的时空变化；同时，持续跟踪监测水域生态系统结构和功能变化，在重点水域优先建立全要素覆盖的一体化监测系统，并建立数据共享的长效机制和相关的技术标准，提高数据和信息共享水平。

五、水利工程生态化层面

（一）现状短板

1. 大型工程保护措施基本到位，中小工程量大影响深

目前全球有 6 万多座大坝（坝高 15m 以上），高坝大库仅占 4.5%（陈求稳等，2020），其他均为中小型电站，其中绝大多数均为引水式，枯水期极易导致下游河段出现断流现象，对河流生态系统产生不利影响。2018 年审计署公布的《长江经济带生态环境保护审计结果》表明，截至 2017 年底，长江经济带有 10 省份已建成小水电 2.41 万座，最小间距仅 100m；过度开发致使 333 条河流出现不同程度断流，断流河段总长 1017km。应对小水电开发影响的生态环境修复措施主要有增加最小流量、设计或改进洄游鱼道和周期性地放水。其次水电站或水坝退役也是修复河流生态系统的主要措施之一。中国长江经济带正在实施 3000 座左右的小水电退出工作，水利部办公厅印发了长江经济带小水电站退出工作实施方案编制大纲的通知，为开展小水电退出提出了指导意见。但是，结合中国小水电量大面广的现状，如何确定水电站退出顺序，怎样开展水电站退出效果评估，仍有待进一步研究。总体而言，中小水利工程量大面广，建设技术相对落后，而且比较缺乏对生态保护的考虑。中国大型水利工程保护措施基本到位，而中小水利工程生态保护是当前水利工程生态化建设的迫切需求。

2. 建设了大量过鱼设施，但类型单一，大部分运行效果不佳

中国大型水利工程鱼类保护的主要方式是过鱼设施，围绕重大水利工程影响下鱼类的保护，中国已经开建设了大量的过鱼工程措施，包括兴建鱼道、集运鱼设施等，在建设及运行维护中耗资巨大，但是目前均面临着效果不佳的难题，全国平均实际过鱼的鱼道比例低于 35%。原因主要包括三个方面，一是建设过鱼设施之前，缺乏过鱼设施建设可行性及必要性进行科学评估；二是过鱼设施建设期间，缺乏对洄游性鱼类生命史中运动、行为和游泳能力的认知，鱼类生物学家未能和水利工程专家有效协作，导致过鱼设施结构设计不

合理；三是过鱼设施建设之后，缺乏长期的跟踪监测及运行效果的反馈。因此，应当理性建设高坝过鱼设施，避免因环保"一刀切"的盲目要求而造成低效浪费。

3. 生态调度取得一定成效，但尚未大面积推广

目前绝大部分重大水利工程围绕鱼类生态流量需求实施了生态调度，效果显著，生态调度的重要性日益突出。但是，关于生态流量及其变化过程的生态学基础尚不健全，目前基于水文水力学方法或者物理生境评价方法的流量过程在生物学和生态学意义上的阐释依然不足。而且，当前的水库生态调度一般只考虑了坝下生态流量的需求，尚未考虑气体过饱和控制和水温情势调节等综合需求。此外，生态调度尚需进一步扩大应用范围，并亟待加强生态调度监督管理，健全保障生态调度长效运行机制。

4. 重建轻管问题仍然存在，未形成全生命期管控机制

传统水利工程仍然存在重建轻管问题，在规划、建设、运行等环节普遍存在脱节现象，未形成全生命期管控机制。工程建设重主体轻配套。一些工程只重视枢纽工程建设，而忽视配套工程建设，从而影响工程效益的发挥；规划时缺少必要的观测设施和管理设施，不能适应新时期水利工程建设管理的要求。工程管理体制和监督机制不健全。由于水利设施维护与管理工作面宽量大、投入多，公益性质明显，多年来形成的重建轻管现象一直未得到有效遏制，部分地方政府和用水户在水利设施的维护管理上缺乏有效组织，管护制度虚置。水利设施管护资金十分紧缺。水利设施管护需要长期而大量的资金投入，水利设施维修养护资金缺口大，地方财力投入有限，导致资金的投入与实际需求差额很大，供需矛盾特别突出。部分水利工程由于没有维护经费，水利工程年久失修，特别是不少病险工程没能得到除险加固，效益锐减。由于资金短缺，后勤装备、监测检验等保障力量不足，部分重要的控制工程和堤防的老化病害及险工隐患尚未得到全面处理。

（二）重要任务

1. 建立水利工程规划—建设—运行—退役全生命期绿色管控模式

在流域规划设计层面，制订水资源开发利用和河流生态环境保护总体规划方案；在工程建设过程中，加强生态水工建筑物的设计与生态友好型工程材料的应用；在水利工程运行环节，从全流域、长时间尺度，建立联合调度与运行管理制度；加强中小水利工程生态化改造监管，建立分类改造机制；对于需退役的水利工程，综合考虑工程安全影响、生态环境修复、经济效益衰减、社会因素等方面，科学制定退役方式；寻求水资源开发利用与生态环境保护之间的平衡，将生态环境保护与修复贯穿到水利工程全生命期的各个环节，建立水利工程规划—建设—运行—退役全生命期绿色管控模式。

2. 加强中小水利工程生态化改造与监管，建立分类改造与退出机制

综合评估中小水利工程的生态环境影响，对于需要保留或整改的水电站，制定生态修复方案，主要修复措施有生态流量保障、过鱼设施、增殖放流、生态调度、河床微地形改造等。针对有安全隐患的病险水库，不能正常发挥效益，而且已经严重威胁下游群众生命财产安全，经论证评估，应对水库进行降等报废或拆除；水库蓄水引起下游生态环境及水文地质条件严重恶化，需要进行拆除；水库大坝阻断水生生物洄游通道，威胁濒危、珍稀、特有生物物种生存，为保护珍稀生物物种，需对大坝进行拆除；此外，为落实"干流

开发、支流保护"策略，坐落在替代生境重点保护的支流上小水电，尤其引水式小水电，应予以拆除，以加快广大溪流生态的修复。拆坝后河貌持续演变，将逐渐形成浅滩与深潭交替的地貌格局，水流多样性增强，生态水力因子的适宜度增加，可为干流土著鱼类提供有效的替代生境。此外，在对拆坝工程进行可行性评估、环境影响评价、淤积物处理全面评估的基础上，选择良好的拆坝时机（丰水期、平水期、枯水期）和正确的拆坝方式（一次性拆坝和分阶段拆坝），确定最优拆坝方案，最大程度保护河流生态系统。

3. 低水头闸坝工程中，推广仿自然鱼道建设

针对因缺少过鱼设施而导致的鱼类洄游阻隔问题，对已有的过鱼设施进行改造，配套诱导设施或拦截设施，创造诱鱼适宜水流条件，满足鱼类行为习性和生理机能的基本需求，提升过鱼效力；对于拟建的过鱼设置，从水利工程特性、河流水文特征、鱼类生活习性、地形地貌等诸多因素进行全局考虑，科学论证过鱼设施的合理性和可行性，避免无效投资浪费。因地制宜地选择过鱼设施，在低水头闸坝工程中，推广仿自然通道过鱼设施建设。

4. 将汛期防洪调度、非汛期生态调度放在同等地位常态化运行

加强生态调度监督管理，健全保障生态调度长效运行机制。通过平衡工程效益与生态效益，科学确定生态流量；提高中长期水文预报能力，有效分析来水的不确定性，协调跨省跨流域水量分配，加强水资源调度协商机制，实施水库群联合调度；做好生态调度监测监控，检验生态调度后的生态系统修复效果；健全生态调度管理机制，出台生态补偿及生态电价等相关政策，从政策和资金两方面予以杠杆调控，提高公众的生态调度意愿。综合生态流量确定、生态调度运行、生态调度监控及效果后评估等方面，切实推动非汛期生态调度、汛期防洪调度在同等重要地位常态化运行。

5. 重视支流替代生境恢复，科学实施增殖放流

溪流是生物生境多样性和物种多样性较高的区域，贯彻"干流开发、支流保护"的整体理念，重视溪流生态恢复，科学支撑支流生境替代是当前河流生态保护的迫切需求。针对重大水利工程造成的栖息地丧失，有序退出覆盖面广、生态影响大、综合效益低的支流小水电，恢复溪流生态系统，并重建为干流替代生境。目前支流生境替代代表性的案例有澜沧江下游和金沙江下游梯级，生境替代效果较好。坚持放流原水域原生物种（土著种），不宜跨水系跨流域放流物种，严禁放流外来物种、杂交种、转基因种以及其他不符合生态要求的水生生物物种；避免非土著物种的大量入侵，防止进一步压缩土著物种的生存空间。根据各水域的具体情况，明确放流物种的功能定位（恢复资源、促进渔业、保护珍稀濒危物种等），选择相应的主要适宜放流物种，突出重要或特有增殖物种，避免放流水域物种重点不突出、不匹配的问题。

六、水环境和水生态监测层面

（一）现状短板

1. 数据资源不断丰富，但数据整合共享不足

通过建设国家防汛抗旱指挥系统工程、国家水资源监控能力建设、国家地下水监测工程、生态环境保护信息化工程、全国农村水利管理信息系统、全国水土保持监测网络和信息系统、水利电子政务综合应用平台、大型灌区信息化试点建设、水信息基础平台等重大项目，开展两次全国水资源调查评价、第一次全国水利普查等专项工作，以及各项日常业务工作，水环境和水生态数据资源体系逐步建立。然而，目前数据的采集与使用一直依赖于不同的业务系统，数据不仅分散在水利部、七大流域、各省级行政单位的数据中心或不同业务部门，尚无完整的数据资源体系，同时形式异构、业务间交叉冗余、语义冲突。由于缺乏数据横向和纵向共享机制，未进行数据共享或共享程度差，造成信息孤岛现象严重，阻碍了数据的进一步整合和分析，不利于水环境和水生态相关业务的发展。

2. 标准规范持续完善，但水生态监测体系基础薄弱

通过近年来开展的环境水生态监测工作，围绕着布点、采样、运输、分析、评估等方面的标准规范相继出台。2010 年颁布的《河流健康评估指标、标准与方法（试点工作用）》《全国重要河湖健康评估（试点）工作大纲》，2014 年实施的《水环境监测规范》，2020 年颁布的《河流水生态环境质量监测与评价技术指南（征求意见稿）》，以及北京市出台的《山区河流生态监测技术导则》（DB11/T 1174—2015）、江苏省出台的《湖泊水生态监测规范》（DB32/T 3202—2017）等都说明关于河流生态监测方面的标准规范在不断完善。但是，水生态监测体系仍然基础薄弱，缺少交界控制断面监测、生态流量下泄监控区监测、生态敏感水域监测，需要有针对性的补充水质、枯水期河湖水文特征、河湖岸线、水生生物及其生境水文情势等监测指标。

3. 业务应用不断完善，但数据分析能力不足

目前，水利业务应用系统逐步涵盖了洪水防御、干旱防御、水利工程建设、水利工程安全运行、水资源开发利用、城乡供水、节水、江河湖泊管理、水土保持、水利监督、水文、水利行政办公（规划计划、财务管理、政策法规、日常办公、国际合作与科技管理）等全部水利业务领域，业务应用不断扩展完善，促进了水利业务水平的提升。但是，数据之间的关联关系和可视化水平均较低，同时智能化的精准高效数据分析挖掘技术对水环境和水生态业务支撑能力不足。

（二）重要任务

1. 针对不同要素，建立空天地一体化的立体监测体系

根据不同区域水环境和水生态保护与治理目标，确立监测对象与监测指标体系。针对不同监测对象及其监测指标的时空分布特性与监控需求，建立空天地一体化的立体监测体系，利用地面精准监测获取关键断面或代表性位置上的水量、质、流、生状况，利用遥感监测获取水域状况及水量、质、生的空间分布，利用地面在线监测获取时间变化，多平台多传感器协同，实现保护与治理对象、监测要素、变化过程的全面监测覆盖。

2. 优先在我国大江大河及主要支流、重点湖泊建立水生态监测网络

提高生态流量监管能力，初步开展我国大江大河及主要支流、重点湖泊等河湖水生态监测网络建设，基本确定各条河流、各个湖泊的生态流量目标。全力保障长江、黄河、珠江、东南诸河及西南诸河干流及主要支流的生态流量，显著提升淮河、松花江干流及主要支流生态流量保障程度，逐步退还海河、辽河、西北内陆河被挤占的河湖生态用水，有效维持太湖、洞庭湖、鄱阳湖等重要湖泊生态水位。

3. 研发水环境和水生态模拟、评价、研判、决策、处置与后评估信息化支撑工具

梳理水环境和水生态监管业务需求，充分利用水雨情、水资源已有信息化基础，研发水环境和水生态系统模拟、评价、研判、决策、处置与后评估等的信息化支撑工具，建立基于监测体系和在线分析的现代化监管业务流程，支撑不同区域"量、质、域、流、生"定量化、精细化、科学化管理。

4. 建立信息采集、存储、共享交换技术标准，保障高效获取和使用

针对水环境和水生态监管中的重点区域、重要对象、关键要素，建立监测与调查的信息采集与汇交、共享制度，明确信息采集与管理的内容与责任主体；建立分区、对象、要素及监测方式等分类的信息采集、存储管理、共享交换等技术标准，指导数据规范化采集与流转，保障数据有效、高效获取和使用。

5. 加强水环境和水生态传感设备与监测技术创新

针对水环境和水生态监测的薄弱环节，跨领域联合多方优势，促进传感设备研制创新，解决水下生境等信息采集瓶颈；提高水量、水质在线监测设备性能，降低成本，促进更大范围量、质信息的动态获取；积极参与国家空间基础设施建设，推动水资源卫星星座规划实施及传感器研发，实现量、质、域等空间信息的同步获取。

第四节　分步推进

一、2020～2025 年

①建立并完善河湖生态流量目标和监管体系；②开展农村水系综合治理试点和经验总结；③开展地下水环境污染成因与风险识别；④对不达标饮用水水源地开展全面整治；⑤开展"山水林田湖草"系统治理试点；⑥建立水域空间结构和功能监控体系；⑦加强重点区域河湖水系连通；⑧建立流域性水利工程生态影响识别与调控机制；⑨以水文站网为基础全面加强水生态监测。

二、2026～2030 年

①形成河湖生态流量调控保障工程技术体系；②全面开展农村水系综合治理和美丽河湖建设；③开展地下水点源污染重点地区修复治理；④推广"山水林田湖草"系统治理经验和模式；⑤推进重要受侵占水域空间结构和功能恢复；⑥开展以中小水利工程为主的河流功能连通性恢复；⑦建立水利工程条件下的生态流域标准与试点；⑧流域面积 5 万 km^{2}以上江河湖泊建立起水生态监测体系。

三、2031～2035 年

①河湖生态流量水量得到常态化保障；②城乡水环境实现宜居宜业宜游；③受人工影响的地下水污染基本得到控制和消除；④饮用水水源地实现全面达标和风险控制；⑤"山水林田湖草"生命共同体全面建立；⑥水域和岸线实现既定结构和功能目标；⑦各流域水利工程与水生态系统实现新的平衡；⑧水生态监测体系和智慧管控平台全面建成。

四、2036～2050 年

①水环境和水生态安全保障的制约因素基本得到消除；②"美丽中国"的山水画卷全面绘成；③各流域/区域实现河湖健康美丽，人水和谐共融；④水环境和水生态安全保障的长效机制得以建立。

第八章 分区域水环境和水生态安全保障措施

本章将全国分为东北地区、黄淮海地区、长江中下游地区、东南沿海地区、西南地区、西北地区六大区域，分区域系统解析其水环境和水生态面临的现状与问题、保护修复格局以及待采取的重大工程及非工程措施。

第一节 东北地区

一、现状与问题

（一）基本现状

东北地区地处中国东北部，地理位置为115°32′E ~ 135°06′E，38°43′N ~ 53°34′N，行政区划包括辽宁、吉林、黑龙江三省和内蒙古自治区东部的四盟（市）及河北省承德市的一部分，土地总面积124万 km²，约占全国土地面积的13%。地貌基本特征为西、北、东三面环山（大小兴安岭、张广才岭、长白山地），南濒渤海和黄海，中、南部形成宽阔的辽河平原、松嫩平原，东北部为三江平原。区内降水相对充沛，植被覆盖率较高，河湖水系众多，主要河流有松花江、辽河（含浑太河）及额尔古纳河、黑龙江干流、乌苏里江、绥芬河、图们江、鸭绿江、东北沿黄渤海诸河等国境边（跨）界河流。

东北地区分布有中国最大的森林资源和沼泽湿地资源，具有重要的水源涵养、物种多样性保护、水域景观维护、物质产品提供等水环境和水生态功能。流域大小兴安岭及长白山地林区是众多江河湖沼的源头，植被繁茂，是巨大的绿色水库，发挥着强大的水源涵养功能；中部广阔的松嫩平原、三江平原、辽河平原，是中国重要的商品粮生产基地，也是中国老工业基地振兴和新型工业增长的主要地区之一。东北地区也是中国最重要的湿地生态区之一，湿地众多、类型多样，生物多样性丰富，共计18处湿地被列入《国际重要湿地名录》。区内森林、草原、湿地、水域相间分布的景观格局为众多野生生物提供了优良的生存环境，水生生物资源较为丰富。

东北地区有沈阳、哈尔滨、长春、大连、鞍山、抚顺、本溪、大庆等主要城市，形成了以沈阳—大连为轴线的辽中南城市群和工业带，以哈尔滨—长春为中心的经济圈。多年来，受工农业发展影响，区内工业废污水和农田退水量较大，水功能区水质达标率低，重化工行业发达且沿江分布的格局存在水环境风险，2005年曾发生松花江水污染事件，辽河流域也被列入全国"三河三湖"重点治理名单。随着《松花江流域水污染防治规划》和《辽河流域水污染防治规划》的实施，流域内各省（自治区）不断加大对松花江、辽河的治理力度，强化重点工业污染源治理、城镇污水处理厂建设和管理，加大农村污染防治整治力度，流域水质状况持续好转，劣V类水体明显减少。近年来，陆续开展了重要河湖水环境治理、水生态文明城市试点建设等工作，有效提升了流域和区域水生态文明建设水平。

（二）存在的主要问题

目前，东北地区仍处于工业化和城镇化转型发展阶段，经济社会发展与水资源保护的矛盾仍然突出，区内森林、草原、湿地的保护格局与域内大中型城市群开发、工农业发展布局相互交错，人类活动干扰强度不断增大，水资源开发利用程度逐渐增高，给流域水环境和水生态保护带来一定影响，仍然存在一定的水环境和水生态问题。

1. 河流水质逐渐好转，但与健康河湖要求仍存在一定差距

2014～2018年，东北地区地表水水质状况持续好转。监测数据表明，与"十二五"末期相比，2018年全年Ⅰ～Ⅲ类水质河长比例上升6.1%，Ⅳ～Ⅴ类水质河长比例下降2.7%，流域重要水功能区达标率提高了12.3%。但是，这与健康河湖要求相比仍存在一定差距，还有相当部分河流的水质存在不达标现象。区内Ⅳ～劣Ⅴ类水质河长比例为28.8%，主要超标项目为氨氮、五日生化需氧量、化学需氧量、高锰酸盐指数、总磷等。流域内50座大中型水库中，符合Ⅳ～Ⅴ类水质的水库有8座，水质状况为轻度污染或中度污染；按营养状态评价，富营养水库32座，占比64.0%。

2. 部分河流生态流量不达标，敏感生态需水保障情况不佳

东北地区水资源时空分布极不均匀，总体上呈现缺水现象，部分河流断流现象时有发生，河流生态流量和敏感生态需水保障情况不佳，流域内生态流量（水量）不满足的河流主要包括西辽河、东辽河、绕阳河、柳河、大凌河、洮儿河、蛟流河、辉发河、饮马河、挠力河等。与松花江流域比较而言，辽河流域生态流量达标率较低，生态基流被人类活动挤占现象更为突出。受河流断流、天然来水减少、人类过度开发利用等因素影响，流域内部分河流敏感期生态需水不能得到满足。平原区地下水开发利用程度较高，哈尔滨、沈阳、通辽、鹤岗等大中型城市地下水均存在着超采现象。

3. 部分饮用水水源地水质尚未达标，区域地下水污染威胁较大

根据评价，松辽流域集中式饮用水水源地水质合格率为78.4%，仍有龙虎泡水源地、下三台水库水源地、卡伦水库水源地、哈达山水库水源地、通辽市科尔沁城区地下水水源地等水质不达标，主要超标项目包括高锰酸盐指数、化学需氧量、铁、锰、氨氮等。流域内平原区地下水存在普遍超标的现象，水质为Ⅳ类和Ⅴ类监测井占比分别为43.75%和37.05%，主要超标项目为总硬度、氨氮、总大肠菌群数、铁、锰、氟离子、亚硝酸盐氮等。其中，氨氮、亚硝酸盐氮等指标超标主要受人类活动影响。区域遭受地下水污染的威胁较大。

4. 河流纵向连通性受损，距良好水生态系统要求差距较大

河流纵向连通性的评价结果表明，东北地区部分河流受自然和人为因素影响，出现断流，河流水生态系统遭到严重破坏，如松花江流域境内的洮儿河、霍林河和新凯河，西辽河流域的西辽河干流、西拉木伦、老哈河、百岔河、阴河、昭苏河和新开河等干支流。部分河流受水利工程建设影响，河流纵向连通性受损，如松花江流域的西流松花江、牡丹江，以及辽河流域的东辽河、浑河、太子河、辽河干流、大凌河等。河流纵向连通性受损将影响流域内珍稀濒危鱼类的栖息、繁殖和洄游。

5. 水域空间被大量侵占，水生生物资源衰退

根据遥感解译，与 20 世纪 80 年代初相比，东北地区水域空间面积明显减少，其中松花江区减少了 45.52%，辽河区减少了 36.02%。松辽流域水域空间整体保留率为 56%，大量天然水域空间被其他的土地利用类型侵占。松花江区的保留率最低，仅为 54.48%，即相较于 1980 年，有将近一半的天然水域空间被侵占。被侵占的区域主要集中在三江平原地区和松嫩平原地区，这主要是因为近几十年松花江流域作为国家的重要粮食基地，大量的河湖、滩地、沼泽湿地区域被开发为耕地。受人类过度捕捞、生境破坏、洄游通道阻隔、水质污染、外来物种入侵等不良因素影响，部分珍稀鱼类濒危或灭绝，流域水生生物资源呈小型化、低龄化等衰退现象。

总体来看，由于长期以来自然和人类活动对河流湖泊的影响，东北地区部分河湖不同程度存在河湖外用水挤占自然生态用水，水环境承载能力降低；建设活动挤占河湖水生态空间导致生境萎缩，水生态环境退化，生态功能减弱等问题；平原区地下水超采导致地面沉降、陆域生态改变、海水入侵等。其中辽河流域由于水资源短缺，河道内生态水量不能保障，地下水超采严重，存在河道断流、局地沙漠化等问题；松花江流域部分河流水资源供需处于紧平衡状态，生产生活与生态争水问题突出，导致沿河及重要湿地萎缩，由于农业开发大量水域空间被侵占，局部地区生态环境问题有待改善；大面积水土流失，侵蚀沟治理等黑土地保护治理力度落后于流域经济社会发展与生态保护要求；受制于经济下行压力，东北各省（自治区）普遍财政紧张，难以承担长期性、大量性、大范围的河湖生态修护和恢复为主综合治理任务，保护恢复任务艰巨。

二、保护修复格局

东北地区是中国重要的商品粮基地、老工业基地、牧业基地和林业基地。近几年国家先后提出重点实施"一带一路"、振兴东北老工业基地、辽中南经济区、长吉图开发开放先导区、哈大齐工业走廊、辽宁沿海经济带等国家和地区发展战略或倡议。这些国家和地区战略或倡议的实施对东北地区的水环境和水生态保护提出更高的要求。以全国及流域内各省区主体功能区规划、水功能区划、生态功能定位为基础，统筹考虑经济社会发展对水资源可持续利用的要求，在相关水资源保护和开发利用规划的基础上，结合生态敏感区及区域经济社会发展布局进行流域水环境和水生态的总体布局。从空间布局来看，流域北部及东部地区以水源涵养和水资源保护为主，保护好源头水，打造中国北方生态屏障；东北部、中部及南部地区以治理保护为主，实施水环境综合治理和水生态保护修复，加快以松花江、辽河和辽河三江口地区为核心的水生态文明建设；西部地区以提高水资源利用效率为主，加强水在生态保护中的核心要素作用，提供河流生态流量保障，遏制西辽河生态环境进一步恶化。

本书在现状调查评价基础上，综合分析流域层面水环境和水生态状况与存在问题，结合当前水生态文明建设、水污染防治、"一带一路"、东北老工业基地振兴等国家发展战略或倡议对水生态安全与水环境保护提出的新要求，面向未来流域水环境和水生态保护的重点与方向，提出构建东北地区"一带、三区、两廊道"的水环境和水生态安全保障格局（图8-1）。

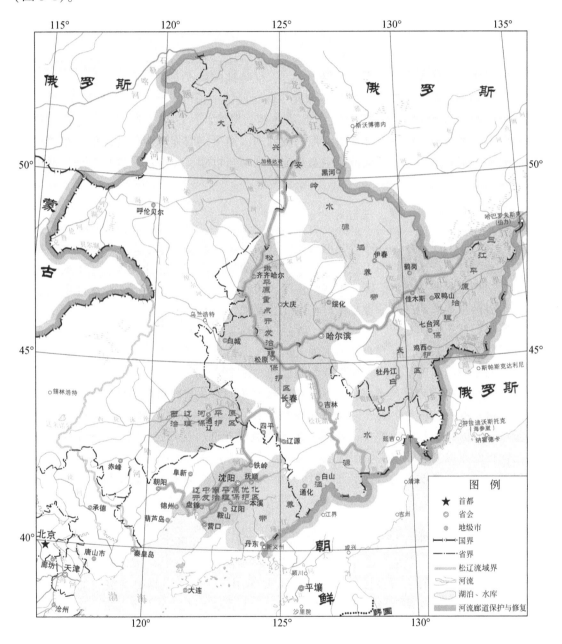

图 8-1　东北地区水环境和水生态安全保障格局分布

（一）一带：大小兴安岭—长白山水源涵养带

大小兴安岭—长白山水源涵养带主要包括国家主体功能区中大小兴安岭、长白山森林水源涵养生态功能区,涉及黑、吉、辽、内蒙古四省(自治区),是松嫩平原和呼伦贝尔草原的生态屏障,也是松花江、海拉尔河、鸭绿江、图们江、绥芬河、浑太河等众多河流的发源地,重点增强河源林区及重要水源地的水源涵养和生态屏障功能,保障供水安全。

(1)大小兴安岭水源涵养带:主要包括国家主体功能区中的大小兴安岭森林水源涵养生态功能区,涉及内蒙古和黑龙江两省(自治区),是松嫩平原和呼伦贝尔草原的生态屏障,也是嫩江、海拉尔河等众多北部寒区河流的发源地,需重点增强河源林区的水源涵养和生态屏障功能,加大森林生态系统保护力度,保障地区供水安全和生态安全。

(2)长白山水源涵养带:主要包括国家主体功能区中长白山森林水源涵养生态功能区和辽东山地森林水源涵养生态功能区,涉及吉林、黑龙江、辽宁三省,是松花江、鸭绿江、图们江、绥芬河、浑太河等众多河流的发源地,需重点增强河源林区及重要水源地的水源涵养和生态屏障功能,开展退化生态系统的恢复与重建,保障地区供水安全,保护生物多样性。

(二)三区:松嫩平原、三江平原、辽河平原治理保护区

松嫩平原、三江平原、辽河平原治理保护区是东北大平原的三个重要组成部分,也是中国重要的粮食主产区和能源工业基地,主要包括哈尔滨长春重点开发区、辽中南优化开发区、三江平原湿地生态功能区。开展哈尔滨、长春、沈阳等重要城市河段水环境综合整治,对城市供水水源地进行治理与保护;以扎龙湿地、向海湿地、莫莫格湿地、查干湖湿地、辽河口湿地、三江湿地、洪河湿地、呼伦湖湿地等重要湿地为保护重点,采取生态调度和补水、河湖水系连通等综合措施加强天然湿地保护与修复;通过退采逐渐恢复三江平原、西辽河平原区域地下水位;加强近海海域的水污染防治。

(1)松嫩平原重点开发治理保护区:该区域位于城市化战略格局中京哈通道纵轴的北端,是以哈尔滨、长春为中心,以大庆、齐齐哈尔、吉林、松原为重要支撑的经济开发走廊的重点开发区,也是中国粮食主产区,包括西流松花江、松花江干流、嫩江的平原区。治理与保护的布局为开展重要城市江段水环境综合整治,并对城市供水水库水源地进行治理与保护;以生态调度与生态补水方式对受损湿地等生态脆弱区进行修复与保护,构建以松花江、嫩江及扎龙、向海、莫莫格、查干湖等重要湿地生态系统为主体的水生态保护格局。

(2)三江平原治理保护区:三江平原包括国家主体功能区中三江平原湿地生态功能区,原始湿地面积大,湿地生态系统类型多样,在蓄洪防洪、抗旱、调节局部地区气候、维护生物多样性、控制土壤侵蚀等方面具有重要作用。三江平原是中国重要的粮食主产区,是中国最大的大规模机械化农业生产基地;三江平原地区煤炭资源丰富,也是中国重要的能源工业基地。三江平原以三江、洪河、挠力河等重要湿地保护为重点,采取生态调度和补水、入河排污口整治等综合措施加强天然湿地保护和修复,协调湿地保护与平原区农业开发关系,加强七台河、鸡西等重要城市的饮用水水源地的保护与治理。

(3)辽中南平原优化开发治理保护区:该区域是东北地区对外开放的重要门户,以构建以沈阳为中心,鞍山、抚顺、本溪、营口、盘锦为支撑的优化开发的经济圈,包括浑河、辽河、太子河等河流。主要治理与保护布局为保障辽河口及双台河口等重要湿地生态

用水，保护河口洄游鱼类；对浑太河沈阳、鞍山、本溪、抚顺、辽阳等城市河段开展水环境综合整治；通过退采逐渐恢复区域地下水位；加强近海海域的水污染防治。

（4）西辽河平原治理保护区：该区域位于内蒙古自治区赤峰东部，坐落在老哈河、西拉木伦河、乌力吉木伦河下游冲积平原。涉及内蒙古自治区的赤峰、通辽，辽宁省的阜新等市，其中90%以上面积在内蒙古自治区境内。区域高耗水、高耗能工业较多，农牧业开发历史较早，土地"三化"严重，流域整体生态环境恶劣，属于生态脆弱区。主要治理与保护布局为利用洪水资源改善西辽河河道水生态环境，加强赤峰、通辽城市段入河排污口整治，实行区域地下水压采，实施内蒙古自治区西辽河流域"量水而行、以水定需"试点工作。

（三）两廊道：松花江、辽河河流生态廊道

松花江河流廊道指包括嫩江、西流松花江、松花江干流生态廊道、辽河河流廊道指辽河、浑太河、凌河等河流生态廊道，是保障流域经济社会发展和水生态安全的命脉。以河流入河排污口整治、河岸带保育与修复、沿江重要湿地保护为重点，开展河流生态综合治理，控制沿岸面源污染；加强流域上下游水资源统一配置和调度，保障重要河流控制断面生态流量及重要沿江湿地、河口湿地生态水量，维系和恢复河流廊道功能；合理调整湿地保护与农业生产、河流治理的关系，限制在河源及干支流开发小水电，适当建立鱼类增殖站进行增殖放流，适时改造水利工程，建设过鱼通道，加强对哲罗鱼、细鳞鱼等冷水鱼类栖息生境的保护。

（1）松花江河流廊道：嫩江干流、西流松花江、松花江干流生态廊道途经齐齐哈尔、吉林、松原、哈尔滨、佳木斯等重工业城市，贯穿松嫩平原、三江平原等全国粮食主产区，沿岸分布有众多沿江湿地，是保障流域经济社会发展和水生态安全的命脉。松花江河流廊道保护与修复的措施主要包括：对沿岸重要城市污染河段开展水环境综合整治，保障重要控制断面生态基流及重要沿江湿地生态需水，对受损河岸带和生物栖息地进行修复，维系和恢复廊道的水生态功能。

（2）辽河河流廊道：辽河、浑太河、凌河生态廊道贯穿辽河平原，承载两岸工农业废污水，途经四平、辽源、铁岭、沈阳、盘锦、营口、锦州等大中型城市。辽河河流廊道保护与修复需要以河流入河排污口整治、河岸带保育与修复、河口湿地保护为重点，开展河流生态综合治理，控制沿岸面源污染，保障重要控制断面生态基流及河口湿地生态需水，恢复河流廊道功能。

三、重大工程措施

（一）水源涵养与生态修复工程

松辽流域内各河流源头区域森林资源极其丰富，是流域重要的天然生态屏障。根据全国主体功能区规划及流域内各省区主体功能区规划，流域内大小兴安岭森林生态功能区、长白山及辽东山地森林生态功能区、辽河上游水源涵养区属于国家级或省级的水源涵养型限制开发区域。这些地区是流域水源涵养工程布局的重点，应推进天然林草保护、实行退耕还林和围栏封育，治理水土流失，维护或重建湿地、森林生态系统，进一步增强河源林区的水源涵养和生态屏障功能。

重点在嫩江、西流松花江等江河源头区，查干木伦河、西拉木伦河、百岔河、老哈河等西辽河支流源头区，以及浑河、太子河等辽东山地区，主要采取围栏封育、退耕还林还草、河岸林草建设等生态保护措施，并配置标志牌，减少人为破坏，保护河源区生态环境和水土资源，实施林草植被建设等重大生态保护与修复工程，统筹山水林田湖草系统治理，提升水源涵养能力，加强河源区湿地保护。

（二）河湖水系连通工程

河湖水系连通工程包括吉林省西部河湖连通供水工程、黑龙江省三江连通工程（规划）、大庆市城区河湖连通工程、哈尔滨市河湖连通水网体系等。通过实施河湖拓浚、引水泵站及涵闸建设等工程连通河湖水系，修复河湖水力联系，并结合水资源配置体系，保障生态环境用水以修复河湖生态环境，营造湿地景观和城市景观，改善区域水质和水生态环境。

（三）湿地生态保护与修复工程

东北地区是中国重要的沼泽湿地集中分布区，拥有多个国际及国家重要湿地。流域内湿地主要分布于三江平原、嫩江下游低平原以及大小兴安岭和长白山地河源区、辽河口地区，在中国乃至国际上均具有重要的地位。受人类活动影响，流域内天然湿地呈现面积萎缩、功能退化的态势。需要从重要湿地生态补水、湿地生境维护、退耕还河还湖工程等方面保护流域湿地资源。

针对部分重要湿地生态需水不足问题，继续实施流域内扎龙湿地、向海湿地、莫莫格湿地、查干湖湿地、呼伦湖湿地、波罗湖湿地、龙凤湿地、双阳河湿地、挠力河湿地等重要湿地补水工程。通过各项补水渠道建设和水资源合理配置满足流域内重要湿地的生态用水要求。

针对部分重要湿地生境破碎，湿地功能退化问题，提出湿地生态保护工程，对吉林松花湖湿地、辽宁卧龙湖湿地、黑龙江大兴凯湖湿地、内蒙古呼伦湖湿地、荷叶花湿地、小河沿湿地，实行湿地封育、恢复与生境保护工程，或进行清淤、退耕还湿、植被隔离带建设，恢复湖滨天然湿地。

在西流松花江下游、饮马河、东辽河二龙山水库上游等河段实施河滨带封育、退耕还林、还草还河工程，恢复河滨天然湿地。

（四）水利设施生态化改造工程

为保护流域内的冷水性和洄游性鱼类资源，维护大麻哈鱼、鲟、鳇鱼、哲罗鱼、细鳞鱼、七鳃鳗等国家保护鱼类的洄游通道，应在流域内重要河段设置禁渔期、禁渔区，并限制拦河闸坝等水利工程设施建设。对已建的水利工程实施生态化改造。例如，西流松花江丰满水电站重建工程配套建设过鱼设施、黑龙江省嫩江北引渠首建设过鱼设施、西流松花江哈达山水利枢纽建设鱼道工程（规划）、辽宁省双台子河闸鱼道建设工程（规划）、珲春河老龙口鱼道改造工程（规划）等。

（五）河湖水系综合整治工程

河湖水系综合整治工程较为复杂，涉及河岸带保护与修复、人工湿地营造、河道清淤与整治、入河排污口整治、城市拦河坝（橡胶坝）建设、灌区生态沟渠建设工程等多项内容。结合流域水环境和水生态状况，主要在辽河干流、浑太河、东辽河、浑江、大小凌河、饮马河、伊通河、牡丹江、汤旺河、海浪河、乌裕尔河、拉林河、伊敏河、穆棱河、呼伦湖、查干湖等河湖开展水环境和水生态综合治理，涉及河岸带封育封禁及退耕管理、生态林带建设、河岸带生态护坡、支流口生态湿地建设、河道生态清淤与整治、入河排污口整治等具体内容，工程沿河湖呈线性分布（图 8-2）。

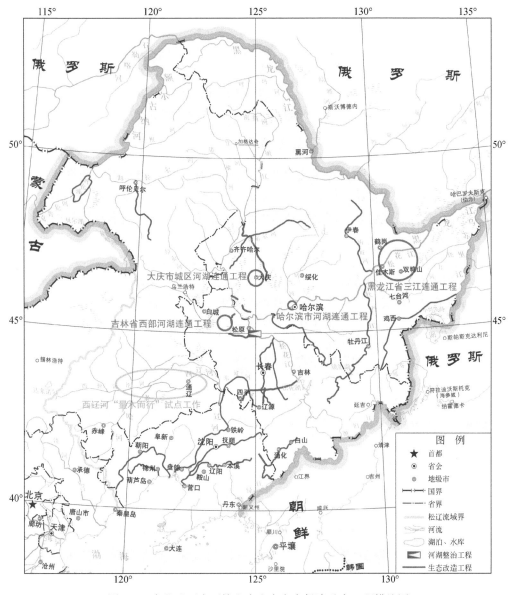

图 8-2　东北地区水环境和水生态安全保障重大工程措施图

四、重要非工程措施

（一）生态需水保障

贯彻落实最严格水资源管理制度，全面推进节水型社会建设，考虑东北地区冰冻期河流生态用水需求，将河湖生态需水保障作为水资源配置和管理的重要内容。通过加强水资源和水工程统一调度，实施河湖调水引流、生态补水及限制性取水等措施，强化常态化监测和监管，确保河流水系的水流连续性，促进水体自我调节功能的恢复。完善西辽河等水资源短缺河流的水量调度管理，开展内蒙古西辽河流域"量水而行"以水定需试点工作。

（二）水生态补偿

对流域内主要江河源头区、集中式饮用水水源地、重要河流敏感河段、水土流失重点预防区等地区，按照"谁受益谁补偿"的公平发展原则，建立国家主导、社会参与、各有关部门和地区联合的生态补偿体系与机制，促进生态保护与修复。

（三）水生态监测、评价与信息化建设

通过建设生态监测站、自动站和监测断面的形式对主要河湖水生态状况进行全面监测，同时建立水生态分析系统，实现高效、准确的数据传输，满足对水生态实时监测和远程监控的要求。构建松辽流域河湖健康评价体系，保持河湖系统的自我维持与更新。

（四）鱼类栖息地保护

将流域内国家级水产种质资源保护区和鱼类自然保护区河段作为鱼类天然生境保留河段，禁止河道采砂、设置排污口等行为，控制小水电的开发，设置常年禁渔区，进行土著鱼类栖息地生态修复。统筹干支流开发，保障基本生态空间。

第二节　黄淮海地区

一、现状与问题

（一）黄河流域

1. 基本现状

1）自然地理概况

黄河发源于青藏高原巴颜喀拉山北麓的约古宗列盆地，流经青海、四川、甘肃、宁夏、内蒙古、陕西、山西、河南、山东9省（自治区），在山东省东营市垦利区注入渤海，干流全长为5464km，是中国的第二长河，流域面积为79.5万 km^2，约占全国土地面积的

8.3%（图8-3）。

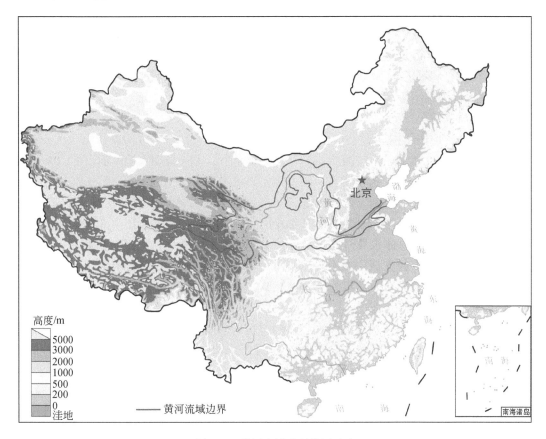

图8-3　黄河流域地理位置示意

黄河流域西起巴颜喀拉山，东临渤海，北抵阴山，南达秦岭，横跨青藏高原、内蒙古高原、黄土高原和华北平原四个地貌单元，西部高，东部低，完整横跨中国三级阶梯。按照地质、地貌、河流特性和治理开发划分，内蒙古托克托县河口镇以上为黄河上游，唐乃亥以上为黄河源区，河口镇至河南郑州桃花峪为黄河中游，桃花峪以下为黄河下游，利津以下为黄河河口段。

黄河流域属季风性大陆性气候，大部位于干旱和半干旱地区，东南部基本属湿润气候，中部属半干旱气候，西北部为干旱气候。流域多年平均降水量为446mm。流域内大部分地区旱灾频繁，历史上曾经多次发生遍及数省、连续多年的严重旱灾，危害极大。

2）水沙资源情况

黄河支流众多，其中集水面积大于1000km²的一级支流有76条，大于1万km²的一级支流有10条，分别为渭河、汾河、湟水、无定河、洮河、伊洛河、大黑河、清水河、沁河、祖厉河。黄河年均天然河川径流量为534.8亿m³，约占全国河川径流总量的2%，居中国七大江河的第四位。流域人均占有河川径流量为473m³，占全国人均河川径流量的23%。实际扣除调往外流域的100多亿立方米水量后，流域内人均和耕地亩均水量则更少。受季风影响，黄河河川径流呈现年际变化大、年内分配集中、连续枯水段长等特点，此外，黄河河川径流约60%来自兰州以上河段，是黄河水量的集中来源区（水利部黄河水利委员会，2013）。

黄河中游的黄土高原是中国乃至全世界水土流失最严重区域之一，多年均实测输沙量为11.2亿t，平均含沙量达31.3kg/m³（三门峡站，1956~2000年），在国内外大江大河中居首位。水少沙多是黄河复杂难治的症结所在。黄河大部分水量来自上游，大部分泥沙来自中游，水沙关系不协调是黄河下游淤积、改道的根源所在。

3）环境质量情况

根据《2019年中国生态环境状况公报》，黄河流域现状存在轻度污染，主要污染指标为氨氮、化学需氧量和总磷。监测的137个水质断面中，Ⅰ~Ⅲ类水质断面占73.0%，比2018年上升6.6个百分点；劣Ⅴ类占8.8%，比2018年下降3.6个百分点。其中，干流水质为优，支流主要为轻度污染。依据2020年全国地表水、环境空气质量状况，1~12月黄河流域Ⅰ~Ⅲ类水质断面占80%左右，较2019年水质优良比有所上升。另外，分析近10年黄河流域水质状况，总体水质呈好转趋势，Ⅰ~Ⅲ类水质断面占比逐步提高，劣Ⅴ类占比逐步下降。污染严重的支流主要有湟水、汾河、窟野河、延河、清涧河、渭河、泾河、涑水河、皇甫川等，部分断面常年为Ⅴ~劣Ⅴ类。

4）地下水资源情况

根据《全国主体功能区规划》，黄河流域水资源短缺，能源及矿产资源丰富，分布有兰州—西宁、关中—天水、呼包鄂榆、中原城市群等重点开发区，宁蒙灌区、汾渭平原等农产品主产区，水资源刚性需求强烈，造成地表水资源开发利用高达80%，平原区地下水超采近10亿m³，跨界平原区重点区域超采严重，晋陕蒙煤炭开采区地下含水层被疏干，平原区生态退化和地面沉降、地下水漏斗、土地沙化等环境问题突出，采矿排水对地下水资源量和质均产生了显著影响，现状地下水污染形势严峻，地下水资源水质不合格率高达70%以上，威胁流域水安全、粮食安全和生态安全，制约流域生态保护和高质量发展。

5）生态环境概况

受地形地貌、气候类型多样影响，黄河流域生态系统类型多样，涵盖暖温带湿润半湿润落叶阔叶林、温带半干旱草原、荒漠草原和青藏高原高山草原高寒草甸等自然生态系统类型以及城市生态系统和农业生态系统两种人工与半自然生态系统（中国植被编辑委员会，1995）。依据影响生态系统的主要因素，可将黄河划分为四个生态区——源区高寒草甸生态区、宁蒙河套平原灌溉农业生态区、黄土高原水土流失敏感生态区及黄河下游河道敏感生态区。

黄河自身多泥沙及摆动频繁的特点，形成了黄河流域相对丰富的湿地资源。主要分布于黄河源区、若尔盖草原区、宁夏平原区、内蒙古河套平原区、毛乌素沙地、小北干流、三门峡库区、下游河道及河口三角洲等区域。黄河源区湿地占流域湿地总面积的40.9%，占源区总面积的8.4%，是流域重要水源涵养地，对维持国家生态安全具有重要意义，并划定了三江源、若尔盖等湿地自然保护区，是源区生态保护的重点。上游河道外湿地主要包括宁夏平原湿地、内蒙古平原湿地，位于西北干旱半干旱区，湿地水源主要通过引黄灌溉退水补给，大部分为人工和半人工湿地。黄河干流沿黄湿地属洪漫湿地，具有蓄水滞洪、保护生物多样性、净化水质等功能，湿地布局与黄河水文情势变化密切相关，沿黄洪漫湿地具有动态性、季节性、受人类活动干扰强等特点。黄河河口湿地是中国主要江河河口中最具重大保护价值的生态区域之一，是东北亚内陆和环西太平洋鸟类迁徙的中转站、越冬地和繁殖地，在中国生物多样性保护和湿地研究中占有非常重要的地位。受河口水沙冲淤变化、入海流路摆动等影响，黄河河口湿地具有动态演变特点。

黄河流域独特的地理位置、特殊的水沙条件以及复杂的经济社会背景、强烈人类活动干扰使黄河流域生态环境具有生态类型丰富、生态环境脆弱、生态地位重要等特征。一方面，黄河流域生态类型十分丰富。黄河流域横跨三大地形阶梯，跨越干旱、半干旱、半湿润等多个气候带和温带、暖温带等多个温度带，地貌类型多样，形成了极为丰富的流域生境类型和河流沿线各具特色的生物群落。加之流域农业生产历史悠久，社会背景复杂，人类活动频繁，流域生态环境深受人类活动影响。黄河流域从河源区到河口区随高度梯度、水分梯度、人类活动强弱等形成了丰富多样的生态类型。其中黄河源区位于青藏高原，高寒湿地广泛发育，具有重要水源涵养功能，生物区系和生态系统类型独特，特有物种丰富；黄河上游处于青藏高原与黄土高原及内蒙古高原过渡区，以草原生态系统、农业生态系统、荒漠生态系统为主，区域内湖泊湿地生境条件独特。沿黄地带是中国重要的农业生产基地，以农田生态系统为主；黄河中下游地区农田生态系统、人工生态系统特征明显，由于河流泥沙含量大，黄河中下游平原河段河道宽浅，摆动频繁，形成大面积的河漫滩湿地和河口三角洲湿地。

但另一方面，黄河生态环境极为脆弱。黄河流域大部分地区位于干旱、半干旱地区，水资源贫乏，供需矛盾突出，而水沙关系不协调和水污染严重加剧了流域水资源短缺，制约了流域生态系统发育。同时，黄河流域人类开发活动历史悠久，干扰频繁，流域生态环境深受人类开发活动的影响，对水土资源开发响应强烈。黄河流域是中国生态脆弱区分布面积最大、脆弱生态类型最多、生态脆弱性表现最明显的流域之一。根据《全国生态脆弱区保护规划纲要》，中国有八大生态脆弱区，其中黄河流域主要分布有青藏高原复合侵蚀带、西北荒漠绿洲交接带、北方农牧交错带、沿海水陆交错带四大生态脆弱区。流域内黄土高原地区水土流失面积为 45.17 万 km^2，其中年平均侵蚀模数大于 8000t/km^2 的面积约为 8.5 万 km^2。黄河流域生态环境十分脆弱，资源环境承载能力低。

黄河贯穿了中国青藏高原、黄土高原、华北平原、环渤海地区，是连接中国西北、华北、渤海之间的重要生态廊道，黄河流域在中国"两屏三带"为主体的生态安全战略格局占据重要位置，是青藏高原生态屏障、黄土高原—川滇生态屏障和北方防沙带的重要组成部分，是中国西北地区重要的生态屏障，对于维持中国华北、西北地区水资源安全和生态安全具有重要意义。根据《全国主体功能区规划》，黄河流域分布有三江源草原草甸湿地生态功能区等 5 个国家重点生态功能区，其中 4 个是水源涵养型；根据《全国生态功能区划》，黄河流域分布有三江源水源涵养重要区等 6 个全国重要生态功能区，其中 4 个是水源涵养型。黄河流域水资源贫乏，具有水源涵养功能的重点生态功能区在维持流域水资源安全中地位特殊（孙鸿烈和张荣祖，2004）。

2. 存在的主要问题

黄河流域水资源短缺，生态环境脆弱，人类活动干扰强烈，水土资源开发过度，加上气候变化因素的影响，水资源量持续减少，重要河湖生态水量短缺，水污染严重，水生生境破坏，水生态恶化趋势尚未得到有效遏制。

1）水资源供需矛盾突出，生态环境失衡态势不断发展

黄河流域水资源供需矛盾突出，经济社会发展用水严重挤占河道生态环境用水。由于经济社会的快速发展，黄河流域地表水资源开发利用率已达70%，支流窟野河、汾河、沁河等水资源开发利用率已高达80%以上，流域现状供水量已超过水资源承载能力，黄河水量特别是枯水年的水量远不能满足生活、生产、生态用水需求，生态用水保障严重不足，导致湿地萎缩、栖息地破坏、河流生态功能退化等生态环境问题。

黄河源区出现了草地退化、湿地萎缩、土地沙化和水土流失等一系列生态问题。20世纪70年代以来，黄河源区草地生态系统发生严重退化（徐田伟等，2020），水土流失、水源涵养功能下降、碳汇功能丧失（王聪等，2019），加剧了生态环境的恶化。与20世纪80年代相比，河源区永久性冰川雪地面积减少52%，高覆盖度草地面积减少5.2%。2000年以来，黄河源区生态环境质量得到逐步改善，有效遏制了三江源地区草原退化、草地沙化的趋势。黄河源区草地面积达10.4万km²，与2000年相比增加了11.4%，森林面积达0.92万km²，比2000年增加了2.6%。但受自身气候和地貌条件以及人类活动的影响，黄河源区局部地区土地沙化、湿地萎缩的状况仍未得到根本改变，冰川、冻土、林草地等水源涵养单元的分布格局尚不稳定，现状水源涵养能力仍然偏低（郜国明等，2020）。

20世纪80年代以来，黄河出现了举世瞩目的断流和生态破坏问题，断流使原本脆弱的流域和黄河生态系统遭受了严重的损害，河流生态功能退化，水体自净能力下降，黄河下游河道湿地及漫滩湿地分别减少46%、34%；河口出现了淡水湿地萎缩（减少50%）、生物多样性减少、海水入侵、土壤盐渍化加重、近海生态恶化等生态环境问题。为遏制流域生态环境不断恶化的趋势，1993年开始实施黄河水量统一调度、调水调沙及生态调度等系列实践活动，在一定程度上缓解了下游因水资源失衡所产生的生态恶化趋势，实现了河流湿地、鱼类栖息地、沿岸地下水的基本保护。与90年代相比，黄河下游生态基流满足程度提高了47%，水功能区达标率由1999年20%提高至100%，河道湿地面积增加了6.4%，河漫滩湿地面积增加了14.3%，鱼类种类由原来的16种增加到63种（连煜等，2011）。

2）水沙关系不协调，河流健康状况受到严重威胁

黄河是多泥沙河流，水沙关系不协调是黄河的基本特性。随着水利水保等治黄措施的作用不断显现，水沙关系向逐渐协调的方向发展，但仍未达到协调的水沙关系，水沙关系不协调特性将长期存在（张金良，2020）。随着流域社会经济的快速发展、人类活动的日益加剧以及气候的变化，黄河流域来水来沙量及过程大幅改变，本来已经不协调的水沙关系进一步恶化，水沙过程发生了重大变异，水文情势及水动力学条件发生了较大改变，导致黄河内蒙古河段、小北干流河段、下游等河段河道淤积萎缩严重，功能性断流与水患并存，洪水、凌汛威胁依然严重，产生了明显的水生态、水环境问题，导致湿地萎缩、栖息地退化、水质恶化等问题，甚至出现了部分河段河流生态系统逆向演替与失衡现象。

3）生态环境脆弱，水土流失防治任务艰巨

经过多年的治理，黄土高原局部地区生态环境得到了改善，但水土流失面广量大，防治任务依然艰巨，生态恶化的趋势尚未得到有效遏制。目前，还有一半以上的水土流失面

积没有治理，且未治理部分水土流失强度大、自然条件更加恶劣、治理难度更大，尤其是黄河中游多沙粗沙区治理进展缓慢，生态环境改善和减沙效果不明显，对黄河下游防洪和人民生命财产安全构成严重威胁。

4）城市河段水质污染严重，流域供水安全受到威胁

支流水污染严重、干流水质存在风险。流域排污相对集中，主要纳污河段以约35%的水环境承载能力接纳了流域约90%的入河污染负荷，尤其是西宁、银川、西安、太原等城市河段入河污染物严重超过水环境承载能力，造成了典型的河流跨界污染问题。黄河中上游能源重化工基地工业企业排污集中，宁蒙灌区、汾渭平原等农产品主产区农业及农村面源污染凸显，灌区退水、汾河、延河等入黄水质长期为Ⅴ～劣Ⅴ类，湟水、渭河、窟野河等支流水质难以达标，干流水质存在污染风险。部分河段饮用水水源地和排污口交互布局，重要饮用水水源监督性及应急性监测十分薄弱，流域饮水安全受到威胁。突发水污染事件协作机制、重要饮用水水源地达标建设评估制度尚未建立。

5）部分平原区地下水超采严重，浅层地下水水质受到污染

部分地区地下水开采量超过地下水可利用量。黄河流域宁夏、陕西、山西、河南部分地区地下水超采，地下水超采量约为8.61亿 m³，超采面积达1.96万 km²，占流域面积的2.5%，部分地区地下水位持续下降，降落漏斗迅速扩展，诱发出地面沉降、地裂缝、地面塌陷等一系列的环境地质问题。

地下水水质安全受到严重威胁。流域现状地下水Ⅳ、Ⅴ类水占流域评价面积的48.1%，部分平原地区由人类活动引起污染的河川径流补给、降水地表径流污染下渗导致浅层地下水污染比较严重，尤其是浅层地下水水源地水质存在氨氮、化学需氧量等因子超标问题，供水水源受到严重威胁。

局部地区矿产资源开发破坏地下水天然下垫面条件，对河川径流产生一定影响。矿产资源开采排水打破了地下水原有的自然平衡，改变了地下水原有的补、径、排条件，导致含水层疏干、地下水位下降、水井干枯、泉水出流位置发生转移，造成采空塌陷、地表开裂、水质污染、水量减少、生态环境恶化，改变了地下水系统对径流的调蓄作用。

（二）淮河流域

1. 基本现状

1）自然地理

淮河流域地处中国东部，位于东经111°55′～121°20′，北纬30°55′～36°20′，西起桐柏山、伏牛山，东临黄海，南以大别山、江淮丘陵、通扬运河及如泰运河南堤与长江流域分界，北以黄河南堤和沂蒙山脉与黄河流域毗邻。流域跨鄂、豫、皖、苏、鲁五省47个市，190个县（市），流域（含山东半岛）面积为33万 km²，约占全国土地面积的3.4%。淮河流域地形总体由西北向东南倾斜，淮南山丘区、沂沭泗山丘区分别向北和向南倾斜。流域西、南、东北部为山丘区，面积约占流域总面积的1/3；其余为平原（含湖泊和洼地），面积约占流域总面积的2/3。

淮河流域地处中国南北方气候过渡带。淮河以北属暖温带半湿润季风气候区，淮河以南属亚热带湿润季风气候区，流域内自北往南形成了暖温带向亚热带过渡的气候类型，冷

暖气团活动频繁，降水量变化大。

淮河流域自然植被分布具有明显的地带性特点。伏牛山区及偏北的泰沂山区主要为落叶阔叶-针叶松混交林；中部的低山丘陵主要为落叶阔叶-常绿阔叶混交林；南部大别山区主要为常绿阔叶-落叶阔叶-针叶松混交林，并夹有竹林，山区腹部有部分原始森林。平原区除苹果、梨、桃等果树林外，主要为刺槐、泡桐、白杨等零星树林；滨湖沼泽地有芦苇、蒲草等。栽培植物的地带性更为明显，淮南及下游平原水网区以稻、麦（油菜）为主，淮北以旱作物为主，有小麦、玉米、棉花、大豆和红薯等。

2）水资源量

降水量：2018 年淮河片年降水量为 500～1800mm。其中，淮河流域大部分地区年降水量在 600～1600mm，大于 1600mm 的高值区主要分布在大别山区梅山水库、佛子岭水库周边地区，小于 600mm 的低值区分布在河南省许昌市、郑州市、开封市及平顶山市等地区。山东半岛年降水量在 500～1200mm，大部分地区年降水量在 600～1000mm，大于 1000mm 的高值区主要在日照市北部、临沂市东北部、潍坊市中西部以及东营市南部部分地区，小于 600mm 的低值区主要在烟台市西北部沿海地区。2018 年淮河片年降水量为 925.2mm，折合降水总量为 3052.87 亿 m³，比常年（多年平均）偏多 10.3%，比上年偏多 5.8%。其中淮河流域年降水量为 943.1mm，折合降水总量为 2536.21 亿 m³，比常年偏多 7.8%，比上年偏多 1.3%。淮河流域中，湖北省平均降水量为 872.0mm，比常年偏少 22.6%；河南省平均降水量为 816.9mm，比常年偏少 3.0%；安徽省平均降水量为 1180.0mm，比常年偏多 25.1%；江苏省平均降水量为 1003.1mm，比常年偏多 6.1%；山东省平均降水量为 775.1mm，比常年偏多 3.8%。山东半岛平均降水量为 846.3mm，折合降水总量为 516.67 亿 m³，比常年偏多 24.7%，比上年偏多 34.7%。

地表水资源量：2018 年淮河片天然年径流深 233.3mm，年径流量 769.94 亿 m³，较常年偏多 13.7%，较上年偏多 10.0%。其中，淮河流域天然年径流深 246.2mm，年径流量 662.06 亿 m³，较常年偏多 11.3%，较上年偏多 2.6%。山东半岛天然年径流深 176.7mm，年径流量 107.88 亿 m³，较常年偏多 31.4%，较上年偏多 97.3%。从各分区年径流深分布看，沂沭泗河区年径流深 162.6mm，为最小，淮河上游区 302.0mm，为最大。

地下水资源量：2018 年淮河片地下水资源量为 431.77 亿 m³，较常年偏多 8.7%，较上年偏多 3.0%，其中平原区浅层地下水资源量为 305.98 亿 m³。淮河流域地下水资源量为 360.43 亿 m³，较常年偏多 6.6%，较上年偏少 2.4%，其中平原区浅层地下水资源量 276.54 亿 m³。山东半岛地下水资源量为 71.33 亿 m³，较常年偏多 21.1%，较上年偏多 42.9%，其中平原区浅层地下水资源量为 29.00 亿 m³。

水资源总量：2018 年淮河片水资源总量为 1028.70 亿 m³，较常年偏多 12.9%，较上年偏多 7.3%，径流系数为 0.25，径流模数为 23.3 万 m³/km²。淮河流域水资源总量为 887.01 亿 m³，较常年偏多 11.7%，较上年偏多 0.7%，径流系数为 0.26，径流模数为 24.6 万 m³/km²。山东半岛水资源总量为 141.69 亿 m³，较常年偏多 21.1%，较上年偏多 82.2%，径流系数为 0.21，径流模数为 17.7 万 m³/km²。

3）水资源开发利用

供水量：2018 年淮河片各类供水工程总供水量为 615.70 亿 m³，比上年减少 0.1%。其中地表水源供水 451.10 亿 m^3，占总供水量的 73.3%；地下水源供水 150.06 亿 m^3，占 24.4%；其他水源供水 14.54 亿 m^3，占 2.4%。在地表水源供水量中，跨流域调水 106.22 亿 m^3，占地表水源供水量的 23.5%。另有海水直接利用量 113.02 亿 m^3 未计入总供水量中。2018 年淮河流域各类供水工程总供水量 549.08 亿 m^3，比上年减少 0.3%。其中地表水源供水 411.34 亿 m^3，占总供水量的 74.9%；地下水源供水 125.74 亿 m^3，占 22.9%；其他水源供水 12.00 亿 m^3，占 2.2%。跨流域调水 84.41 亿 m^3，占地表水源供水量的 20.5%。另有海水直接利用量 67.61 亿 m^3 未计入总供水量中。2018 年山东半岛各类供水工程总供水量 66.62 亿 m^3，比上年增加 1.5%。其中地表水源供水 39.76 亿 m^3，占总供水量的 59.7%；地下水源供水 24.32 亿 m^3，占 36.5%；其他水源供水 2.54 亿 m^3，占 3.8%。跨流域调水 21.81 亿 m^3，占地表水源供水量的 54.9%。另有海水直接利用量 45.41 亿 m^3 未计入总供水量中。

用水量：根据《淮河片水资源公报 2018》，2018 年淮河片总用水量为 615.70 亿 m^3，比上年减少 0.1%。在用水构成中，农田灌溉用水 365.37 亿 m^3，占总用水量的 59.3%；林牧渔畜用水 41.55 亿 m^3，占 6.7%；工业用水 90.53 亿 m^3，占 14.7%；城镇公共用水 20.57 亿 m^3，占 3.3%；居民生活用水 72.10 亿 m^3，占 11.7%；生态环境用水 25.57 亿 m^3，占 4.2%。2018 年淮河流域总用水量 549.08 亿 m^3，比上年减少 0.3%。其中农田灌溉用水 340.17 亿 m^3，占总用水量的 62.0%；林牧渔畜用水 36.18 亿 m^3，占 6.6%；工业用水 75.81 亿 m^3，占 13.8%；城镇公共用水 16.56 亿 m^3，占 3.0%；居民生活用水 59.45 亿 m^3，占 10.8%；生态环境用水 20.92 亿 m^3，占 3.8%。2018 年山东半岛总用水量 66.62 亿 m^3，比上年增加 1.5%。其中农田灌溉用水量 25.20 亿 m^3，占总用水量的 37.8%；林牧渔畜用水 5.37 亿 m^3，占 8.1%；工业用水 14.73 亿 m^3，占 22.1%；城镇公共用水 4.02 亿 m^3，占 6.0%；居民生活用水 12.66 亿 m^3，占 19.0%；生态环境用水 4.65 亿 m^3，占 7.0%。

用水指标：根据淮河片经济社会资料对各项用水指标进行分析，2018 年淮河片人均用水量为 301.57m^3，万元 GDP（当年价）用水量为 47.68m^3，农田灌溉亩均用水量为 225.42m^3，城镇生活人均日用水量为 114.10L，农村生活人均日用水量为 75.68L，万元工业增加值（当年价）取用水量为 18.43m^3。2018 年淮河流域人均用水量为 335.79m^3，万元 GDP（当年价）用水量为 64.80m^3，农田灌溉亩均用水量为 243.24m^3，城镇生活人均日用水量为 117.81L，农村生活人均日用水量为 79.10L，万元工业增加值（当年价）取用水量为 23.38m^3。2018 年山东半岛人均用水量为 163.91m^3，万元 GDP（当年价）用水量为 15.01m^3，农田灌溉亩均用水量为 113.34m^3，城镇生活人均日用水量为 101.61L，农村生活人均日用水量为 58.23L，万元工业增加值（当年价）取用水量为 8.82m^3。

4）水环境现状

A. 主要河流水质状况

淮河流域：2018 年全年期评价河长 20 991.8km。其中 Ⅰ 类水河长 148.4km，占 0.7%；Ⅱ 类水河长 3710.5km，占 17.7%；Ⅲ 类水河长 9331.2km，占 44.5%；Ⅳ 类水河长 4849.0km，占 23.1%；Ⅴ 类水河长 1891.0km，占 9.0%；劣 Ⅴ 类水河长 1061.7km，占 5.0%。汛期评价河长 20 832.8km。其中 Ⅰ 类水河长 182.6km，占 0.9%；Ⅱ 类水河长

2904.8km，占 13.9%；Ⅲ类水河长 7450.9km，占 35.8%；Ⅳ类水河长 7106.8km，占 34.1%；Ⅴ类水河长 2266.1km，占 10.9%；劣Ⅴ类水河长 921.6km，占 4.4%。非汛期评价河长 20 907.8km。其中Ⅰ类水河长 128.4km，占 0.6%；Ⅱ类水河长 4568.5km，占 21.9%；Ⅲ类水河长 8674.3km，占 41.5%；Ⅳ类水河长 4222.5km，占 20.2%；Ⅴ类水河长 1447.0km，占 6.9%；劣Ⅴ类水河长 1867.1km，占 8.9%。

山东半岛：2018 年全年期评价河长 3440.1km。其中Ⅰ类水河长 38.8km，占 1.1%；Ⅱ类水河长 647.1km，占 18.8%；Ⅲ类水河长 970.7km，占 28.2%；Ⅳ类水河长 827.2km，占 24.0%；Ⅴ类水河长 374.5km，占 10.9%；劣Ⅴ类水河长 581.8km，占 17.0%。汛期评价河长 3433.0km。其中Ⅱ类水河长 656.7km，占 19.1%；Ⅲ类水河长 939.1km，占 27.4%；Ⅳ类水河长 882.6km，占 25.7%；Ⅴ类水河长 458.5km，占 13.4%；劣Ⅴ类水河长 496.1km，占 14.4%。非汛期评价河长 3399.0km。其中Ⅰ类水河长 124.0km，占 3.6%；Ⅱ类水河长 398.8km，占 11.7%；Ⅲ类水河长 1250.7km，占 36.8%；Ⅳ类水河长 614.6km，占 18.1%；Ⅴ类水河长 328.8km，占 9.7%；劣Ⅴ类水河长 682.1km，占 20.1%。

B. 重点水库水质状况

根据河南、安徽、江苏、山东四省 2018 年监测资料，对 75 座大中型水库（淮河流域 42 座，山东半岛 33 座）进行全年期、汛期和非汛期水质评价，评价结果如下。

全年期水质：评价的 75 座水库中，水质为Ⅱ类的水库 27 座，占 36.0%；Ⅲ类水水库 42 座，占 56.0%；Ⅳ类水水库 5 座，占 6.7%；劣Ⅴ类水水库 1 座，占 1.3%。

汛期水质：评价的 75 座水库中，水质为Ⅱ类的水库 23 座，占 30.7%；Ⅲ类水水库 44 座，占 58.7%；Ⅳ类水水库 7 座，占 9.3%；劣Ⅴ类水水库 1 座，占 1.3%。

非汛期水质：评价的 75 座水库中，水质为Ⅱ类的水库 27 座，占 36.0%；Ⅲ类水水库 42 座，占 56.0%；Ⅳ类水水库 4 座，占 5.3%；劣Ⅴ类水水库 2 座，占 2.7%。

对 4~9 月水库营养化状况进行评价，2018 年淮河片评价的 75 座水库中，中营养水库 33 座，轻度富营养水库 41 座，中度富营养水库 1 座。

C. 重点湖泊水质状况

2018 年，淮河片评价的重点湖泊共 26 个，其中安徽省 13 个，江苏省 7 个，山东省 6 个，各省湖泊水质情况如下。

安徽省：安徽省评价的湖泊为八里湖、焦岗湖、城西湖、城东湖、瓦埠湖、高塘湖、天河湖、四方湖、沱湖、天井湖、龙子湖、女山湖和七里湖共 13 个湖泊，评价湖泊面积 1025.4km²，其中全年期水质为Ⅲ类的湖泊面积 150.0km²，占 14.6%；水质为Ⅳ类的湖泊面积 762.5km²，占 74.4%；水质为Ⅴ类的湖泊面积 105.9km²，占 10.3%；水质为劣Ⅴ类的湖泊面积 7.0km²（天井湖），占 0.7%。主要超标项目为总磷和五日生化需氧量。

江苏省：江苏省评价的湖泊为洪泽湖、白马湖、高邮湖、邵伯湖、大纵湖、宝应湖和骆马湖共 7 个湖泊，评价湖泊面积 4326.4km²，其中全年期水质为Ⅲ类的湖泊面积 253.1km²，占 5.9%；水质为Ⅳ类的湖泊面积 3557.0km²，占 82.2%；水质为Ⅴ类的湖泊面积 516.3km²，占 11.9%。主要超标项目为总磷。

山东省：山东省评价的湖泊为南四湖上级湖、南四湖下级湖、大明湖、白云湖、麻大湖、芽庄湖共 6 个湖泊，评价湖泊面积 1288.6km²，其中全年期水质为Ⅲ类的湖泊面积 1283km²，占 99.6%；Ⅳ类水湖泊面积 5.6km²，占 0.4%。

对 4~9 月湖泊营养化状况进行评价，除山东省的麻大湖、芽庄湖为中营养外，其余湖泊均介于轻度富营养及中度富营养之间。

D. 水功能区达标状况

采用全因子评价（评价项目 22 项），2018 年淮河片 339 个全国重要江河湖泊水功能区中，有 138 个水功能区水质达标，达标率为 40.7%，比 2017 年上升了 6.8 个百分点；水功能区评价河长 11 057.2km，达标河长 5188.4km，占 46.9%；评价湖泊面积 6031.8km²，达标面积 1266.0km²，占 21.0%；评价水库蓄水量 50.7 亿 m³，达标蓄水量 15.7 亿 m³，占 31.0%。

各省水功能区水质达标情况如下：湖北省 2 个水功能区，水质全部达标；河南省 96 个水功能区中，有 43 个水质达标，占 44.8%；安徽省 80 个水功能区中，有 22 个水质达标，占 27.5%；江苏省 96 个水功能区中，有 38 个水质达标，占 39.6%；山东省 65 个水功能区中，有 33 个水质达标，占 50.8%。

与 2017 年比较，2018 年淮河区全国重要江河湖泊水功能区全因子水质达标率上升 6.8 个百分点。流域各省中，河南省、江苏省和山东省水质达标率有所上升，安徽省水质达标率略有下降。

E. 主要城镇实测入河排污量情况

2018 年淮河水利委员会组织流域水利部门对流域片 204 个城镇 2576 个入河排污口废污水排放量进行了监测，根据各省监测资料统计，废污水入河排放量为 87.37 亿 t，主要污染物质化学需氧量和氨氮入河排放量分别为 26.71 万 t 和 1.96 万 t。其中淮河流域实测 172 个城镇 2386 个入河排污口，废污水入河排放量为 64.61 亿 t，主要污染物质化学需氧量和氨氮入河排放量分别为 20.69 万 t 和 1.77 万 t。

淮河流域各省情况：河南省 64 个城镇 467 个入河排污口，废污水入河排放量为 20.99 亿 t，化学需氧量入河排放量为 8.49 万 t，氨氮入河排放量为 0.81 万。安徽省 39 个城镇 1158 个入河排污口，废污水入河排放量为 15.41 亿 t，化学需氧量入河排放量为 3.93 万 t，氨氮入河排放量为 0.59 万 t。江苏省 34 个城镇 494 个入河排污口，废污水入河排放量为 16.10 亿 t，化学需氧量入河排放量为 5.10 万 t，氨氮入河排放量为 0.23 万 t。山东省 35 个城镇 267 个入河排污口，废污水入河排放量为 12.11 亿 t，化学需氧量入河排放量为 3.17 万 t，氨氮入河排放量为 0.14 万 t。

山东半岛情况：32 个城镇 190 个入河排污口，废污水入河排放量为 22.76 亿 t，化学需氧量入河排放量为 6.02 万 t，氨氮入河排放量为 0.19 万 t。

与 2017 年比较，2018 年淮河流域主要污染物化学需氧量和氨氮入河排放量分别削减 7.42 万 t 和 0.79 万 t；山东半岛主要污染物化学需氧量和氨氮入河排放量分别增加 0.77 万 t 和 0.04 万 t。

5）水生态总体状况

淮河流域地处中国南北气候过渡带，区内人口众多，城镇密集，工业较为发达，水资源开发利用程度高、河道内生态用水被挤占，水污染和生态恶化问题十分突出。山东半岛和淮北平原中小河流生态基流满足程度较低。区内湿地主要分布在淮北平原、淮南丘陵以及里下河区域，以湖泊湿地、河流湿地、洪泛湿地和滩涂湿地为主，存在着闸坝阻隔、水量不足及生境萎缩等问题。

在生态需水满足状况、水功能区水质达标、湖库富营养化状况、纵向连通性、重要湿地保留率及重要水生生境状况等指标评价的基础上，结合对淮河流域河流、湖库的生态问题识别及演变趋势分析，进行生态类型划分，得到污染破坏型水体占比最高，说明水体污染是淮河流域及山东半岛区域河湖水生态存在的突出问题，生态水量不足、水体污染等综合作用导致了相当部分的河湖生态系统失衡，保护良好或者轻微扰动的生态良好型河流、湖库主要分布在淮河上游、淮南丘陵和沂沭河上中游区域。

2. 存在的主要问题

水体污染是淮河流域及山东半岛区域河湖水生态存在的突出问题，生态水量不足、水体污染等综合作用导致了相当部分的河湖生态系统失衡（贾利等，2015；付小峰，2019）。保护良好或者轻微扰动、生态良好型的河段、湖库主要分布在淮河上游、淮南丘陵和沂沭河上中游区域。

系统梳理淮河流域水环境和水生态存在的问题及原因，具体如下。

1）地表水功能区达标率较低

近年来随着淮河流域水污染防治工作的不断加强，淮河流域地表水水质持续改善，但目前水功能区达标率仍相对偏低，流域内点源污染得到一定控制、面源和内源污染防治工作亟待加强（储凯峰，2019）。2018年，淮河区参与水质达标评价的339个水功能区中，全指标评价有138个水功能区水质达标，达标率为40.7%；水功能区评价河长11 057.2km，达标河长5188.4km，占46.9%；评价湖泊面积6031.8km^2，达标面积1266.0km^2，占21.0%。水功能区达标率较低的现状需要进一步加强污染控制、完善污水处理运行机制、强化水资源保护监督与管理、水污染防治监督等措施。

2）生态用水被挤占

选取淮河流域及山东半岛范围内14条河流的24个代表性控制断面进行生态基流满足程度评价，其中各断面生态基流满足程度评价结果为优、良、中、差、劣的比例分别为8.3%、25.0%、37.5%、25.0%和4.2%，淮北平原各河流和山东半岛独流入海河流控制断面生态基流满足程度评价为差和劣的比例较高。92个评价河段和湖库中，污染破坏型、生境萎缩型、复合失衡型、水量不足型、生态良好型五类水生态类型分别占比43.4%、8.7%、18.5%、8.7%和20.7%。

究其原因，淮河流域水资源开发利用率较高（夏冬和梁丹丹，2018；刘晓林等，2020），导致河流生态用水被挤占（顾洪，2020），需要进一步加强生态用水保障，加大河湖生态保护与修复力度。

3）河湖水生态问题突出

水体污染、生态用水被挤占等综合作用导致淮河流域相当部分的河湖生态系统失衡，淮河流域水生态问题突出，表现为生物多样性减少、鱼类资源小型化严重、湖面萎缩、湿地退化等（王学武等，2010；叶玲，2015；孔令健，2018；庞兴红等，2021）。

生物多样性减少：洪泽湖生物种类和个体数量都大大减少，水生高等植物存在退化现象。1988～2008 年，洪泽湖保护区鸟类总数减少 48 种，国家一二级保护鸟类减少 10 种；鱼类种数减少 38.1%，洪泽湖野生土著鱼类种群大量减少。水生高等植物生物量明显减少，分布面积不到全湖的 30%；骆马湖生物种类变化较大，底栖生物衰退较为剧烈，水生高等植物破坏严重，鱼类种类减少（34.8%），鸟类种群组成亦存在演变现象；高邮湖物种丰富度降低，近几年高邮湖调查共采集鱼类 48 种，与历史记载的 70 种相比显著减少。水生植物亦呈退化趋势，水生物种数从《中国湖泊志》记载的 131 种减少至当前的 20 余种，水生植物物种数锐减，部分种类绝迹；目前淮河干流鱼类共有 54 种，以鲤科鱼类为主，与历史记录相比，未发现江海洄游鱼类鳗鲡、江湖洄游鱼类鳡、鳤等以及对生境要求高的尖头红鲌、兴凯银鮈和司氏鉠等鱼类；目前史灌河鱼类共有 42 种，以鲤科鱼类为主，与历史记录相比，未发现对生境要求高的波纹鳜、银鮈、似鳊和切尾拟鲿以及江湖洄游种类。

鱼类资源小型化严重：由于湖泊环境的变迁、渔业过度捕捞和小型鱼类种群调节能力等，淮河流域许多湖泊渔业资源都出现了小型化的现象。洪泽湖、骆马湖等湖泊鱼类资源小型化趋势也十分明显，小型鱼类刀鲚、鲫、银鱼、红鳍原鲌和黄颡鱼等种类在渔具捕捞和渔业产量中处于主导地位，大型经济鱼类特别是鳜、鲌类等大型食鱼性鱼类资源严重衰退。渔业资源整体质量呈下滑趋势。此外，淮河流域史灌河、沂河、沭河、涡河等典型河流鱼类小型化亦很明显。

湖面萎缩、湿地退化：洪泽湖湿地在 20 世纪 60～70 年代曾经历过大规模的围垦。根据有关资料，在正常蓄水位为 13.0m 下，2007～2018 年湖区水面面积比 1970 年减少了541km²，缩小了近 1/4。洪泽湖已从导淮和治淮初期的"四岗三洼"相间的"天鹅形"收缩成"老鹰形"。其中，安河洼的湖湾形态已基本消失，成子河、溧河洼也岌岌可危。尤其是近年来，由于围网养殖技术的推广，沿湖各乡在湖边湿地大规模进行围网及围栏养殖，湖滩湿地通常被分割承包，湖区水面进一步减小，湿地资源退减，致使鸟类、野生鱼类无法在湿地栖息、繁殖，大面积水生生物遭到破坏（付小峰等，2021）。20 世纪 90 年代以后，网围养殖全面兴起，圈圩养殖、圈圩种植的规模越来越大，导致湿地面积减少。近年通过规范管理、及时整治，骆马湖养殖面积逐年压减，但圈圩压力仍不容乐观。2018年，新沂及宿迁圈圩面积总计 58.93km²［新沂为 49.51km²：圈圩养殖面积为 31.38km²，围网养殖面积为 10.98km²，圈圩种植面积为 5.69km²，圈圩（其他）面积为 1.46km²；宿迁为 9.42km²，均为圈圩养殖］。养殖、种植的负面效应体现在对水环境、水资源的污染方面，造成水质性缺水；另外也破坏了湿地，导致骆马湖湿地退化。根据 2019 年遥感监测结果，邵伯湖圈圩面积为 8.63km²、围网面积为 13.20km²，邵伯湖围网主要分布于湖湾和近岸带，围网侵占了湖泊湿地和水生植物原本分布区，造成湿地面积萎缩、栖息地退化，进而导致生物多样性下降。

（三）海河流域

1. 基本现状

海河流域水环境质量现状仍不容乐观。2018 年，海河流域水环境质量评价中共 230 个重要水功能区参评，总河长 9542km，湖库面积 1414.9km²。其中，海河流域Ⅰ类水质水功能区 3 个，河长 192.0km，占总河长 2.0%，湖库面积 29.0km²，占湖库总面积 2.0%；Ⅱ类水质水功能区 56 个，河长 2492.2km，占总河长 26.1%，湖库面积 369.1km²，占湖库总面积 26.1%；Ⅲ类水质水功能区 31 个，河长 1530.7km，占总河长 16.0%，湖库面积 176.0km²，占湖库总面积 12.4%；Ⅳ类水质水功能区 38 个，河长 1849.8km，占总河长 19.4%，湖库面积 182.0km²，占湖库总面积 12.9%；Ⅴ类水质水功能区 19 个，河长 505.5km，占总河长 5.3%，湖库面积 499.0km²，占湖库总面积 35.3%；劣Ⅴ类水质水功能区 69 个，河长 2223.0km，占总河长 23.3%，湖库面积 159.8km²，占湖库总面积 11.3%；断流水功能区 14 个，河长 748.8km，占总河长 7.8%。超Ⅲ类水质目标的指标主要有五日生化需氧量、化学需氧量、总磷、氨氮、高锰酸盐指数等。

2018 年，海河流域 230 个重要水功能中除去 14 个断流水功能区和 6 个无水质目标水功能区，共 210 个水功能区参与水功能区水质达标评价。达标水功能区 115 个，水功能区达标率 54.8%；河流水功能区达标 105 个，达标河长 5469.7km，占达标评价总河长 62.5%，主要超标污染物有氨氮、总磷、化学需氧量、高锰酸盐指数、氟化物等；湖库水功能区达标 10 个，达标面积 460.3km²，占达标评价总面积 32.5%，主要超标污染物有总氮、高锰酸盐指数、化学需氧量等。

统计 2018 年海河流域入河排污口监测数据发现，目前海河流域共监测入河排污口 809 个，其中，规模以上排污口（入河废污水量大于等于 10 万 t/a 的排污口为规模以上排污口）662 个，规模以下排污口（入河废污水量小于 10 万 t/a 的排污口为规模以下排污口）38 个，停排排污口个数为 109 个。海河流域 700 个入河排污口共排放污废水 5.8 亿 t，化学需氧量、氨氮、总氮、总磷排放量分别为 20 489t、15 125t、76 186t、5381t。从各河系来看，漳卫河系排污口数量最多，达 181 个，2018 年污水排放量 9.4 亿 t，化学需氧量排放量最大，达 5.3 万 t；北三河污废水及氨氮、总氮和总磷排放量最大，78 个排污口共排放污废水 10.1 亿 t，氨氮、总氮和总磷排放量分别为 4776t、13 228t、1703t。

2. 存在的主要问题

1）山区河流水质好于平原区，湖库受总氮污染

海河流域主要污染物为总磷、高锰酸盐指数、COD、氨氮和总氮。对海河流域水资源二级区重要断面主要污染指标浓度进行了汇总，其中，河流 205 个断面包括总磷、高锰酸盐指数、COD、氨氮 4 项指标，湖库 18 个断面包括总磷、高锰酸盐指数、COD、氨氮和总氮 5 项指标，统计结果见表 8-1 和表 8-2。

表 8-1 2018 年海河流域重要河流水功能区断面主要指标浓度值

水功能区	断面数量	总磷/(mg/L)	高锰酸盐指数/(mg/L)	COD/(mg/L)	氨氮/(mg/L)	总氮/(mg/L)
滦河及冀东沿海诸河	17	0.07	3.93	16.68	0.22	1.46
海河北系	76	0.26	4.75	18.67	0.97	6.47
海河南系	93	0.16	6.7	33.95	1.5	4.10
徒骇马颊河	19	0.17	6.34	30	0.69	3.62
海河流域	205	0.2	5.78	26.83	1.15	5.11

表8-2　2018年海河流域重要湖库水功能区断面主要指标浓度值

水功能区	断面数量	总磷/(mg/L)	高锰酸盐指数/(mg/L)	COD/(mg/L)	氨氮/(mg/L)	总氮/(mg/L)
滦河及冀东沿海诸河	2	0.09	3.61	9.96	0.21	4.01
海河北系	5	0.03	3.69	14.12	0.17	2.19
海河南系	10	0.05	5.21	20.16	0.27	3.61
徒骇马颊河	1	0.04	3.56	17.28	0.23	1.60
海河流域	18	0.05	4.52	17.12	0.24	3.16

2）河流非汛期氨氮和总氮浓度降低，湖库指标变化影响因素较多

对流域总磷、高锰酸盐指数、COD、氨氮和总氮5项指标的年内变化进行分析，对比分析河流和湖库各指标汛期（6~9月）和非汛期（其他月份）浓度变化情况，分析汇总结果见表8-3和表8-4。

表8-3　2018年海河流域重要河流水功能区断面主要指标浓度值

水功能区	断面数量	总磷/(mg/L)		高锰酸盐指数/(mg/L)		COD/(mg/L)		氨氮/(mg/L)		总氮/(mg/L)	
		汛期	非汛期	汛期	非汛期	汛期	非汛期	汛期	非汛期	汛期	非汛期
滦河及冀东沿海诸河	17	0.09	0.07	3.96	3.89	16.76	17.20	0.18	0.28	1.23	1.60
海河北系	76	0.28	0.27	4.97	4.65	19.66	17.77	0.75	1.10	4.97	7.24
海河南系	93	0.17	0.17	6.86	6.75	37.41	33.90	1.00	1.94	3.11	4.62
徒骇马颊河	19	0.23	0.15	6.48	6.30	30.72	29.79	0.71	0.67	3.13	3.94
海河流域	205	0.21	0.20	5.85	5.67	28.28	25.98	0.81	1.36	3.93	5.76

表8-4　2018年海河流域重要湖库水功能区断面主要指标浓度值

水功能区	断面数量	总磷/(mg/L)		高锰酸盐指数/(mg/L)		COD/(mg/L)		氨氮/(mg/L)		总氮/(mg/L)	
		汛期	非汛期	汛期	非汛期	汛期	非汛期	汛期	非汛期	汛期	非汛期
滦河及冀东沿海诸河	2	0.03	0.11	3.93	3.46	8.50	10.69	0.18	0.23	3.38	4.33
海河北系	5	0.03	0.02	3.86	3.68	14.61	13.85	0.21	0.15	2.26	2.16
海河南系	10	0.04	0.06	5.20	5.21	19.28	20.60	0.24	0.28	3.84	3.50
徒骇马颊河	1	0.05	0.03	3.78	3.45	16.98	17.43	0.29	0.20	1.66	1.57
海河流域	18	0.04	0.05	4.61	4.50	16.66	17.47	0.23	0.24	3.23	3.13

整体上，流域河流水功能区非汛期总磷、高锰酸盐指数和COD浓度略低于汛期浓度，但氨氮和总氮非汛期浓度明显高于汛期浓度。湖泊水功能区不同二级区的汛期和非汛期各项指标浓度变化情况不一致，受多重因素影响。

3）水质明显改善，但海河南系湖库总氮浓度升高

对比海河流域155个国家重要水功能区2014年和2018年总磷、高锰酸盐指数、COD、氨氮和总氮等主要污染物年均浓度变化情况，分析近年海河流域水质变化趋势，结果见表8-5和表8-6。

表8-5 2014年和2018年海河流域国家重要河流水功能区断面主要指标浓度值

水功能区	断面数量	总磷/(mg/L)		高锰酸盐指数/(mg/L)		COD/(mg/L)		氨氮/(mg/L)		总氮/(mg/L)	
		2014年	2018年	2014年	2018年	2014年	2018年	2014年	2018年	2014年	2018年
滦河及冀东沿海诸河	15	0.15	0.08	3.67	4.15	12.50	17.68	0.72	0.28	8.79	1.02
海河北系	48	0.60	0.16	6.52	4.49	43.75	18.74	3.35	0.75	8.84	5.46
海河南系	60	0.63	0.36	7.25	5.81	52.66	23.55	4.22	1.11	8.26	4.82
徒骇马颊河	11	0.47	0.15	6.65	5.84	32.30	26.83	2.35	0.67	5.72	3.81
海河流域	134	0.56	0.24	6.53	5.17	46.52	21.51	3.37	0.86	8.32	4.85

表8-6 2014年和2018年海河流域国家重要湖库水功能区断面主要指标浓度值

水功能区	断面数量	总磷/(mg/L)		高锰酸盐指数/(mg/L)		COD/(mg/L)		氨氮/(mg/L)		总氮/(mg/L)	
		2014年	2018年	2014年	2018年	2014年	2018年	2014年	2018年	2014年	2018年
滦河及冀东沿海诸河	3	0.11	0.07	4.24	4.20	—	15.62	0.40	0.17	3.72	3.48
海河北系	6	0.15	0.06	6.42	4.52	30.42	16.81	0.80	0.29	2.84	2.26
海河南系	12	0.06	0.05	5.74	5.34	51.83	21.30	0.54	0.26	2.83	3.61
海河流域	21	0.10	0.05	5.72	4.94	43.80	19.21	0.60	0.25	2.96	3.20

整体上，各项污染物浓度明显下降，水质改善显著。

河流水功能区中，仅滦河及冀东沿海诸河二级区的高锰酸盐指数、COD有所增加。主要原因为，3月乌龙矶和白城子（闸）水文站两个断面浓度异常，其中乌龙矶断面高锰酸盐指数和COD浓度分别为26.7mg/L和40mg/L，白城子（闸）水文站断面两个指标浓度分别为22.5mg/L和123mg/L。

海河南系湖库水功能区总氮浓度升高，12个湖库中仅5个总氮浓度降低，其中黄壁庄水库和岗南水库总氮年均浓度分别达8.8mg/L和8.0mg/L，分别有6个月和5个月浓度大于10mg/L。

二、保护修复格局

黄河流域面积主要集中在上中游地区，下游仅占全流域面积的2.9%，呈条带穿过华北平原，成为海河流域和淮河流域的分水岭。考虑到华北平原在地形地貌构造上较为相似，将黄河流域、海河流域、淮河流域统一作为黄淮海地区进行分析。

黄淮海地区的生态保护与修复格局以黄河流域生态保护和高质量发展布局、华北地区生态环境治理为参考，以实现健康水生态、宜居水环境为目标，坚持山水林田湖草沙综合治理、系统治理、源头治理，统筹水量、水质、水域空间和水生态，以水资源与水环境承载能力为刚性约束，按照突出"保"、严格"控"、系统"治"、协同"管"总体思路，以源头区水源涵养、黄土高原水土保持、河流廊道功能修复、湖泊治理修复、近海多样性维持为框架，构建"两区一口、八廊八湖"为总体布局的黄淮海区域水生态保护修复体系

（图8-4）。

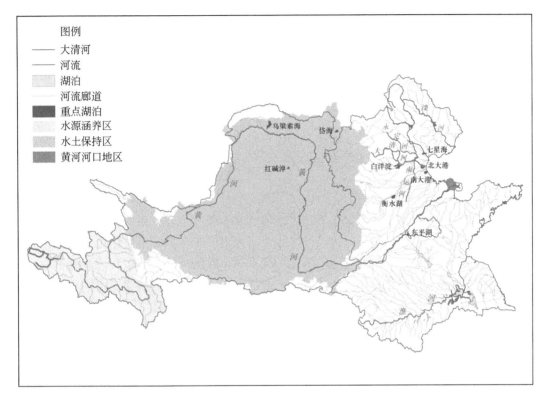

图 8-4 黄淮海地区水环境和水生态安全战略布局示意

"两区"分别为水源涵养区和水土保持区，水源涵养区主要包括三江源、祁连山、秦岭、大别山、桐柏山、太行山等主要河流源头区，水土保持区主要为黄土高原地区；"一口"地区主要为黄河河口三角洲；"八廊"指黄河干流、淮河干流、永定河、滦河、北运河、大清河、南运河、潮白河等8条主要河流；"八湖"主要指乌梁素海、东平湖、红碱淖、白洋淀、衡水湖、七里海、南大港、北大港等湖泊。

按照此格局，随水安全主要矛盾不同，各流域侧重点各不相同。

（一）黄河流域

水是生命之源、生产之要、生态之基。黄河流域在中国干旱半干旱地区的位置决定了其在国家战略布局中的功能定位。

1. 国家生态安全屏障

黄河流域位于中国西北、华北地区，域内分布有青藏高原复合侵蚀、西北荒漠绿洲交接、北方农牧交错、沿海水陆交错带四大生态脆弱区，是中国生态环境最为脆弱的地区，是阻挡中国西北荒漠地带南侵、防护宁蒙河套地区荒漠化加剧的重要屏障。中国"两屏三带"生态安全战略布局中，青藏高原生态屏障、黄土高原—川滇生态屏障、北方防沙带等均位于或穿越黄河流域，是保护中国生态安全的重要屏障，是中国重要生态屏障空间格局的主要组成部分。

2. 国家重要生态廊道

黄河是连通中国青藏高原、内蒙古高原、黄土高原、黄淮海平原和渤海的重要生态廊道，是流域内生物信息交流、营养物质交换、水沙资源输送的重要通道。黄河干流从源区、宁蒙地区、中下游河道到河口地区是流域生物多样性最为集中和丰富的区域，是沿黄生态带格局稳定与发展平衡的重要资源与生态空间，共有重要湿地 21 处，重要保护湿地 17 处，重要保护鱼类及其栖息地 8 处。黄河是中国境内国际候鸟迁徙三大通道的重要栖息、繁殖、中转地，是中国西北、华北干旱半干旱地区重要湿地分布区，是中国资源型缺水地区水生生物多样性保护的重要河流，是中国生物多样性保护战略的关键架构与核心区域。

3. 重要水源保障

黄河流域内分布有太原城市群、呼包鄂榆地区、中原经济区、关中—天水地区、兰州—西宁地区等重点开发区、宁夏沿黄经济区等重点开发区和环渤海地区优化开发，分布有山西、鄂尔多斯盆地、内蒙古东部地区三大国家综合能源基地，分布有黄淮海平原、汾渭平原、河套灌区三大粮食主产区。黄河是上述重要城市人居地、粮食主产区、能源化工基地的重要水源，对保障流域经济社会粮食生产安全具有关键战略作用。

4. 西北华北供水安全重要保障

黄河流域穿越中国干旱、半干旱地区，水资源是流域经济社会生态发展的重要命脉。黄河流域资源性缺水。黄河流域多年平均天然径流由 580 亿 m^3 减少至目前的 484 亿 m^3，流域可供水量不断降低。而流域供水量逐年攀升，由 20 世纪 80 年代的 249 亿 m^3 增加至 2019 年的 400 亿 m^3，还承担了流域外引黄灌区及部分城市和地区约 100 亿 m^3 水量的年供水任务，水资源开发利用率曾高达 88%，水源供给任务极大。

5. 黄淮海平原防洪安全重要屏障

黄河下游洪水灾害历来为世人所瞩目，"黄河安全，事关全局"。黄河下游防洪始终是治黄的首要任务。黄淮海平原是中国集中连片开发面积最大的地区，是中国工业化城镇化开发面积最大、强度最剧烈的区域，是中国水资源开发利用率最高区域之一，是中国地均地区生产总值较高区域。为保证华北地区、黄淮海平原的经济、社会和粮食安全，划定的黄河防洪保护区涵盖了冀、鲁、豫、皖、苏五省的 24 个地区（市）所属的 110 个县（市），总土地面积约 12 万 km^2，耕地 1.1 亿亩，人口约 9064 万人。黄河一旦决口，势必造成巨大经济、社会和生态灾难，打乱全国经济社会发展的战略部署，黄河防洪安全是黄淮海平原大开发、全国经济社会可持续发展的重要保障。

按照"治理黄河，重在保护，要在治理"的重要指示，坚持山水林田湖草综合治理、系统治理、源头治理，坚持生态优先、绿色发展，以水而定、量水而行，因地制宜、分类施策，上下游、干支流、左右岸统筹谋划，构建以河源区、黄土高原区、河口区为重点，黄河干支流为主线的"三区一廊道"生态保护格局（牛玉国和张金鹏，2020）。河源区以三江源、祁连山、甘南、若尔盖等水源涵养区为重点，推进实施一批重大生态保护修复和建设工程，提升上游水源涵养能力；黄土高原区突出抓好水土保持，以自然修复为主，因地制宜建设旱作梯田和淤地坝；河口区以天然湿地保护为重点，开展河口三角洲生态补水，促进受损生态系统修复，提高生物多样性；以黄河干流及主要支流为重点，严格水生态空间管控，开展骨干水库生态调度，保障主要断面生态流量，维持河流廊道功能。强化水环境承载能力约束，加强黄河干流水环境保护，加大支流水环境治理，如图8-5所示。

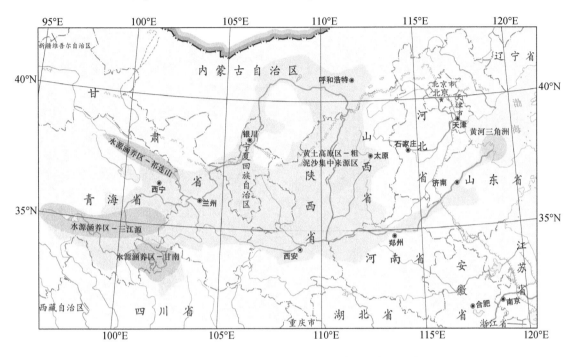

图 8-5　黄河流域水环境和水生态安全战略布局示意

（二）淮河流域

淮河流域以淮河干流、南水北调东线输水干线及城镇集中式饮用水水源地为重点，构建"两线多点"的地表水资源保护格局；以淮河上游山丘区、沂沭河上中游和淮南丘陵区为重点，构建以水土保持、水源涵养、生物多样性维护为主要生态服务功能的流域上游生态安全屏障，加强上游水源涵养、重要饮用水水源地保护、生态用水保障、推进生态保护与修复、推进森林生态系统建设；以淮北地区、山东半岛和沿海地区为重点，加强水质改善、地下水资源保护、严控地下水超采；建设江淮生态大走廊和沂沭泗河生态走廊，加强淮河干流和洪泽湖、骆马湖、高邮湖、白马湖、南四湖等河湖的生态保护，加强流域污染综合防治，提升南水北调东线生态净化能力和涵养功能；加强苏北沿海重要渔业水域保护，完善城沿海滩涂湿地保育工作，提升"蓝色国土"生态功能，具体如图8-6所示。

（三）海河流域

2015年6月9日，中共中央、国务院印发的《京津冀协同发展规划纲要》明确提出，推进永定河、滦河、北运河、大清河、南运河、潮白河"六河"绿色生态河流廊道治理，实施白洋淀、衡水湖、七里海、南大港、北大港"五湖"生态保护与修复。"六河五湖"涵盖了京津冀的生态核心区域，既包括水源涵养区，又包括连接城市群的生态廊道，还包

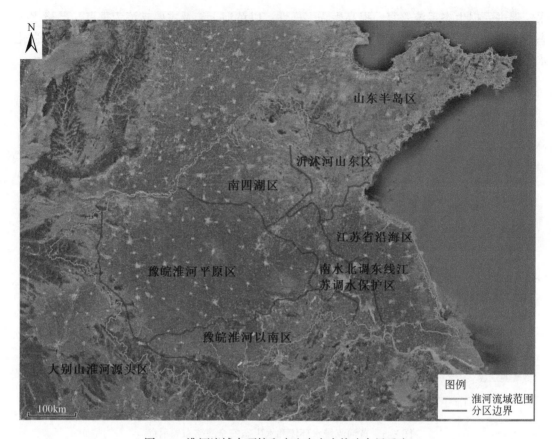

图 8-6　淮河流域水环境和水生态安全战略布局示意

括生物多样性保护的生态空间和生态安全屏障,"六河五湖"综合治理与生态修复,是海河流域今后一段时期水环境和水生态保护修复工作的重点。

滦河、潮白河、永定河、大清河上游山区河段,重点通过水源涵养林建设、清洁小流域建设等,解决水源涵养不足、面源污染严重等问题,其中高耗水农业种植区域,要严格控制用水总量,深入开展农业节水,退还被挤占的河道生态用水,加强闸坝调度,水源条件好的河段实现维持河道基流的目标。

滦河、潮白河、永定河、大清河中下游平原河段及北运河、南运河,在消除防洪隐患的基础上,重点通过入河排污口整治、生态湿地建设、河道水面恢复、河岸带生态修复等,构建绿色生态河流廊道。同时,城镇河段要结合水生态文明城市建设,展现滨水文化,沿河布设湿地公园,维持河道、湿地景观水面,打造绿色生态河流景观;郊野河段,通过河道主槽水面维持、滩地绿化、护堤林建设等,形成郊野生态长廊。

白洋淀、衡水湖重点通过周边河流综合整治、湖淀污染源治理、栖息地恢复以及生态补水等措施,扩大湿地水面面积,逐步改善湖泊湿地水生态环境,保护和维持生物多样性。七里海、北大港、南大港重点通过生态补水、生境修复等措施,改善生物栖息地环境,促进生物多样性保护。

三、重大工程措施

（一）黄河流域

1. 抓好河源区水土保持生态保护

将三江源黄河源头区、祁连山、甘南、若尔盖等黄河上游水源涵养区，子午岭、六盘山等国家级水土流失重点预防区，渭河、汾河等重点支流源头区作为重点保护区，以涵养水源、恢复生态为目标，以保护林草植被为重点，实施封育保护、植被恢复、湿地修复、生态移民等重大水土保持生态保护修复工程，进一步加大封山禁牧、轮封轮牧和封育保护力度，充分发挥大自然生态自我调节、自我修复能力，建设河源区水土保持生态保护监测监管体系，建立并实施重点保护区上下游跨区域跨行业生态补偿机制，减少和避免人为干扰破坏，从源头上扭转生态恶化趋势，恢复和改善生态环境，保护黄河上游"中华水塔"。

2. 推进黄土高原区水土流失综合防治

将河龙区间，渭河、泾河、北洛河上中游，十大孔兑，清水河上游，祖厉河，湟水下游等多沙粗沙地区，作为重点治理区，以支流为骨架，以小流域为单元，沟坡兼治、综合防治、系统治理。在粗泥沙集中来源区，重点是十大孔兑、两河两川、砒砂岩地区，实施沙棘生态建设工程和粗泥沙集中来源区拦沙工程。在黄土丘陵沟壑区，根据降水、地理地貌等自然条件，围绕助力脱贫攻坚、促进农村经济发展、建设美丽乡村等需求，选择坡度适宜的坡耕地大力建设旱作梯田、淤地坝，实施病险淤地坝除险加固、改造提升现有淤地坝、开展安全预警。在黄土高塬沟壑区，以保护塬面不受侵蚀为目的，完善排水体系，实施"固沟保塬"综合治理。在毛乌素、库布齐沙漠等水风蚀交错区和沙漠周边地区，实施防风固沙措施和封禁治理，强化监管。在城市周边、水源涵养保护区，开展生态清洁小流域建设。在农村居民点周边，结合水窖、池塘、沼气池等建设，增加优质农田，发展集雨农业，结合庭院、四旁绿化，大力发展特色经济林果业、家庭养殖业，建设宜居生态环境。创建国家级水土保持生态保护和治理科技示范园。

3. 继续开展河口区生态保护与修复

遵循河口自然演变规律，坚持河流-海洋-陆域系统保护与治理，严格天然湿地保护，以自然恢复为主，适度人工修复，减少人类活动干扰，维护河口生态系统完整性。合理确定河口生态保护格局和湿地保护规模，继续开展淡水湿地生态补水，实施湿地生态保护与修复工程，适时实施备用流路生态补水，促进受损生态系统逐步修复。建立河口区生态环境跟踪监测评估体系，构建河口近海资源环境保护部门与流域管理的协调机制，强化监督和管理，促进河口生态系统保护。

4. 推进河流廊道功能保护与修复

严格水生态空间管控。从流域整体保护与协调协同的高度，基于河流生态系统整体性和上中下游差异性，统筹流域防洪安全、资源与环境保护要求，划定黄河水生态管控空间。明确保护目标、控制指标，提出不同类型区保护与发展方向，制定水生态空间管控方案。构建多部门协调协同机制，强化管控方案实施，对实施效果进行考核与监管。

生态流量保障和管控。构建黄河流域主要河湖生态流量指标体系，确定生态流量近期管控目标和远期目标。继续开展黄河干流生态水量调度，推进湟水、渭河、汾河、沁河、大汶河等主要支流水资源优化配置及水量调度，保障河道生态基流，维持河流基本功能。加快古贤、黑山峡、南水北调西线工程等重大水利工程建设，加强黄河梯级水库的生态调度，提高生态流量及过程满足程度。构建生态流量监测–监控–评估–反馈机制，开展生态流量适应性管理。筑牢黄河下游生态安全屏障。

河湖生态系统保护与修复。加强重点河段河流湿地保护，提高湿地水源补给能力，严禁不合理开发和开垦。统筹黄河中下游多功能保护要求，基于防洪工程总体布局，实施中下游受损湿地及栖息地修复试点工程。对受损重要栖息地，实施栖息地修复、替代生境保护、生态护岸改建、河湖连通等工程，保护河流生物多样性。适时实施乌梁素海等湖泊生态补水，促进受损生态系统逐步修复。发挥河长制、湖长制作用，持续开展河湖"清四乱"，推动河湖生态系统持续向好。

5. 实施水环境综合治理

对黄河干支流城镇集中分布河段，强化城镇污水处理设施和中水回用工程建设。对汾河、延河、泾河、涑水河等中游污染严重支流，开展水环境综合治理，因地制宜建设污水生态净化工程，削减污染物入河量，不断改善支流水质。对宁蒙灌区、汾渭平原等农产品主产区控制农药化肥施用量，建设生态沟渠。对阅海、沙湖、星海湖、乌梁素海等重点湖泊适时采取清淤整治，加强农村水系综合整治。进一步提高中水利用率，2030 年中水利用率达到40%以上，推进黄河流域矿井水综合利用，煤炭矿区的补充用水、周边地区生产和生态用水应优先使用矿井水，加强洗煤废水循环利用。高度重视雨水和微咸水利用，积极推进海绵城市建设，高效利用纳污能力。

6. 推进饮用水水源保护

持续开展流域重要饮用水水源地安全评估工作，建立分级管理制度。按照"水量保证，水质合格，监控完备，制度健全"的总体目标，开展流域饮用水水源安全保障规划，实施饮用水水源保护工程。依法划定饮用水水源地保护区，逐步取缔一级保护区内与供水设施和保护水源无关的建设项目，优化封闭管理及界标设立，完善警示牌、隔离防护等措施，加强监测监控、信息传输系统建设，建立饮用水水源地核准和安全评估制度，完善监测预警体系。针对单一水源或单一类型水源地的地级市以上城市，强化应急备用水源保护，实施一批应急备用水源建设与保护，建立健全供水应急储备体系。

7. 加强地下水保护

以能源重化工企业为重点，严控地下水污染风险。对窟野河、汾河、金堤河等沿岸浅层地下水污染区域，实施治理保护与修复工程。对山西兰村泉、晋祠泉等泉域源区，实施水源涵养工程。对陕西、山西、内蒙古等省（自治区）集中分布的煤炭开采区，合理控制地下水位，建设煤矿疏干水利用工程。

（二）淮河流域

1. 入河排污口整治

按照"统筹规划、综合治理、区别对待、分步实施"的原则，对目前具有实施条件的现有入河排污口采取排污口关闭、调整、改造与深度处理及规范化建设等措施进行综合整治。入河排污口整治措施分三种类型，第一种是排污口综合整治，第二种是排污口跨区迁建，第三种是污染源控制。各省入河排污口布局现状与整治情况详见表8-7。

表8-7　淮河流域各省入河排污口布局现状与整治情况

区域	禁止区		严格限制区		一般限制区		总计	
	现状	整治	现状	整治	现状	整治	现状	整治
湖北省			4				4	
河南省	21	16	386	347	63	55	470	418
安徽省	12	12	282	282	48	48	342	342
江苏省	132	129	243	235	131	125	506	489
山东省	133	76	287	185	31	14	451	275
总计	298	233	1202	1049	273	242	1773	1524

2. 饮用水水源地保护工程

针对现状城镇饮用水水源地安全状况评价中水源地存在的问题，划定饮用水水源保护区，对流域内饮用水水源地（包括地表水水源地和地下水水源地）采取工程措施进行全面保护。同时对城市替代水源地及应急备用水源地进行保护。水源地保护工程措施分为隔离防护与宣传警示工程、污染综合整治工程及生态保护与修复工程三大类措施。

3. 水生态保护与修复

重点针对水资源开发利用、涉水工程建设导致的水文情势变化、水环境恶化、湿地退化、重要水生生物生境萎缩等问题进行措施布局。措施类型主要包括水源涵养（8项，主要针对未列入全国水土保持规划及其他相关规划的江河源区，提高其水源涵养能力）、河岸带及湖滨带生态保护与修复（35项，主要包括规范社会经济活动，限制不合理开发和开垦，保护重点生态敏感河湖段和城镇河湖段岸边带植被）、湿地生态保护与修复（46项，主要是对干支流河口、湖泊湿地及滨海湿地进行保护与修复）、河湖水系连通（11项，重点实施平顶山市中心城区水系连通综合整治工程、许昌市河湖水系连通工程、新蔡县境内主要河道水系与水库之间的连通工程、郑州市中心城区水系连通工程、开封新区水系连通工程、盐城市骨干河道水系连通工程、扬州市里下河区河湖生态连通工程以及梅山水库、响洪甸水库连通工程建设、小洴河河道整治工程以及洌河、山源河水系连通工程等）、重要生境保护与修复（15项，重点开展光山青虾、淮河干流淮南段长吻鮠、宿鸭湖褶纹冠蚌、城东湖、城西湖、泼河特有鱼类等国家级水产种质保护区和佛子岭水库、沱湖、女山湖、废黄河、大沙河、颍州西湖、荣成大天鹅湿地自然保护区等重要生境的保护与修复工程）、水生态综合治理（102项，分别针对淮河上游山丘区、淮河干流区、淮北平原区、淮南丘陵区、南水北调东线、沂沭河区、山东半岛区等地区）六大类。

4. 地下水超采治理与修复工程

建设地下水回灌工程（41处），将积蓄的雨水、拦截的当地洪水及经处理达标的再生水回灌补给地下含水层。

在具备替代水源条件及替代水源工程建成通水的前提下，对纳入压采范围的地下水开采井，科学实施地下水开采井的封填工作，永久填埋井 8 万眼，封存备用井 11 万眼。

淮河流域各分区工程措施布局见表8-8。

表8-8　淮河流域各分区工程措施布局

分区布局	现状调查评价问题	水资源保护和治理重点	措施布局
大别山及淮河源头水源保护区	水质较好	源头水、饮用水水源地	水源涵养、水生态系统保护与修复，饮用水水源地保护
豫皖淮北平原区	地表水水质较差，地下水超采	地表水质保护，地下水保护	污染物入河量控制、入河排污口整治、内源治理、引江济淮工程补水、地下水压采、应急备用水源
豫皖淮河以南区	水质良好	水质保护、饮用水水源地保护（淮南、蚌埠）及水生态保护	污染物入河量控制、内源治理、面源控制，水生态修复
南水北调东线江苏调水保护区	水质较好	跨流域调水水源保护	洪泽湖生态保护、调水水源保护、入河排污口整治
江苏沿海区	水网密集，水质一般	水质保护及沿海诸河生态保护	污染物入河量控制、入河排污口整治、内源面源治理、水生态保护与修复
沂沭河山东区	沂河水质良好、沭河一般	水质保护	污染物入河量控制、入河排污口整治
南四湖区	湖区水质良好，入湖支流近年水质虽有所改善，但不能稳定达标	跨流域调水水质保护，水生态保护	污染物入河量控制、支流入河排污口整治、内源治理、面源控制，水生态修复，调水水源保护
山东半岛区	地表水水质较差，地下水有污染迹象	水质保护，水量保障	污染物入河量控制、入河排污口整治、内源面源治理、地下水污染防治

（三）海河流域

1. 河流综合治理与生态修复工程

滦河、潮白河、永定河、大清河上游段主要支流、干流建设水源涵养林，开展建设污水处理池、农田沟渠生态治理等控制面源污染工程；中下游段主要支流、干流开展生态护岸、河滩湿地、防护林及滨河景观建设，开展河道生态清淤工程，通过水量调度满足生态水量目标，恢复河流自然特性。滦河加强潘家口、大黑汀和于桥水库水源地保护，开展入库河流及库区治理与保护工程；潮白河加强密云水库水源地保护，开展库区隔离、入库河段治理工程；永定河继续实施综合治理与生态水量调度。南运河、北运河开展河道生态修复、文化景观建设等，打造大运河生态河岸景观带。

2. 湖库水生态修复工程

五湖主要开展入湖库河流河岸带生态修复、水岸缓冲带生态修复、河道清淤疏浚等整治工程，库区周边修复河滨带，加强生态补水，恢复动物栖息地。结合雄安新区生态环境建设，重点对白洋淀淀区围堤围埝进行清除和处置，增加淀区水动力连通性，提升淀区水环境容量，通过保定市水网连通工程、引黄入冀补淀工程和南水北调中线生态补水工程保障淀区生态水量，提高淀区水生态景观效果。从沙洲与岛屿生境建设、鸟类恢复与栖息地保护、水生植物恢复、增殖放流和生物操控等方面恢复淀区生物多样性。

四、重要非工程措施

（一）黄河流域

1. 建设水资源水生态监测评估体系

以地下水超采区、重要饮用水水源地为重点，开展饮用水水源地达标建设评估、地下水超采区治理跟踪评估工作，加快推进地下水取用水总量、水位以及地下水管理控制指标确定工作，建立地下水超采监测预警机制和监管平台。开展饮用水水源地监督性监测。

构建生态保护监管平台，建立河源区生态保护监测监管考核制度，建设上下游跨区域跨行业生态补偿机制。逐步建立长期的、日常性的黄河河口水生态监测及评估机制。建设生态流量监测评估体系，对黄河干流及主要支流重要断面河湖生态流量及保障情况进行动态监测、评估。建立栖息地状况监测评估体系，对涉水生境鱼类、栖息生境等进行监测评估体系。

2. 强化水环境承载能力约束

以水环境承载能力为约束，建立流域–水功能区–控制单元–行政区空间管控体系，层层落实责任主体，严格控制污染物入河量，建立水环境承载能力监测预警机制。

3. 建立水资源保护联防联控机制

落实《生态环境部 水利部关于建立跨省流域上下游突发水污染事件联防联控机制的指导意见》，修订黄河流域突发水污染事件应急预案，推动建立流域上下游多部门突发水污染事件联防联控机制。配合开展饮用水水源地风险源调查，实现信息互通、资源共享。强化河南、山西等华北平原重点超采区监管控制，开展地下水超采区防治效果检查与评估。

4. 优化调整重点区域产业结构及布局

坚持节能减排、绿色发展，科学规划西宁—兰州、宁夏沿黄经济区、呼包鄂榆地区、太原城市群、关中—天水地区、中原城市群等流域重点开发区产业布局，实施差别化的区域产业政策，优化经济社会发展布局和产业结构，以环境治理"倒逼"建立循化经济模式，促进工业园区绿色转型，合理利用水环境承载能力。

（二）淮河流域

1. 生态需水保障措施

受气候变化和经济社会用水量不断增长的影响，淮河流域及山东半岛水资源过度开发问题十分突出，长期过度开发利用水资源已导致区域内河湖生态环境的严重退化，部分河流出现断流或者有水无流、河湖湿地萎缩、生物多样性受到严重威胁。因此，水资源过度开发地区和生态环境脆弱地区是淮河流域及山东半岛水生态保护与修复的重点区域，主要通过节约用水和水资源合理配置，加强水资源统一调度，退减目前水资源开发利用过程中挤占的河道内生态环境用水，维护主要河湖基本生态用水需求。

通过南水北调中、东线工程、引黄工程、引江济淮工程以及苏北沿海引江工程，增加淮河流域的可调配水量，合理配置水资源。加强相关水利工程统一调度，保障河道生态基流、改善水环境。当河湖流量（水位）低于最小生态流量（水位）时，实施应急生态调水。

针对淮河流域及山东半岛水污染严重和水生态恶化的现状，以保障河道生态基流、改善水环境为目标，完善淮河流域及山东半岛闸坝调度运行制度（表8-9）。加强河南及安徽两省淮河北岸主要支流重要闸坝统一调度，通过实施河南省大陈闸、化行闸、槐店闸以及安徽省太和耿楼枢纽、阜阳闸、颍上闸生态用水联合调度，提高沙颍河水系枯季径流；通过实施河南省玄武闸及安徽省大寺闸、涡阳闸、蒙城闸、上桥闸生态用水联合调度，提高涡河水系枯季径流；通过实施梅山水库、横排头枢纽生态调度增加淮河南岸淠河、史河水系枯季径流；通过实施淠河总干渠与淠东总干渠、沣东干渠与汲河上的相关闸坝调度，增加瓦埠湖、城东湖枯期入湖水量；通过实施蚌埠闸、临淮岗水利枢纽的生态调度，充分维系淮河干流及沿淮主要湖洼湿地、洪泽湖的生态环境用水要求，增加河道内生态环境用水量。

表8-9　淮河流域主要河流湖泊生态需水应急保障措施

河流、湖泊	生态需水应急保障措施
淮河干流	通过蚌埠闸等淮河干流水利工程调节下泄流量
沙颍河	通过颍河上游及其支流的大陈闸、化行闸、槐店闸、太和耿楼枢纽、阜阳闸、颍上闸等相关闸坝联合调度，调节下泄流量
涡河	通过魏湾闸、玄武闸、涡阳闸、蒙城闸、上桥闸调节下泄流量
淠河、史灌河	通过梅山水库、横排头枢纽联合调度，调节下泄流量
瓦埠湖	通过淠河总干渠、淠东干渠涵闸开闸放水入瓦埠湖
城东湖	通过沣东干渠、汲河上的涵闸开闸放水入城东湖

实施引江济淮工程，从长江中下游枞阳闸、凤凰颈闸引水，经巢湖，穿江淮分水岭，利用瓦埠湖调蓄后进入淮河干流，沿淮河北岸主要支流向淮北及豫东平原供水，退还该地区已被挤占的河道内生态用水。利用已建的南水北调东线工程，在南四湖下级湖水位较低时实行相机补水，保障南四湖下级湖生态需水量；实施临海送水工程可向苏北沿海河口补水，改善南通地区供水条件，具备相机向通榆河南段及东台斗南新围垦区相机供水的条件，远期根据东台滩涂围垦开发情况，实施江海河拓浚、焦港泵站等工程，形成向东台斗南地区稳定供水的格局，具备向通榆河南段和堤东新围垦区边界自流供水的条件，保障苏北沿海地区冲淤保港水量。

2. 监测站网建设

淮河流域水环境水生态监测站网不断完善，已在水功能区建设1020个固定监测点位，饮用水水源地、入河排污口分别有458个和1530个固定监测点位，地下水固定监测点分水质监测点和水位监测点两种，共计 560 个，水生态方面的固定监测点位有 232 个。

（三）海河流域

1. 构建"六河五湖"生态水量保障体系

根据流域和区域水资源开发利用总量与用水效率"红线"，结合地下水关井压采规划，基于流域水量分配方案及生态环境水量总体配置方案，建立不同保障率下当地径流、再生水、引黄水、南水北调东中线等多种水源的水量统一优化配置技术体系，并结合现有水资源和防洪调度，以保障"六河五湖"生态用水为目标开展水资源综合调度，形成流域上下统筹、年际年内调剂的生态水量调度方案。

2. 探索流域综合治理投资新模式

以永定河流域投资有限公司为样本，建立以流域为单元、跨省级行政区的流域治理投资公司，以投资主体一体化带动流域治理一体化、全面对接河长制落实，构建以政府为主导、企业为主体、市场为手段的"投、建、管、运"一体化新机制，形成政府与市场有机结合两手发力的流域治理模式。

3. 建设"六河五湖"水资源实时监控与调度系统

围绕生态水量目标监督考核、生态水量调度管理、水生态评价、综合治理实施效果评估等业务，建设"六河五湖"水资源实时监控与调度系统：①完善信息采集手段，补充监测空白，实现对流域综合治理重点监测对象、敏感区域的透彻感知；②通过资源整合、大数据分析、虚拟现实仿真等技术，提供强有力的监督管理手段，全方位、多层面掌握流域水资源状况和变化情况，提高水资源调度科学性和精确性。

4. 建立完善突发事件应急预案

针对饮用水水源地、重要水功能区等重要对象，进一步完善监测预警，加快利用云计算、物联网、大数据、"互联网+"等信息技术，开发建立"六河五湖"预警系统，划分预警分级，缩短重大事故响应时间，全面提升水质预警和应急处理能力。成立以水利部海河水利委员会牵头，相关省级水行政主管部门以及地市主要领导为成员的重大突发水事件应急工作领导小组，对潘大水库、白洋淀等重点对象，针对突发水污染事故、重点敏感涉水区域（水坝、水源地）受暴恐袭击（投毒）等事件，制定相应的应急处理机制，明确报告、受理、上报、响应、处置等相关流程和时限，开展突发事件应急演练，提高对突发事件应急响应处置能力。

第三节　长江中下游地区

一、现状与问题

（一）基本现状

1. 主要河流水质状况

长江中下游地区河流干支流众多，根据 2018 年长江中下游地区河流水质监测数据，总评价河长 44 832.6km，水质符合或优于Ⅲ类标准的河长为 36 628.2km，占评价河长的81.7%；劣于Ⅲ类标准的超标河长共 8205.4km，占评价河长的 18.3%。其中Ⅳ类水河长5609.4km，占 12.5%；Ⅴ类水河长 1458km，占 3.3%；劣Ⅴ类水河长 1138km，占 2.5%，河流水质类别河长比例如图 8-7 所示。主要超标项目为总磷、氨氮、高锰酸盐指数、五日生化需氧量等。

图 8-7　2018 年长江中下游地区水质评价河长类别比例

长江干流水质较好，共监测评价河长 3298.6km，水质符合或优于Ⅲ类标准的河长3265.2km，占 99.0%。支流水质整体良好，部分支流污染严重，共评价河长 41 535km，水质符合或优于Ⅲ类标准的河段河长为 33 363km，占评价河长的 80.3%。湖口以下干流区间及太湖水系的支流仍有相当比例的河长水质劣于Ⅲ类水。其中湖口以下干流区间评价河长共计 7044km，水质劣于Ⅲ类标准的河长为 3385km，占 48.1%。太湖水系评价河长共计 6164km，劣于Ⅲ类标准的河长为 3542km，占评价河长的 57.5%，见表 8-10。

2. 湖泊水质状况

根据 2018 年纳入《长江流域及西南诸河水资源公报》中的 56 个主要湖泊水质监测数据，共监测评价湖泊水面面积 10 365.5km^2。符合Ⅱ类标准的水面面积为 60.3km^2，占评价面积的 0.6%；符合Ⅲ类标准的水面面积为 1059.4km^2，占评价面积的 10.2%；Ⅳ类为7932.11km^2，占评价面积的 76.5%；Ⅴ类为 1215.08km^2，占评价面积的 11.7%；劣Ⅴ类为 98.61km^2，占评价面积的 1.0%，结果如图 8-8 所示。

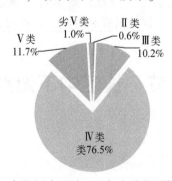

图 8-8　2018 年长江中下游地区各水质类别湖泊面积比例

宜昌至湖口、湖口以下干流区间和太湖水系等二级水资源分区内仍有相当比例劣于Ⅳ类湖泊，分别为 20.2%、24.9% 和 12.1%，见表 8-11。

表 8-10 2018 年长江中下游各水资源二级区（不包含长江干流）年度水质状况评价

分区	水资源二级区	评价河长	I 类		II 类		III 类		IV 类		V 类		劣 V 类	
			河长/km	比例/%	河长/km	比例/%	河长/km	比例/%	河长/km	比例/%	河长/km	比例/%	河长/km	比例/%
长江中下游地区	洞庭湖水系	12 363	296	2.4	10 602	85.7	1 365	11.0	57	0.5	24	0.2	19	0.2
	汉江	5 855	172	2.9	3 966	67.7	807	13.8	637	10.9	56	1.0	217	3.7
	鄱阳湖水系	5 610	64	1.1	4 847	86.4	613	10.9	86	1.6	0	0.0	0	0.0
	宜昌至湖口	4 499	196	4.4	3 075	68.3	1 079	24.0	149	3.3	0	0.0	0	0.0
	湖口以下干流区间	7 044	0	0.0	1 588	22.5	2 071	29.4	2 182	31.0	706	10.0	497	7.1
	太湖水系	6 164	0	0.0	573	9.3	2 049	33.2	2 465	40.0	672	10.9	405	6.6
	合计	41 535	728	1.8	24 651	59.4	7 984	19.2	5 576	13.4	1 458	3.5	1 138	2.7

注：长江流域各二级分区均未含长江干流数据。

表8-11 2018年长江中下游地区湖泊年度水质状况评价

水资源二级区	湖泊数量	评价湖泊面积	II类			III类			IV类			V类			劣V类		
			数量	面积/km²	比例/%	数量	面积/km²	比例/%	数量	面积/km²	比例/%	数量	面积/km²	比例/%	数量	面积/km²	比例/%
洞庭湖水系	1	1 600							1	1 600	100.0						
汉江	3	107.19							2	107.1	99.9	1	0.09	0.1			
鄱阳湖水系	8	2 209.26				1	193	8.7	1	1 991	90.1	3	6.19	0.3	3	19.07	0.9
宜昌至湖口	33	1 464.75	1	53.6	3.6	2	422.6	28.9	13	632.48	43.2	13	296.53	20.2	4	59.54	4.1
湖口以下干流区间	18	2 411.5				5	175.8	7.3	10	1 615.7	67.0	2	600	24.9	1	20	0.8
太湖水系	8	2 572.8	1	6.7	0.3	1	268	10.4	4	1 985.83	77.2	2	312.27	12.1			
合计	71	10 365.5	2	60.3	0.6	9	1 059.4	10.2	31	7 932.11	76.5	21	1 215.08	11.7	8	98.61	1.0

3. 水库水质状况

根据纳入 2018 年《长江流域及西南诸河水资源公报》中的 150 个主要水库水质监测数据，符合Ⅰ类水质标准的水库为 11 个，占评价数量的 7.3%；符合Ⅱ类水质标准的水库为 89 个，占评价数量的 59.3%；符合Ⅲ类水质标准的水库为 40 个，占评价数量的 26.7%；符合Ⅳ类水质标准的水库为 9 个，占评价数量的 6.0%；符合Ⅴ类水质标准的水库为 1 个，占评价数量的 0.7%，如图 8-9 所示。水库水质整体较好。

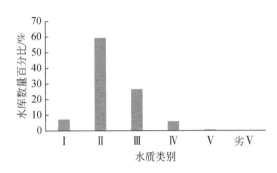

图 8-9 长江中下游地区不同水质类别的水库数量百分比

4. 水功能区水质评价与分析

2018 年长江中下游根据区评价《全国重要江河湖泊水功能区划（2011—2030 年）》，有 733 个水功能区位于长江中下游地区，对这 733 个水功能区 2018 年水质状况进行评价分析。按照全指标评价，达标的水功能区 596 个，占水功能区评价总数的 81.3%。按照河流、湖（库）分类，河流型水功能区评价河长 22 658.3km，达标河长 19 580.7km，河长达标率为 86.4%；湖（库）评价面积 8444.1km²，达标面积 1993.3km²，面积达标率为 23.6%。按照双指标评价（评价 COD 和氨氮），733 个水功能区中，达标的水功能区共 696 个，占水功能区评价总数的 95.0%。河流型水功能区达标河长 21 854.7km，河长达标率为 96.5%；湖（库）达标面积 8417.1km²，面积达标率为 99.7%。各水资源二级区水功能区水质达标率状况见表 8-12。

表 8-12 长江中下游地区现状水质不达标水功能区个数

二级水资源分区	参评水功能区个数	全指标		双指标		总磷指标	
		不达标水功能区个数	不达标比例/%	不达标水功能区个数	不达标比例/%	不达标水功能区个数	不达标比例/%
洞庭湖水系	198	28	14.1	11	5.6	13	6.6
汉江	104	17	16.3	8	7.7	17	16.3
湖口以下干流	192	55	28.6	10	5.2	47	24.5
鄱阳湖水系	154	13	8.4	1	0.6	12	7.8
宜昌至湖口	85	24	28.2	7	8.2	20	23.5
长江中下游区	733	137	18.7	37	5.0	109	14.9

全指标未达标的 137 个水功能区中，主要超标项目为总磷、氨氮、五日生化需氧量、

高锰酸盐指数等，其中总磷指标未达标的水功能区有 109 个，总磷成为长江中下游地区水功能区水质的定类因子。

5. 水生态状况

长江流域被誉为中国的生物资源宝库，生态系统完整，生物多样性较高。根据历史监测资料统计，长江中下游地区有浮游植物 1200 多种（属），河流以硅藻为主，湖库以硅藻、绿藻为主；底栖动物有 1000 多种（属），河流以水生昆虫为主，湖库以寡毛和摇蚊为主；有各种鱼类近 200 种。

（二）存在的主要问题

1. 长江中下游地区河流水质总体较好，局部水域水质问题依然突出

湖口以下干流区间及太湖水系的支流仍有相当比例的河长劣于Ⅲ类水。湖泊水质稍差，Ⅲ类及以上水面面积占比仅为 10% 左右。仍然有 137 个全国重要水功能区水质不能满足水质目标。

2. 长江中下游地区污水排放量较大，成为局部水域污染的重要原因

太湖水系、洞庭湖水系和湖口以下干流区间排污量巨大，2018 年废污水排放总量为257.16 亿 t，其中生活污水 130.33 亿 t，占 50.7%；工业废水 126.83 亿 t，占 49.3%。按水资源二级区统计，排污主要集中在太湖水系、洞庭湖水系和湖口以下干流区间，占长江中下游区排污量的 63.5%。

3. 总磷成为长江中下游地区水功能区的主要超标因子

全指标未达标的 137 个水功能区中，因总磷指标超标而未达标的水功能区有 109 个，占比 79.6%。

二、保护修复格局

以"节水优先、空间均衡、系统治理、两手发力"的新时期治水方针为指导，坚持山水林田湖草系统治理，厂网河湖岸统筹管理。针对长江中下游的特点，构建长江中下游"一江、四河、两湖、一库"水环境和水生态保护修复格局（图 8-10）。

"一江"：指长江中下游干流，是该区域的主动脉，涉及湖北、湖南、江西、安徽、江苏、上海等地区。该地区应以保障中下游宜昌、汉口、大通等控制断面生态流量过程为基础，实施河道崩岸治理与岸线生态化改造，修复"江湖关系"，强化磷污染控制与治理，开展长江口水环境和水生态综合治理。

"四河"：指流域面积大于 80 000km² 的四大支流水系，即汉江、沅江、湘江和赣江。该地区应在深入实施《汉江生态经济带发展规划》《洞庭湖生态经济区规划》等重大规划的基础上，开展流域水资源优化配置、水资源保护、水污染控制、水生态修复、水景观优化和智慧水务管理等综合措施，提升流域水生态水环境治理与管理能力。

"两湖"：指"长江双肾"洞庭湖区和鄱阳湖区。该地区应着手解决两湖频频干旱与富营养化问题，推进荆南四河（松滋河、虎渡河、藕池河、华容河）河道治理工程、洞庭湖四水和鄱阳湖五河尾闾疏浚工程以及湖口控制工程，构建河畅、水清、岸绿、景美的幸

图 8-10　长江中下游地区水环境和水生态保护修复格局

福湖泊体系。

"一库"：指丹江口水库。丹江口水库既是汉江流域的重要水源地，也是京津冀豫四省（直辖市）的重要水源地。按照水源地安全保障区、水质影响控制区和水源涵养生态建设区分区建设思路，打造中华水塔。

措施布局上，优化长江上游控制性水利工程，重视中游地区江湖关系修复，保障下游基本生态需水和敏感生态需水目标，并重视水资源节约和污染物减排。

上游优化调度：以《长江流域综合规划（2012—2030 年）》确定的控制断面生态基流，最小环境下泄流量，最小下泄生态水量，以及敏感生态目标如四大家鱼、中华鲟生态需水过程为约束，以维护中下游干流水环境和水生态健康为目标，实施流域水利工程群联合优化调度。

中游江湖连通：针对目前长江中下游湖泊群仅有洞庭湖、鄱阳湖、石臼湖等少数湖泊与长江干流自然连通，新河势演变和江湖关系条件下湖区枯水季节水资源紧张的问题，实施重点湖泊水生态空间扩增，一般湖泊湖口工程生态化改造或拆除，鄱阳湖、洞庭湖湖口生态控制性水利工程，保证江湖关系稳定，江湖持续连通。

下游节水减排：以《长江三角洲区域一体化发展规划纲要》实施为契机，推动长江下游安徽、江苏、上海、浙江进一步降低用水总量，降低废污水排放总量，推进城乡一体化供水和乡镇集中式污水处理，推广节水生产工艺和节水生活器具，提高工业、农业和生活用水效率。

三、重大工程措施

（一）实施保护长江中下游水生态环境的水利工程群优化调度

强化流域控制性水利工程群统一调度，把统一调度范围从目前以上游 40 座控制性水库为主（图 8-11），扩展到全流域 100 座大型水库、引调水工程、蓄滞洪工程和取排水闸站工程。优化水温调度、泥沙调度、四大家鱼和中华鲟特殊物种保护调度需求的基础上，以保护中下游水质或重要栖息地面积这个关键点和外包线，从保护生态系统的角度落实长江生态大调度。

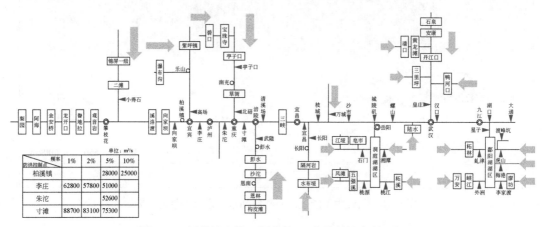

图 8-11　目前纳入统一调度的 40 座控制性水利工程

（二）实施长江中下游干流崩岸治理与岸线复绿工程

全面开展长江干流、汉江干流险工险段治理，重点开展长江干流荆江河段、新螺段、黄石江段、九江河段、安庆江段，汉江仙桃—武汉段崩岸险情监测、预防与治理工程，进一步巩固长江大保护战略实施以来岸线腾退成果，实施重要非城市江段岸线复绿、生态修复和景观优化工程。

（三）以"两湖"为核心实施江湖连通工程

在洞庭湖实施一般洲滩民垸退田还湖，复增天然湖泊约 200km²，蓄洪垦殖垸分期分批开展退田还湖约 1500km²，傍湖垸可先期安排移民建镇，采取"退人不退耕"的方式进行过渡。约束鄱阳湖湖滨地区"堑秋湖"利用方式，恢复"湖–湖"连通，扩增鄱阳湖湖滨自然生态空间 1000km² 以上。针对长江中游武汉段、铜陵—九江段沿岸的湖泊，分批有序开展洪湖、梁子湖、龙感湖、菜子湖等湖泊的江湖连通工程，恢复长江中下游沿江湖泊的通江关系，为长江干流江豚和鱼类等水生生物提供更广阔的水生态空间。

（四）实施"两湖"湖口生态控制工程和入湖河道综合治理工程

针对新水沙条件下河势调整，江湖关系发生深刻变化，科学论证、适时推动鄱阳湖、洞庭湖湖口生态控制工程，实施荆南四河综合整治工程，洞庭湖四水尾闾整治工程，鄱阳湖五河尾闾整治工程（图8-12）。

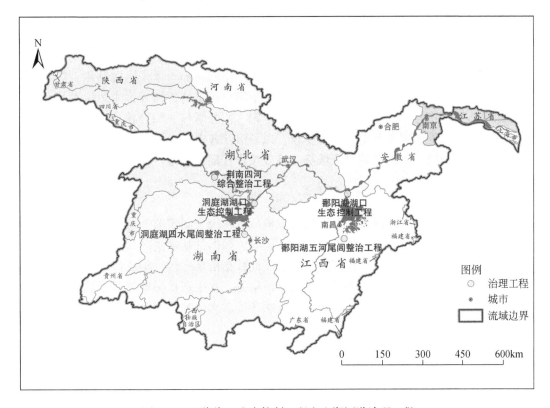

图 8-12　两湖湖口生态控制工程和入湖河道治理工程

（五）实施长江三角洲节水减排工程

实施安徽、江苏农业节水灌溉工程（高标准农田建设工程）和城乡一体化供水工程，提高上海、浙江工业水重复利用率和可再生水利用比例，进一步普及城市居民节水器具使用范围，推动沿江城市实施区域水环境综合治理，创新水环境治理思路，推广"厂网河湖岸"一体化治理模式。

（六）推进丹江口库区及上游地区绿色发展和水环境保护工程

以"绿色发展、环境保护"为终极目标，提出源头减排、末端控制、功能强化、责任考核系统工程。在源头减排方面，注重绿色工业、生态养殖业、循环种植业、文化旅游业等高效低排放产业的转型升级；在末端治理方面，城镇生活污水和垃圾处理注重集中处理、提高效率，农村生活污水垃圾处理注重因地制宜、低成本可持续；在功能强化方面，注重提升植被覆盖面积、增强植被净化功能；在责任考核方面，注重现有制度的落实和生态补偿机制的创新。

四、重要非工程措施

（一）完善体制机制，提升管理能力

强化流域管理机构综合协调能力，对流域内国土空间布局，水土资源利用，能源结构调整，航道交通布局，洪涝灾害防御，水土流失治理，污染防控治理，生态保育修复等方面实行综合协调和指导。赋予流域机构在规章制定、监督考核、综合执法、监测监控、应急处置、责任追究等职责方面更大的自主权，以及沿江各省（自治区、直辖市）和相关利益主体的决策参与权，由国务院对流域综合绩效按责任期进行考核。

（二）创新管理模式，实现信息共享

建立水环境和水生态监测信息汇集机制。流域机构统一制定监测计划，汇集各部门负责的监测数据，并及时做好数据的整编工作。同时，根据长江水生态保护与修复工程的需要，建设长江流域水生态环境大数据中心，利用此数据信息平台，集成流域内相关职能部门和科研单位、社会团体实施的水量、水质、污染源、水生态状况监测数据以及其他相关部门实施的经济、社会、环境统计数据，建立水环境和水生态监测信息共享机制。

（三）严格环境执法，提增违法成本

以实施《中华人民共和国长江保护法》为契机，全面禁止在长江干支流岸线 1km 范围内新建、扩建化工园区和化工项目；禁止在长江干流岸线 3km 范围内和重要支流岸线 1km 范围内新建、改建、扩建尾矿库；禁止船舶在划定的禁止航行区域内航行；严格限制在长江流域生态保护红线、自然保护地、水生生物重要栖息地水域实施航道整治工程；禁止违法利用、占用长江流域河湖岸线。建立多部门跨区域联合执法机制，严厉打击生态破坏和环境污染违法行为，通过增加违法成本倒逼市场主体履行水生态环境保护义务。

第四节　东南沿海地区

一、现状与问题

（一）基本现状

1. 生态流量满足情况

依托流域水资源综合规划和水量分配方案等工作，珠江流域南盘江干流、柳江干流、郁江干流、桂江干流、西江干流、东江干流、北江干流和韩江干流以及东南诸河部分重点河流均已明确生态基流目标。珠江流域目前有 11 个断面已确定了生态基流，生态基流月保障程度较好，保障率均在 95% 以上，平均保障程度为 98.9%。此外，有 14 个断面已根

据以往规划或环评确定了非汛期生态流量，保障程度平均为 91.0%，但贵港、桂林、梧州和高要四个断面的保障程度低于 90%，其中贵港断面的保障程度仅为 64.5%。东南诸河流域内重要河流基本生态需水量、目标生态需水量满足程度良好，浙江省 13 个控制断面生态基流满足程度为 86.7% ~ 99.2%，福建省 10 个控制断面生态基流满足程度均为 100%。

2. 水源涵养情况

近年来，东南沿海地区正持续开展水土流失综合治理工作。珠江各江河上游生态功能区划多属于水源涵养区，涉及珠江源水源涵养功能区、西江上游水源涵养与土壤保持功能区、桂东北丘陵水源涵养功能区、桂东南丘陵水源涵养功能区等。这些水源涵养区大多位于人类活动较少的山地丘陵区域，目前大部分保护状况良好。但由于自然侵蚀、人类干扰等多种因素，珠江源、东江源等部分水源涵养区的水源涵养功能需进一步巩固提高。东南诸河流域目前已建有国家级水土流失重点预防区和重点治理区各 1 个，以及若干省级水土流失重点预防区、省级水土流失重点治理区，各省市水土流失面积均有明显下降。截至 2018 年底，浙江省全省（含太湖流域部分）现有水土流失面积 8316km²，较为严重的区域主要为南部的温州、丽水、衢州等市，其中衢江中上游、曹娥江上游、瓯飞鳌三江片等小流域问题尤为突出；此外，沿海岛屿和杭州湾两岸存在着极少量的风力侵蚀。安徽省水土流失主要分布在皖南山区的宣城市、黄山市，新安江流域部分河道存在水流冲刷严重、岸坡失稳现象。福建省现有水土流失面积约为 10 858.47km²，占土地面积的 8.87%，水土流失强度以轻、中度流失为主，水土流失面积与强度总体呈东南沿海向西北内陆下降趋势，长汀、宁化、安溪、平和等局部内陆丘陵山区水土流失较为严重。

3. 水环境质量状况

总体来看，区域内水功能区和水源地水质状况良好，珠江流域整体情况不如东南诸河流域。东南诸河流域 2018 年国务院批复的 234 个重要江河湖泊水功能区全年期水质达标率为 84.2%。按照全国重要饮用水水源地来统计，其水质达标率为 80.6%（总氮不参评）。2018 年，对珠江流域 1166 个省级水功能区进行全指标评价，达标水功能区 731 个，达标率为 62.7%。主要超标项目为总磷、氨氮和五日生化需氧量。全年水质合格率在 80% 及以上的地表水水源地有 102 个，占评价总数的 79.7%。另外，湖泊水质总体较好，而地下水水环境质量严重偏低。东南诸河流域重点湖泊东钱湖全年期水质均为Ⅲ类，现有 45 座主要大型水库全年期水质达到或优于Ⅲ类的个数比例为 95.6%（总氮不参评）和 48.9%（总氮参评）。地下水水质多为Ⅳ类和Ⅴ类，占总监测井数的 90.6%。从空间分布来看，浙东沿海诸河（含象山港及三门湾）地下水水质全为Ⅳ类，富春江水库以下水质主要为Ⅳ类，瓯江温溪以下水质多为Ⅴ类，闽江中下游（南平以下）和闽南诸河三级区水质主要为Ⅴ类。珠江流域湖泊全年Ⅰ ~ Ⅲ类水面积 274km²，占评价面积的 71.9%；Ⅳ ~ Ⅴ类水面积 42.3km²，占 11.1%；劣Ⅴ类水面积 64.9km²，占 17.0%。地下水水质监测站点Ⅰ ~ Ⅲ类水占比只有 11.4%（菌类参评）。

4. 水流连通状况

东南诸河区域纵向连通性评价结果整体不高，其中，主要河流金华江、大樟溪、浦阳江等 8 条江河建闸较少，纵向连通性评价为优；晋江、木兰溪、九龙江、漳江等 22 条河流建闸较多，纵向连通性评价为差或劣。东南诸河区域内河流大多源短流急，水资源年内分布不均，水资源条件决定了需要水库和闸坝等控制性水利工程，予以蓄水保水，加之水力发电等原因，河流梯级开发强度较大，现状区域内工程类型为水电站和闸坝，因此，一定程度上影响纵向连通性指标评价结果。以福建省晋江为例，其水资源开发利用率高，作为流经经济较为发达地区泉州市的主要河流，晋江东、西溪上游规划的主要水利枢纽只有山美水库和白濑电站，水资源开发利用率超过30%，平均每100km有4个闸坝，一定程度上影响了河流连通性。类似地，珠江区河流众多，分属珠江、韩江、粤西、粤东、桂南沿河诸河、海南岛诸河等水系，各水系的干、支流由于众多水电工程的建设，存在局部河段水生生境的破碎化问题。例如，珠江水系的各大江河干流，除了西江下游纵向连通性较好以外，其余河段江河连通性均有不同程度的下降。

5. 水生生物多样性状况

总体来看，东南沿海区鱼类种类及资源量极为丰富，但水生生物链顶层的鱼类其生境和保有指数随区域差异呈现出一定的差异性。珠江水系有鱼类296种和亚种，其中淡水种类239种，洄游性种类7种，常见河口种类50种；淡水种类中有75种为珠江水系特有种和亚种。目前，由于人类活动的影响，许多传统经济鱼类从常见种、优势种演替为稀有种，如以中华鲟、鲥、大眼卷口鱼、桂华鲮、佛耳丽蚌等为代表的珠江重要生物资源大幅减少，部分鱼类甚至濒临灭绝。部分支流水葫芦泛滥，麦瑞加拉鲮、巴西龟、革胡子鲇等外来入侵物种已形成种群。从鱼类生境来看，东南诸河新安江及库区、白沙水库等8个水域重要水生生境情况较好，评价为优或良；闽江干流、赛江、椒江等10个水域重要水生生境情况一般，评价为中；闽江富屯溪、木兰溪、九龙江等22个水域重要水生生境情况较差。从鱼类保有指数来看，福建省179条河流中，鱼类保有指数在75%以上的河流比例为50.8%，其中，鱼类保有指数较高的主要是位于上游的九曲溪、黄柏溪等，鱼类保有指数较低的主要是龙岩的金丰溪和抚溪、福州的龙江。21座大型水库鱼类保有指数在75%以上的比例为85.7%，鱼类保有指数较高的水库主要有安砂水库、万安溪水库、池潭水库、沙溪口水库，鱼类保有指数较低的水库主要有东圳水库。

（二）存在的主要问题

1. 江河源头区水土流失严重，生态环境脆弱

珠江区的西江源头区位于云贵高原，属于以水力侵蚀为主的西南土石山区，岩溶分布广泛，喀斯特地形发育，加上山高坡陡，地形破碎，植被覆盖率低，水土流失严重，水源涵养能力低下。西江上游的南北盘江流域是石漠化比较严重的地区，土地生产力低下，喀斯特植被较为发育，具有明显的次生性，植被生物量的丰富程度都较低。东江源由于开矿、采石、采伐果树等人为因素，植被受到严重破坏，水土流失严重，山林涵养水源与河流的自净能力下降，区域的自然生态和水生物受到较大影响。东南沿海地区同样如此，浙江省水土流失较为严重的区域主要为南部的温州、丽水、衢州等市，衢江中上游、曹娥江上游、瓯飞鳌三江片水土流失占比相对较高；安徽省水土流失主要分布在皖南山区的宣城市、黄山市，新安江流域由于山地面积大、耕地资源稀少，部分河道水流冲刷严重，岸坡失稳，坍塌严重；福建省水土流失较为严重的区域主要为晋江流域上游。水土流失造成河道、山塘水库淤积，并且作为面源污染传输的载体，一定程度上使得江河湖库水质恶化。

2. 部分河段生境破碎和水文节律改变，水生态服务功能弱化

地区水资源高强度开发利用改变了河流的天然流量规律，导致依赖水文过程的水生态系统服务功能难以正常发挥。西江干流建成天生桥一级、龙滩、岩滩等多个梯级水库，导致部分鱼类产卵场消失，目前西江干流产卵场较历史已减少了12个，呈自然流水的江段占干流的长度比例不足50%。由于部分梯级电站规划建设较早，较少考虑水生生物的生态需求，没有提出工程的生态流量下泄要求，单纯的以工程调度为主。对水量的调节使河流水文节律明显改变，能够刺激鱼类产卵的小洪水过程大幅减少，使鱼类产卵敏感期洪水脉冲次数少、幅度小，难以满足鱼类繁殖需求，因此现存产卵场的功能也受到较大影响。产卵生境的减少致使喜流水生境的鱼类资源减少，在渔获物中很少见到四大家鱼等产漂流性卵的鱼类。东南沿海区主要河湖生境水生态类型可分为生态良好型、污染破坏型、生境萎缩型以及复合失衡型。污染破坏型表现为水体污染严重、湖库富营养化、重要生境及水生生物资源遭受破坏、生物多样性降低等，主要分布于闽江、椒江、九龙江等河流的下游和城市河段。生境萎缩型表现为土地资源开发、河口滩涂湿地开发、堤防及闸坝建设引起的江河湖连通性降低、湿地面积萎缩、河湖滨带退缩、鱼类洄游通道受阻以及由此导致的生境空间范围萎缩、质量下降等，主要分布于钱塘江河口、兰江、湖洋溪等河流。近年来，新安江水库浮游植物多样性有所降低，钱塘江河口区溯河洄游性和降海洄游性水生生物物种（如日本鳗鲡和中华绒螯蟹等物种）数量有所减少，生物多样性下降趋势较为明显。复合失衡型表现为生态水量不足、水体严重污染、生态空间萎缩等综合作用导致的河湖生态服务功能退化、生物多样性减少、生态系统失衡，主要分布于曹娥江、建溪、木兰溪、晋江等河流。

3. 面源污染增加、水生态系统结构不完善以及水文气象变化等诸多因素导致近年以千岛湖为典型的湖库出现富营养化趋势

近年来，东南诸河流域多个湖库出现富营养化趋势，其中以千岛湖表现尤为明显。千岛湖湖体水质总体良好，但自2001年以来湖体总氮、氨氮、叶绿素a等指标总体呈波动升高趋势，水体营养状态由贫营养逐步向中营养转变。2018年，总氮平均浓度为0.99mg/L，春季和夏季总氮浓度最高。近年，千岛湖浮游植物群落结构发生变化，蓝藻占比增加，特别是2016~2017年，蓝藻最大占比达到2002年来的最大值，千岛湖浮游植物群落结构出现"蓝藻化"现象。硅藻型的浮游植物群落是营养水平较低水体的特征，而蓝-绿藻型则是营养化水平较高水体的表征，需注意蓝藻增多对生态系统的潜在威胁。外源污染负荷输入是千岛湖营养盐的重要来源，其中农业生产是总氮和总磷的主要来源，新安江流域农田面源污染在各类污染源中占比均超过50%，且总氮排放量有增加趋势，成为千岛湖水体氮的重要来源。作为千岛湖最大的入湖河流，新安江营养盐的输入显著影响千岛湖的生态系统健康。生态屏障尚未形成，加剧了湖区氮污染，入湖口、库湾、湖岸尚未形成完整的生态屏障。新安江-千岛湖周边部分河流漫滩开发，河口湿地被破坏，临湖河口湿地等重要生态屏障受损，湿地拦截作用遭破坏，沿湖坡面径流流程短，氮磷流失量大、污染浓度高，是近年来湖区氮污染加剧的重要原因。此外，水文气象要素变化影响库区水质。新安江水库近10年气象水文条件变化较大，气温下降、降水量上升趋势显著，导致入库和出库流量增加，气温、降水量和出入库流量对水体理化指标影响较大。

4. 下游区经济发达，水资源水环境承载压力大，水生态空间萎缩严重

东部沿海区水环境状况总体良好，但下游河网地区水质普遍较差。从水资源分区看，浙东诸河区水质最差，现状水质达到或优于Ⅲ类的河长占比仅46.5%，劣Ⅴ类河长占比12.6%，主要超标项目为总磷、氨氮，其次为浙南诸河区，水质达到或优于Ⅲ类的河长占比仅81.2%，劣Ⅴ类河长占比14.1%。从行政区看，沿海杭绍宁、厦漳泉等城市圈人口密度大、废污水入河量大，浙东沿海的慈溪河网、鄞东南河网，浙南沿海的椒江温黄平原河网、金清河网地区，以及闽南诸河莆田市木兰溪入海口等地区部分水质为劣Ⅴ类。南部珠江河口的自然岸线在近40年减少289.62km，自然岸线保有率下降18.71%；湿地（滩涂）面积减少582.49km²（赵蒙蒙等，2019）。此外，珠江河口现状红树林面积不到20世纪80年代的2/5。未来基础设施建设将继续占用岸线、滩涂湿地资源，涉水生态空间面临进一步萎缩压力。因受涉水生态空间的萎缩带来的栖息地减少的影响，珠江河口的生物多样性降低，渔获种类大幅减少。例如，浮游植物种类由20世纪80年代的244种降至2006年的153种，广东南海北部大陆架底层渔业资源密度已不足20世纪70年代的1/9（刘凯然，2008）。

二、保护修复格局

东南沿海地区按照"上中下与重要节点相结合"的思路，形成"上游水生态保护、中下游水生态修复治理、城镇集中河段及河口水环境综合整治、河口生态保护与修复"的水环境和水生态安全保障重点格局（图8-13）。

（一）上游水生态保护

立足区域天然生态优势，东部沿海地区以新安江源头区、闽江源、晋江上游西溪、九龙江上游西溪、北溪等为重点，南部沿海地区以珠江流域中上游的西江、北江、东江为重点，突出水源涵养及水生态系统修复，实施水源涵养林草建设、生态保护林建设、水生态保护与修复等生态保护，打造上游绿色生态屏障。

（二）中下游水生态修复治理

以饮用水水源地保护为重点，加强水源地周边区域污染源治理和生态修复。东部沿海地区保护钱塘江、椒江、瓯江、闽江、九龙江等河流生态廊道，南部沿海地区将西枝江、增江、流溪河、潭江等取水口相对集中的重要河道打造成为清水生态廊道，同时高标准建设粤港澳大湾区碧道。通过水环境治理、水生态保护与修复、水安全提升、景观营造、游憩系统构建等方式，修复河湖湿地生态，发挥山水相依、滩林优美的资源环境优势。

通过加强珠江流域的天生桥、龙滩、岩滩、大藤峡、百色、飞来峡、新丰江等流域控制工程的统一调度，确保控制断面的生态流量，保障下游地区生态环境用水，改善河口生态环境。

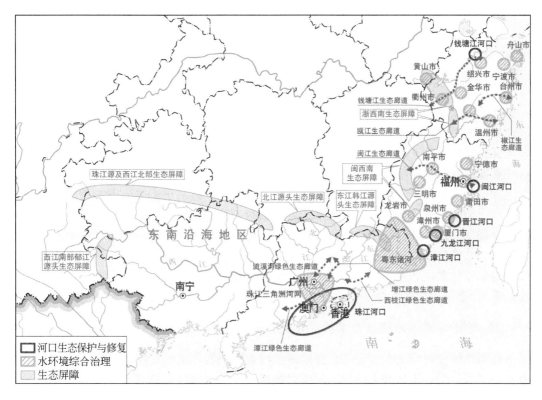

图 8-13　东南沿海地区保护修复格局示意

（三）城镇集中河段及河口水环境综合治理

针对城镇集中河段存在的水量短缺、水质污染、生境破坏、萎缩及功能退化等问题，东部沿海地区以钱塘江、瓯江、闽江、九龙江、晋江、木兰溪为重点，南部沿海地区以珠江三角洲河网和汀江、黄冈河、练江、榕江等为重点，通过河涌水系清淤清障、河道拓宽等措施，优化城镇段河流生态空间；加强水环境综合治理，在满足排洪和排涝功能的前提下，因地制宜对河湖岸线进行生态化改造以此改善水生态环境，重塑河流健康。在珠江三角洲地区实施思贤滘、天河南华生态控导工程以及珠江三角洲闸泵群联合调度，增强河口地区河涌自净能力。

（四）河口生态保护与修复

遵循河口自然演变规律，分析和预测河口演变趋势，编制河口滩涂湿地保护规划，建立完善岸线滩涂管理体系；以重要物种生境保护与修复、河口湿地恢复等为重点，开展河口生态保护修复，恢复河口滩涂湿地水域面积和生态服务功能；开展珠江河口红树林宜林滩地的调查，加快实施宜林滩地红树林恢复与构建工程；重点加强伶仃洋、黄茅海生境保护，进一步巩固重要物种生境。

三、重大工程措施

（一）加强水源涵养及水土流失防治，实施水土流失治理工程

加强水源涵养及水土流失防治，对于山丘区等水土流失重点治理区着重开展小流域治理、坡耕地改造、崩岗治理、林下水土流失治理等；对于江河源头、水源地等水土流失重点预防保护区则着重开展封育保护、自然修复、生态清洁小流域建设等；对于城镇及周边地区着重配置有利于改善人居环境质量的各种水土保持措施。浙江省实施钱塘江源头水土流失治理工程、衢江中上游水土流失治理工程、曹娥江上游水土流失治理工程以及瓯飞鳌三江片水土流失治理工程。福建省对水土流失治理范围的 54 个县（市）实施退耕还林还草、封育修复、保护管理及能源替代等措施，推进水源地清洁小流域建设；对水土保持综合治理区实施坡耕地治理、崩岗专项治理、小流域综合治理、废弃矿山治理等；建设闽江沙溪上游的宁化翠江和连城文川河、闽江建溪中游建瓯和政和、九龙江西溪花山溪的平和和南靖等 12 个水土保持综合试验示范区。

（二）严格落实千岛湖生态保护，实施水资源保护工程

依托浙江淳安特别生态功能区，探索最严格水资源管理制度考核、河（湖）长制、生态补偿等手段，促进千岛湖上游地区污染源削减，针对流域污染特点，重点加强农业农村面源污染防治，实施淳安千岛湖及上游水资源保护工程。以保护水质、提高水源涵养能力为核心，加强新安江流域植被封育保护、园地经济林地林下水土流失治理等，加强入湖支流源头保护，对河道淤积、边坡塌陷河段实施生态清淤、岸线整治，有效控制入湖库泥沙和污染。综合修复千岛湖及支流水生态，实施增殖放流、依法捕捞，促进千岛湖生态平衡；对存在淤积、边坡塌陷、侵蚀污染等问题的支流河段实施综合整治，实施支河生境修复工程。

（三）建设东部沿海骨干生态廊道，实施流域生态修复工程

以钱塘江（含富春江）、瓯江、椒江、闽江上游等为重点，建设东南诸河区骨干生态廊道，实施浙江省钱塘江流域、瓯江流域、椒江流域水生态修复工程，福建省实施木兰溪下游、晋江下游、九龙江流域、福州龙江中下游水生态综合修复与治理工程，以及闽江源头和上游水生态修复与综合治理工程等。廊道上游突出水源涵养与保护，加强水土流失治理，对植被覆盖度低和岩石裸露地区开展封山育林育草，营造水土保持林，对开挖裸露边坡实施植被复绿，保护沿江河道、江心洲、河滩、自然林带等，修复河滩自然地形特征，建设湿地走廊，实施重要水库水源地生态治理。廊道中下游开展河道综合治理，实施生态岸线整治，畅通河湖水系，甬江宁波市鄞州区段、椒江中下游大田平原和椒北平原段等污染严重区应加强水环境综合治理，改善骨干廊道水生态环境。

（四）建设钱塘江口蓝色和美生态海湾，实施生态海堤工程

以钱塘江河口为重点，严格控制陆域入海污染，实施河口洲滩湿地保护与生态修复，

恢复河口滩涂湿地水域面积和生态服务功能，保护江海洄游通道。实施海岸带保护修复，打造"结构安全、生态健康、功能综合、美丽和谐"的钱塘江-杭州湾生态海堤。依托浙江省海塘安澜千亿工程，实施钱塘江南岸萧山区约20km的亚运防洪大堤生态提升工程。

（五）改善南部沿海区水资源开发利用条件，优化水资源配置工程体系

一方面，着力优化珠江大藤峡水利枢纽工程。大藤峡水利枢纽位于珠江水系西江流域黔江干流大藤峡出口弩滩处。工程以防洪、航运、发电和水资源配置为主，结合灌溉等综合利用的Ⅰ等大（1）型工程。工程将提高浔江河段沿江县（市）及西江河段部分县（市）的防洪能力，降低珠江三角洲地区的防洪压力，可承担部分补水压咸任务，提高下游地区枯季供水保证率，提高坝址以上河段通航标准，改善灌溉用水条件。另一方面，加快完善珠江三角洲水资源配置工程体系。珠江三角洲水资源配置工程位于广东省的中南部，涉及佛山、广州、东莞和深圳4个地级市。工程为年均取水量17.87亿 m³ 的Ⅰ等大（1）型工程。工程可有效解决城市经济发展的缺水矛盾，改变广州市南沙区从北江下游沙湾水道取水及深圳市、东莞市从东江取水的单一供水格局，提高供水安全性和应急备用保障能力，改善东江下游河道枯水期生态环境流量。

（六）调控西江来水来沙，建设粤港澳大湾区生态控导工程（思贤滘生态控导工程）

思贤滘是西北江三角洲网河区重要的分水分沙节点，其水沙分配变化对河网区水文情势与水生态环境有着重大影响，且危及区域防洪与供水安全。建设粤港澳大湾区生态控导工程（思贤滘生态控导工程），可有效控制西江洪水对北江的入侵以及北江枯水流入西江，保障北江大堤和北江三角洲的防洪安全，改善北江三角洲的枯季水环境和供水条件，减少泥沙进入伶仃洋淤积。

（七）打造城市宜居水环境，建设粤港澳大湾区（珠三角地区）碧道建设工程

粤港澳大湾区主要建设都市型碧道，重点推进治水、治城、治产相结合，打造宜居宜业宜游优质生活圈。主要建设内容包括珠江活力都会碧道、深圳现代都市示范碧道、环湾国际水岸碧道、湾区田园水乡碧道和潭江侨乡碧道5条特色廊道。规划至2022年底，建设碧道总长度3393km，至2025年底建设碧道总长度5223km。

（八）保护恢复水生生物资源，建设红水河珍稀鱼类保育中心

红水河珍稀鱼类保育中心选址在大藤峡水利枢纽区南木江副坝右岸，占地面积1.45hm²。主要建设内容包括水生生物调查监测站与水生生物实验室、濒危珍稀鱼类繁育救护基地车间、室外亲鱼池、室外鱼种池等。该保育中心以建设濒危珍稀鱼类繁育救护基地为目标，以中华鲟、唇鲮、乌原鲤等珍稀鱼类作为主要救护对象，统筹珠江流域鱼类保护、繁殖、育种、监测、研究、救护等多个方面的研究及技术工作，保护珠江流域水生物资源。

东南沿海地区重大工程措施具体分布如图8-14所示。

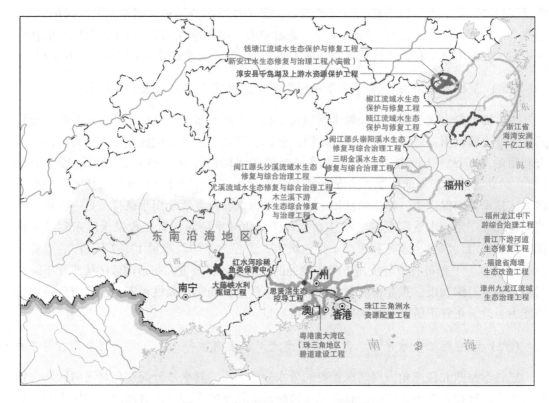

图 8-14　东南沿海地区重大工程措施

四、重要非工程措施

（一）加强浙闽皖边界跨界水体共保联治

依托长三角一体化发展，强化跨界水体污染防治，协同推进浙皖、浙闽边界跨界水体共保联治，实现以行政单元治理为主向跨区域共保联治转变；实施跨省河湖分级分类协同治理，联合制订跨界水体所在区域污染物排放总量和浓度双控目标，加强重要水功能区及行政交界水功能区的监督；在现有新安江生态补偿试点基础上，进一步完善新安江流域生态补偿机制，建立健全开发地区、受益地区与保护地区横向生态补偿机制，探索建立污染赔偿机制，建设新安江–千岛湖生态补偿试验区，促进新安江–千岛湖山水林田湖草系统协同保护。

（二）推动形成新安江流域环境治理联动机制

在现有新安江生态补偿试点基础上，进一步完善新安江流域生态补偿机制，建立健全开发地区、受益地区与保护地区横向生态补偿机制，探索建立污染赔偿机制，建设新安江–千岛湖生态补偿试验区，促进新安江–千岛湖山水林田湖草系统协同保护。

（三）粤港澳大湾区水生态空间划定与管控

推进粤港澳大湾区内部重要河道、重要湖泊、大中型水库等的水生态空间划定工作。建立水生态空间管控制度，完善生态保护红线管控和激励措施，强化执法监督。加强湾区内河道采砂的管理，加快编制《珠江流域重要河段河道采砂管理规划》。建立全面完善的河湖水系水生态空间监控网络，健全监管体系。

（四）建设完善珠江水利监管体制机制

制定《珠江水量调度条例》，完善流域协同机制，建立珠江流域跨省及粤港澳水安全事务协商机制，实现跨界河流共抓共管。扩大河长制管理范围，将珠江河口全部水域纳入河长制，落实管护人员和经费保障。强化最严格水资源管理制度，健全水工程建设运行管理制度。

（五）水生态保护地建设与管理

开展重要江河水生态基础资源调查，加强重要江河水生生物资源养护。推进封开青皮塘和德庆、罗旁、流溪河、增江等重要产卵场及洲滩等天然生境的保护，对区域内具备条件的涉水工程实施生态化改造；建立湖泊湿地名录，对湿地斑块勘界确权，建立定期监测评估体系。

（六）河流生态流量管控

首先，科学确定重要河流生态流量目标，研究制定新安江、钱塘江、瓯江、甬江、鳌江、曹娥江、武义江、常山港、椒江、松阴溪、晋江、建溪、交溪、闽江干流、富屯溪、沙溪、尤溪、古田溪、大樟溪、北溪、西溪、木兰溪、霍童溪、敖江等重要河流生态流量保障实施方案，明确管控责任和管理措施，严格抓好生态流量目标的落实。同时，强化水利工程调度，采取水库生态调度、闸坝联合调度、水电站生态改造等措施，合理安排闸坝下泄水量和泄流时段，维持河湖基本生态用水需求。加强干旱年（期）河道外用水管控，制定干旱年（期）用水管控措施。推动已建涉水工程生态化改造，增设必要的生态流量设施，完善监管体系。全面加强河湖重要控制断面监测站点建设，将生态流量监测纳入水资源监控体系，建立重要河湖生态流量监测预警预报和信息发布机制，明确相关责任主体，将生态流量保障情况统筹纳入最严格水资源管理制度考核。

（七）探索建立常态化的河湖水生态健康调查评估机制

进一步加强水生态本底情况调查，结合现有监测体系，建设或完善水生态监测体系和站点，先期开展水生态调查和监测试点建设，对主要河湖水生态状况进行全面监测，夯实基础支撑。探索建立常态化的水生态健康调查评估机制，定期开展水生态监测评估，全面掌握区域水生态状况并滚动更新。

（八）强化科技与基础支撑

有针对性地长期动态跟踪流域、河口水文水资源及生态环境演变等情况，深入开展原创性基础研究；加强粤港澳水科技合作交流，逐步推进粤港澳大湾区水文、水质与水生态同步监测；系统调查珠江三角洲河湖健康现状与生态需水规律，定期开展生态水量调度的生物监测评估。

第五节　西南地区

一、现状与问题

（一）基本现状

1. 主要河流水质状况

2018 年西南地区河流水质符合或优于Ⅲ类标准的河长为 61 373km，占评价河长的 96.3%；劣于Ⅲ类标准的超标河长共 2450km，占评价河长的 3.7%。其中Ⅳ类水河长 1190km，占 1.9%；Ⅴ类水河长 332km，占 0.4%；劣Ⅴ类水河长 928km，占 1.4%，如图 8-15 所示。

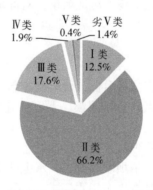

图 8-15　2018 年西南区水质评价河长类别比例

长江干流共评价河长 4727km，全部水质均符合或优于Ⅲ类标准。长江上游支流及西南诸河共评价河长 59 096km，水质符合或优于Ⅲ类标准的河长为 56 646km，占评价河长的 95.9%。其中Ⅰ类水河长为 6221km，占评价河长的 10.5%；Ⅱ类水河长为 39 559km，占评价河长的 66.9%；Ⅲ类水河长为 10 866km，占评价河长的 18.4%。水质劣于Ⅲ类标准的超标河段河长共 2450km，占评价河长的 4.1%。其中Ⅳ类水河长 1190km，占 2.0%；Ⅴ类水河长 332km，占 0.6%；劣Ⅴ类水河长 928km，占 1.6%。

西南地区各水资源二级区（不含长江干流）水质类别比例见表 8-13。西南区各水资源二级区水质符合或优于Ⅲ类标准的河长比例均高于 85%。其中，藏西诸河水系水质劣于Ⅲ类标准的河长比例最高，为 14.7%；乌江水系和金沙江石鼓以下水系水质达到劣Ⅴ类标准的河长比例较高，分别为 5.2% 和 4.6%。

表表 8-13 2018 年西南区各水资源二级区河流（不包含长江干流）年度水质状况评价表

分区	水资源二级区	评价河长	I 类		II 类		III 类		IV 类		V 类		劣 V 类	
			河长/km	比例/%	河长/km	比例/%	河长/km	比例/%	河长/km	比例/%	河长/km	比例/%	河长/km	比例/%
西南区	金沙江石鼓以上	3 479	956	27.5	2 523	72.5								
	金沙江石鼓以下	10 839	765	7.1	7 010	64.7	2 117	19.5	243	2.2	211	1.9	493	4.6
	岷沱江	9 040	540	6.0	6 024	66.6	1 989	22.0	286	3.2	78	0.9	123	1.3
	嘉陵江	9 299	1 504	16.2	5 137	55.2	2 606	28.0	52	0.6			0	
	乌江	2 855			1 670	58.5	973	34.1	61	2.1	4	0.1	147	5.2
	宜宾至宜昌	2 499			2 024	81.0	405	16.2	15	0.6			55	2.2
	红河	3 837			2 650	69.1	831	21.7	289	7.5	39	1.0	28	0.7
	澜沧江	6 819	1 203	17.7	4 521	66.3	975	14.3	57	0.8			63	0.9
	怒江及伊洛瓦底江	4 210	295	7.0	3 282	77.9	563	13.4	51	1.2			19	0.5
	雅鲁藏布江	4 403	691	15.7	3 663	83.2	38	0.9	11	0.2				
	藏南诸河	965	267	27.7	698	72.3								
	藏西诸河	851			357	41.9	369	43.4	125	14.7				
	合计	59 096	6 221	10.5	39 559	66.9	10 866	18.4	1 190	2.0	332	0.6	928	1.6

注：长江流域各二级分区均未含长江干流数据。

2. 湖泊水质状况

根据纳入 2018 年《长江流域及西南诸河水资源公报》中的 9 个主要湖泊水质监测数据，按水质类别对水域面积占比进行统计，结果见图 8-16 和表 8-14。符合Ⅰ类水质标准的水面面积为 30.3km²，占评价面积的 1.6%；符合Ⅱ类标准的水面面积为 373.25km²，占评价面积的 19.4%；符合Ⅲ类标准的水面面积为 218.75km²，占评价面积的 11.4%；符合Ⅳ类水质标准的水面面积为 7.25km²，占评价面积的 0.4%；符合Ⅴ类水质标准的水面面积为 156.35km²，占评价面积的 8.1%；符合劣Ⅴ类水质标准的水面面积为 1138.2km²，占评价面积的 59.1%。其中，洱海、普莫雍错、泸沽湖和邛海 4 个湖泊水质较好，全年期水质均符合或优于Ⅲ类标准。藏西诸河水系的羊卓雍错、佩枯错水质为劣Ⅴ类，主要超标项目为 pH 和氟化物。金沙江石鼓以下的程海水质为劣Ⅴ类。国家重点治理的"三湖"之一滇池水质为Ⅳ～劣Ⅴ类，主要超标项目为总磷、五日生化需氧量和 pH。

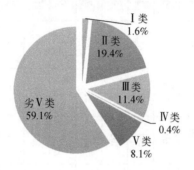

图 8-16　2018 年西南区各水质类别湖泊面积比例

表 8-14　2018 年西南地区湖泊年度水质状况评价表　　（单位：km²）

二级水资源分区	湖泊名	湖泊面积	评价面积	Ⅰ类	Ⅱ类	Ⅲ类	Ⅳ类	Ⅴ类	劣Ⅴ类
澜沧江	洱海	250	250		31.25	218.75			
藏南诸河	羊卓雍错	638	638						638
	普莫雍错	284	284		284				
	佩枯错	284.4	284.4						284.4
金沙江石鼓以下	程海	78.8	78.8						78.8
	泸沽湖	57.3	57.3	30.3	27				
	滇池	294.62	294.62				7.52	150.1	137
	邛海	31	31		31				
	草海	25	6.25					6.25	
合计		1943.12	1924.37	30.3	373.25	218.75	7.52	156.35	1138.2

3. 水库水质状况

根据纳入 2018 年《长江流域及西南诸河水资源公报》中的 301 个主要水库水质监测数据，按水质类别对水库数量占比进行统计，结果如图 8-17 所示。可以看出，2018 年符合Ⅰ类水质标准的水库为 7 个，占评价数量的 2.3%；符合Ⅱ类水质标准的水库为 137 个，占评价数量的 45.5%；符合Ⅲ类水质标准的水库为 99 个，占评价数量的 32.9%；符合Ⅳ类水质标准的水库为 31 个，占评价数量的 10.3%；符合Ⅴ类水质标准的水库为 15 个，占评价数量的 5.0%；符合劣Ⅴ类水质标准的水库为 12 个，占评价数量的 4.0%。

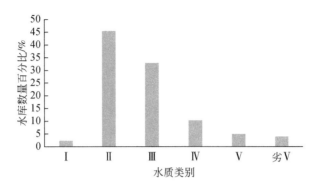

图 8-17　西南区不同水质类别的水库数量百分比

4. 水功能区水质状况

2018 年评价全国重要江河湖泊水功能区 685 个。按照全指标评价达标的水功能区 527 个，占水功能区评价总数的 76.9%。其中河流型水功能区评价河长 38 724.6km，达标河长 32 728km，河长达标率为 84.5%；湖（库）评价面积 1613.6km²，达标面积 359.2km²，面积达标率为 22.3%。按照双指标评价达标的水功能区 613 个，占水功能区评价总数的 89.5%。其中，河流型水功能区达标河长 36 419.8km，河长达标率为 94.0%；湖（库）达标面积 643.6km²，面积达标率为 39.9%，统计结果见表 8-15。

表 8-15　西南区现状水质达标水功能区个数

分区	二级水资源分区	参评个数	全指标		双指标	
			达标个数	达标率/%	达标个数	达标率/%
西南区	保护区	106	85	80.2	97	91.5
	保留区	226	179	79.2	207	91.6
	工业用水区	78	64	82.1	70	89.7
	过渡区	45	31	68.9	39	86.7
	缓冲区	59（省界缓冲区 56）	44（省界缓冲区 43）	74.6（省界缓冲区 76.8）	52（省界缓冲区 49）	88.1（省界缓冲区 87.5）
	景观娱乐用水区	48	29	60.4	39	81.3
	农业用水区	19	11	57.9	14	73.7
	饮用水水源区	100	80	80.0	91	91.0
	渔业用水区	4	4	100.0	4	100.0
合计		685	527	76.9	613	89.5

全指标未达标的 158 个水功能区中，主要的超标项目为总磷、氨氮、五日生化需氧

量、高锰酸盐指数等。总磷指标未达标的水功能区有132个，总磷也是西南地区水功能区水质的重要定类因子。岷沱江不达标水功能区最多，全指标不达标水功能区个数比例达到41.1%；其次为澜沧江和宜宾至宜昌两个二级区，全指标不达标水功能区个数比例分别为29.6%和19.4%。

5. 水生态状况

西南地区长江上游水生生物资源相对丰富，有鱼类286种。而西南诸河西藏区域各水生生物种类和数量相对贫乏，生物量较低。特殊的地形和高寒的气候条件使得鱼类表现出明显的区域性特征。根据资料统计，西藏地区鱼类有约60种，基本上是由三大类群组成，即鲤形目鲤科的裂腹鱼亚科、鳅科的条鳅亚科和鲇形目的鮡科；水生浮游动物有760多种。西南诸河的云南等区域因生境多样，特殊小生境广泛存在，加上云南湖泊湿地闭合与半闭合的结构特征，有利于物种分化，孕育了众多特有物种，共有植物多达千种，中国特有植物489种左右，其中云南特有植物116种左右；云南淡水鱼类有590多种，其中特有鱼类多达207种；记录有软体动物多达150种；节肢动物多达上百种，其中虾类50种左右，蟹类30多种；众多特有物种所携带的遗传基因资源是国家的重要战略遗传种质资源。

（二）存在的主要问题

1. 西南地区9个典型湖泊水质总体较差

符合或优于Ⅲ类水质标准的水面面积占32.4%；Ⅳ类水质水面面积占0.4%；Ⅴ类水质水面面积占8.1%；劣Ⅴ类水质水面面积占59.1%。水质较差的湖泊为羊卓雍错、佩枯错、程海和滇池。羊卓雍错、佩枯错水质为劣Ⅴ类；程海水质为劣Ⅴ类；国家重点治理的"三湖"之一滇池水质为Ⅳ~劣Ⅴ类。

2. 湖库富营养化及水华问题突出

水库属于人工水体，水体富营养化与上游来水、流域污水排放、面源污染、水库规模、形态及调度运行有关，三峡水库、向家坝水库、滇池、洱海都发生过水华，以三峡水库为例，2003年蓄水以后，20多条支流发生了水华，滇池富营养化程度高，水华问题仍然难以解决。

3. 水体生境破碎化，河流连通性受损

水电开发对水生态系统造成影响，导致生物多样性降低。西南诸河流域水电开发建设项目多，如澜沧江干流及伊洛瓦底江流域梯级电站的开发、红河流域和怒江流域支流小水电站的建设等，对原有水生生境造成阻隔，导致河流的纵向连通性受损，一定程度上影响水生生物多样性及完整性。旁多、直孔和拉萨河及"三渠一河"上闸坝运行由于未制定生态运行准则，导致完整河流的水生环境被分割，阻碍了鱼类种群之间的基因交流。那曲河流域索曲河段已建农村水电站7座，均为径流引水式开发，尽管无调节能力，但冬、春季节枯水时段河道流量较小，导致下游局部河段出现局部减脱水问题，使得河流的连通性与水流连续性受到一定影响。

二、保护修复格局

西南地区水生态环境本底较好，但经济水平相对落后，水生态环境保护的压力大、后劲不足，应坚持"生态优先、绿色发展"的总体思路，结合西南地区水空间特征，构建"四横、四纵、五库、两湖"的水生态环境保护修复格局（图8-18）。

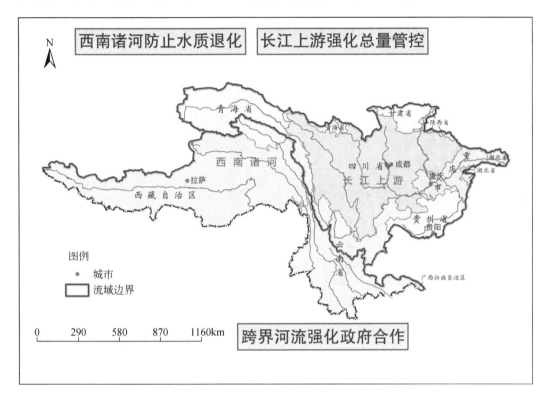

图8-18 西南地区水环境和水生态保护修复格局

"四横"：指长江上游干流、雅鲁藏布江、澜沧江和怒江，以四条大江为横脉，构建水生态隔离带和景观廊道。

"四纵"：指流域面积大于80 000km²的四大支流水系，雅砻江、岷江、嘉陵江和乌江，以四条主要支流为纵脉。强化控制性水利工程的运行调度管理，保障河流基本生态水量。强化雅砻江下游城市江段、嘉陵江、乌江水环境质量改善，修复金沙江、岷江、赤水河等上游珍稀鱼类栖息地。

"五库"：指金沙江下游及三峡五大巨型水库群，包括三峡、向家坝、溪洛渡、乌东德、白鹤滩，这些水库既可为我们提供清洁能源，也是中国的战略淡水资源库，应把持续改善水质作为此区域的重点。

"两湖"：指滇池和洱海，减少滇池和洱海周边入湖污染负荷，控制富营养化水平，修复受损水生态系统，加强水系连通，引水活水，抑制蓝藻水华暴发。

在措施布局上，总体遵循如下三大方面。

长江上游强化总量管控：强化用水总量控制，确保岷江及其重要支流不断流。强化工业和城镇生活排污总量控制，确保重庆、成都、昆明、宜宾、泸州、攀枝花等城市河流水质明显改善。修复长江上游珍稀特有鱼类栖息地生境，保障重要水生态空间数量不减少，质量不变差，开展滇池、洱海、抚仙湖、程海、向家坝库区、溪洛渡库区富营养化综合治理。

西南诸河防止水质退化：继续保持雅鲁藏布江、澜沧江、怒江干流水质稳定达到Ⅱ类水质标准，防治藏区群众畜牧养殖污染及农业种植污染，实施西南诸河及长江上游地区地下水污染防治。保护西南诸河自然景观及生物多样性，加强水环境和水生态的保护与监督管理，维持流域水环境呈良性发展。

跨界河流强化政府合作：建立政府间水资源保护合作机制，开展水资源开发、利用、保护协商，信息共享和技术交流，防范跨界跨国水质污染风险。

三、重大工程措施

（一）开展西南地区重点城市河湖水环境综合治理工程

实施成都市府河、南河、岷江等城市河流水环境综合治理工程，重庆市綦江、跳蹬河、黄溪河、一品河、龙溪河、龙河、"两江四岸"水环境综合治理工程，贵州清水江、白水河、赤水河、小湾河水环境治理工程，云南大理苍山十八溪、棕树河、普渡河、龙川江水环境综合治理工程。长江上游西南地区河流水环境综合治理代表性工程如图8-19所示。

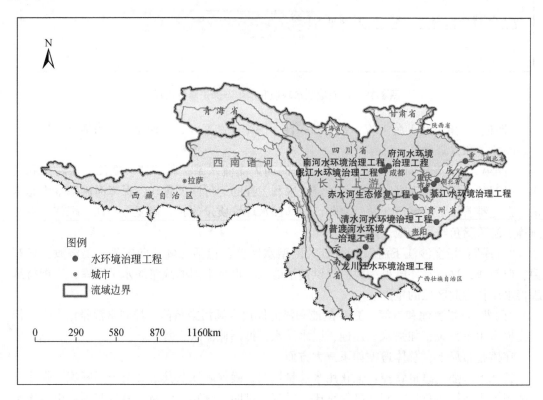

图8-19　西南地区河流水环境综合治理代表性工程

（二）继续实施西南地区富营养化高原湖泊、水库水环境保护与水生态修复工程

继续实施滇池流域污水治理及入滇河流水质提升、生态修复工程，实施洱海入湖河流水质提升和周边面源污染治理工程，实施抚仙湖控源截污和生态修复工程，实施程海流域水生态综合治理及生态补水工程，实施向家坝、溪洛渡库区水环境和水生态保护工程，代表性工程空间分布如图 8-20 所示。

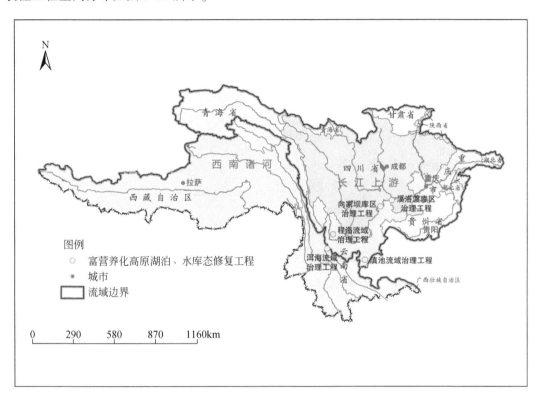

图 8-20　西南地区富营养化高原湖泊、水库水环境保护与水生态修复代表性工程

（三）开展长江上游珍稀鱼类自然保护区生态保护与修复工程

实施重庆市江津区长江上游珍稀特有鱼类国家级自然保护区、四大家鱼国家级水产种质资源保护区栖息地修复工程，四川省岷江、赤水河珍稀特有生物生境保护、湿地生态保护工程，贵州省长江上游珍稀、特有鱼类国家级自然保护区，六冲河裂腹鱼国家级水产种质资源保护区水生态修复工程（图 8-21）。

四、重要非工程措施

（一）建立和完善政府间合作机制

在现有澜沧江—湄公河协作机制的基础上，建立雅鲁藏布江—布拉马普特拉河，怒江

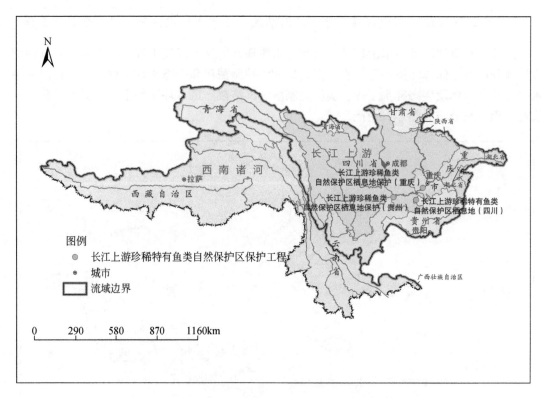

图 8-21 长江上游珍稀鱼类自然保护区生态保护与修复工程

—萨尔温河政府间双边或多边协作机制，在水资源开发、利用、节约和保护方面共享信息，开展技术交流，实施共同开发，达到经济社会发展、生态环境保护的多方共赢。

（二）深化实施多类型生态补偿机制

对于重要水源地保护，建立以水量、水质为基准的生态补偿机制；对于重要湿地和湖泊保护，建立以水质和生态空间恢复为基准的生态补偿机制；对于跨行政区河流保护，建立以水质达标为基准的横向转移支付补偿措施；推动实施长江中下游与长江上游对口协作生态补偿机制。

（三）加强国际科技合作与交流

在澜沧江—湄公河分布的 3 种洄游鱼类，多在湄公河生长发育，每年 5 月上溯到澜沧江，然后洄游到南班河产卵。对洄游鱼类的保护，建议开展国际合作，研究共同遵守的协议，以拯救濒危物种，同时进行鱼类生物学、生态学等方面的技术研究，共同恢复生态环境和鱼类资源。

第六节 西 北 地 区

一、现状与问题

（一）基本现状

1. 地理位置

西北诸河包括西北内陆诸河以及新疆的额尔齐斯河、伊犁河等国际河流中国境内部分，行政区划涉及新疆（含生产建设兵团）、西藏、青海、甘肃、宁夏、内蒙古、河北等6省（自治区）。该地区西起帕米尔高原国境线，东至大兴安岭，北起国境线，南迄西藏冈底斯山分水岭，地处东经73°35′~119°55′、北纬49°05′~33°00′；东西长达4000余千米，总面积336.13万km²，约占全国土地面积的1/3。

2. 地形地貌

西北地区地形结构由高原、山地、盆地、沙漠等相间分布组成。其特点是山高盆大、落差大，沙漠、绿洲、走廊间或分布。西部主要为青藏高原和帕米尔高原，分布有天山、喀喇昆仑山和祁连山等，将区域划分成了四个大的地貌单元，即准噶尔盆地、塔里木盆地、羌塘高原、内蒙古高原；昆仑山的余脉阿尔金山是塔里木盆地和柴达木盆地的天然分界线。祁连山将中部分成了河西走廊和柴达木盆地两个地貌单元；向东北部为东南两面环山、向北延伸的内蒙古高原。整个地区宏观上是西高东低、南高北低；西北诸河地区横跨中国第一台阶和第二台阶。整个西北诸河可以说是由三大高原、九大山脉构成，其中山脉对地貌单元的形成起着决定性的作用。

3. 气候气象

西北地区大部分深居欧亚大陆腹地，气候主要受蒙古高压和大陆气团控制，为典型大陆性气候：空气干燥，日照充足；气温较差大，变化快；雨雪稀少，蒸发强烈；夏季炎热，持续时间较短；冬季寒冷，持续时间长。气温随地形条件和地理位置变化，西北地区盆地较多，且有山高谷深盆地低特点，因此形成了各盆地都有相对较高的气温闭合等值线，盆地越低，气温越高。新疆吐鲁番的年平均气温13.9℃，属典型的大陆性盆地气候，是夏季最热的地方。

4. 河流水系

西北诸河按河流的源头和最终流向，可分为四类，即流出国境的内陆河，流出国境的外流河，源头在国外、尾闾在国内的内陆河，不出国境的内陆河。

流出国境的内陆河主要分布在新疆伊犁、塔城、喀什三地区的伊犁河、额敏河等河流。流出国境注入海洋的外流河是位于新疆北部阿勒泰地区的额尔齐斯河，属北冰洋水系，是哈萨克斯坦国鄂毕河的上游，注入北冰洋的喀拉海。源头在国外、尾闾在国内的内陆河分布在新疆的北部和西部，如阿勒泰地区的乌伦古河、喀什地区的克孜勒苏河等，其源头分别在蒙古国、吉尔吉斯斯坦与塔吉克斯坦。不出国境的内陆河（包括源头在国外、尾闾在国内的内陆河）主要有河西走廊的疏勒河、黑河、石羊河等。西北地区的大多数河流共同特点为以河流出山口为界，分成两个区域，在出山口以上是径流形成区，沿程径流自上而下递增。河流出山口以后，河流流入湖泊或盆地低处，径流沿途渗漏、蒸发或用于引水灌溉，径流沿程衰减，最后消失在荒漠、湖泊或灌区中。

西北诸河按径流量划分，其中主要河流有 15 条，即伊犁河、额尔齐斯河、乌伦古河、玛纳斯河、开都河、渭干河、阿克苏河、盖孜河、克孜河、叶尔羌河、和田河、石羊河、黑河、疏勒河和那陵格勒河等。其中除河西的石羊河、黑河、疏勒河和青海的那陵格勒河外，其余 11 条均在新疆境内。

5. 湖泊

西北地区地域广阔，人烟稀少，湖泊相对较多，大多分布在封闭半封闭的内陆盆地中，入湖水系少而短，补给湖泊的水量不多，往往形成一个个小河。在干旱气候的影响下，湖水易于浓缩，多以咸水湖和盐湖为主，也有少量的淡水湖。据统计，西北诸河区 $10km^2$ 以上湖泊有 420 个，其中西藏 240 个、青海 78 个、新疆 57 个、内蒙古 41 个、甘肃 3 个、河北 1 个。

6. 土壤植被

土壤与自然地理和气候条件有关，西北地区总体上土壤的垂直分布明显，高山区自上而下分布着高山冰沼土、高山荒漠土、高山草甸土；亚高山区分布着山地灰褐土、栗钙土；低山丘陵区分布着灰钙土、棕钙土、淡棕钙土等。新疆在高山冰雪活动带，比较湿润寒冷地区是高原冰沼土；在干旱寒冷地区是高山荒漠土。在亚高山带，湿润山地是山地草甸土；干旱地区是山地草甸草原土。在森林地带，寒冷的阿尔泰山是灰色木林土和山地黑土；在较温暖的天山北坡是褐色森林土和山地黑土、山地栗钙土。

在山地草原带主要是栗钙土、荒漠草原棕钙土；在半荒漠低山丘陵、山间盆地是山地灰钙土；在洪积扇，南疆为原始荒漠土，北疆为灰棕色荒漠土；在干河床是龟裂土；在河漫滩、低阶地是草甸土；在沼泽、湖滨是沼泽土；在冲积-洪积平原是荒漠盐土。

柴达木盆地主要分布有灰褐土、棕钙土、灰棕漠土、新积土、风沙土、石质土、草甸土、粗骨土等 15 个土类，其中盆地东部主要是棕钙土，盆地西部主要是灰棕漠土，四周山地高山带、陡坡及山脊处主要是石质土。河西走廊广大地区主要分布有灰棕色荒漠土和棕色荒漠土。

西北诸河地区的植被大致可分为三大区域：①温带草原区域，包括新疆阿尔泰山地，以丛生禾草草原为主，并以针茅、羊草为多。较湿润地方有小片森林，为森林草原或草甸草原；西部较干旱地方为荒漠草原，多耐盐、耐旱小灌木。②温带荒漠区域，包括新疆塔里木盆地、准噶尔盆地、青海柴达木盆地、甘肃、内蒙古北部，在干燥气候和土盐成分较大的条件下形成的荒漠植被，以藜科植物为常见，其次为蒿类、柽柳、沙拐枣，多为小型灌木。荒漠中的植物对固定流沙、改良土壤都起着巨大作用。③青藏高原植被区，包括青海南半部、甘肃和新疆各一部分，从东南往西北，气候由暖湿变为寒冷干旱。植被有常绿阔叶林（海拔 2400m 以下）、寒温带针叶林（海拔 2400m 以上）、高寒灌丛和高寒草甸（高原边缘高山峡谷区向高原过渡地带；灌木以金露梅、高山柳、锦鸡儿、杜鹃为主，高山草甸以蒿草、蓼科植物为多）、高寒草原（分布在高原中部半干旱区，以针茅、薹草、蒿类为多）。

7. 土地矿产

西北地区地域辽阔，土地资源数量大，具有较大的开发潜力，其中新疆面积占全国的 30% 左右。地多是西北干旱地区一大优势，可利用的草场面积约占全国的一半，主要集中分布在新疆和青海。西北地区的草场不仅面积大，且类型多，牧草资源比较丰富，为发展畜牧业提供了较好的条件。

西北地区矿产资源丰富，成矿条件良好，已探明储量的 90 多种矿产资源中，有 22 种矿产的储量超过全国储量的一半，如镍、铂、铍、锂、钾盐、镁盐、化工用石灰岩、云母、石棉、长石、蛭石等。从资源远景分析煤、石油、天然气、铜、铅、锌、金、银、玉石等矿产均有广阔的开发前景。有色金属和盐类资源有比较突出的优势，主要是由于这些矿产往往是国家急需的大宗矿产，恰又富集在西北地区。已探明储量中镍占全国的 75%、铜占全国的 27%、铅锌占全国的 17%、钾盐占全国的 95%、镁盐占全国的 99%，主要集中分布在甘肃、青海和新疆，这对于工业经济的空间组织是极其有利的。石油天然气资源丰富，油气资源主要分布在塔里木盆地、准噶尔盆地、吐鲁番—哈密盆地、柴达木盆地和河西走廊，其中塔里木盆地是中国最大的含油气沉积盆地。

（二）存在的主要问题

1. 水资源短缺，且时空分布不均

西北诸河深居内陆，大部分地区气候干燥，雨雪稀少，水资源贫乏，且水资源与人口、耕地的地区分布极不协调，有相当大一部分水资源分布在地势高寒、自然条件较差的人烟稀少地区及无人区，而自然条件较好、人口稠密、经济发达的绿洲地区水资源量十分有限。

随着经济社会的发展和水资源开发利用率的提高，部分地区的水资源开发已经超过其承载能力。部分河流由于上中游用水过度，使下游断流严重，尾闾湖泊萎缩或干涸，造成河岸林枯死，土地荒漠化。例如，塔里木河的尾闾湖泊台特马湖、石羊河下游的青土湖等。

2. 水资源利用方式相对粗放，用水效率有待提升

近年来，西北诸河用水水平和用水效率有了较大提高，但与国内先进地区相比，水资源利用方式粗放，用水效率很低，浪费仍较严重。节水管理与节水技术还比较落后，主要用水效率指标与全国平均水平尚有较大差距。西北诸河区大部分供水设施建于 20 世纪 60~70 年代，设计标准低，工程配套不全，老化现象严重，供水能力下降，供水效率降低。严重的水资源浪费进一步加剧了水资源紧张的局面，用水效率亟待提高。

3. 流域内地下水开采严重，地下水位降低

地下水的大量超采，造成地下水位持续下降，形成大范围地下水降落漏斗，目前在河西走廊的石羊河、吐哈盆地小河等存在地下水漏斗区 30 余处。地下水的下降进一步加剧了植被的退化和土地沙化的进程。

4. 部分河流下游断流严重，尾闾湖泊萎缩

西北诸河地区气候干旱，水土资源分布不平衡，大部分地区水资源匮乏，地多水少，生态环境脆弱。过去因盲目开垦，乱砍滥伐，超载过牧，经济发展用水挤占生态环境用水，导致植被退化和土地沙化，生态环境不断恶化。上游绿洲大量引水改变了水系的天然分布，导致尾闾湖泊严重萎缩甚至干涸，如新疆著名的罗布泊、台特马湖已经干涸，艾比湖、玛纳斯湖水面缩小；石羊河下游的青土湖也演变为沙漠，流沙厚达 3 ~ 4m。

二、保护修复格局

以"生态优先、绿色发展"为指导，践行"节水优先、空间均衡、系统治理、两手发力"的新时代治水思路，落实"水利工程补短板、水利行业强监管"改革发展总基调，构建西北地区"一区一洲一廊道"水环境和水生态保护与修复格局。

西北诸河源头区分布有祁连山、阿尔金山、阿尔泰山、青海湖、天山等多个国家重点生态功能区，水源涵养和生物多样性保护、防风固沙功能重要；河流尾闾绿洲是干旱地区最重要的生态系统，是维持区域生态平衡、生物多样性的重要生态区域；河道干流为干旱地区重要的水源，是维持区域生态安全的重要廊道。西北诸河水生态保护与修复以实现健康水生态、宜居水环境为目标，坚持山水林田湖草沙综合治理、系统治理、源头治理，统筹水量、水质、水域空间和水生态，把水资源作为最大的刚性约束，按照突出"保"、严格"控"、系统"治"总体思路，构建以水源涵养生态功能区等国家重点生态功能区、天然尾闾绿洲为重点、以河流廊道为主线、以河流功能维持为目标的"一区一洲一廊道"水环境和水生态安全保障格局。

以塔里木河及和田河、叶尔羌河、阿克苏河、开都河四源，以及黑河、石羊河、疏勒河等河流为重点，突出河流城镇和新兴工业园区所在河段的水环境保护，以纳污能力优化配置和合理利用为基础，加大水污染治理力度、落实水污染防治措施，加强水资源节约、提高再生水利用率，严格入河污染物总量控制。实施天山南北麓、吐哈盆地地下水超采治理与保护，逐步实现地下水采补平衡。实施饮用水水源地保护、入河排污口和河湖内面源综合整治工程，建立饮用水水源地、水功能区水质和入河排污口监测网络，实施水功能区限制纳污控制制度，强化和提升流域水资源保护综合管理水平与突发水污染事件的应急处置能力。

三、重大工程措施

以西北诸河区"一区、一洲、一廊道"水生态保护与修复总格局为依据，以西北诸河流域特点为对象，实施"山川海洲"系统治理、综合治理。

（一）河源生态保护工程

西北诸河上游均为流域重要的水源涵养区，是中游走廊绿洲和下游干旱荒漠生态系统维持的重要水源地。对于阿尔泰山、天山、祁连山、昆仑山、藏西北羌塘高原等西北主要河流源头区，需要继续加强阿尔泰山、天山、祁连山、昆仑山的天然涵养林封育，全面保护天然林资源，加强水源涵养林、防护林建设和退化林修复，提高林草覆盖率；实施水源涵养保护工程，围栏封育，防止水土流失，提高水源涵养能力。

（二）尾闾湖泊、绿洲生态修复工程

加强西北诸河尾闾绿洲、湖泊生态修复，保障进入尾闾湖泊生态用水，重点修复塔里木河、黑河、石羊河、疏勒河以及新疆艾比湖、博斯腾湖合理的生态水位。通过产业结构调整、强化节水、退耕还草、生态移民、灌区节水改控制耕地面积，提高用水效率等措施，稳定绿洲规模。加强沙化土地综合治理，保护沙区原生植被，遏制草场退化，对符合条件的沙化土地进行封禁管护。开展黑河、石羊河等河湖湿地生态保护修复，保障河湖尾闾。加强水土流失和荒漠化防治，对浑善达克等重要沙地和重要风沙源进行科学治理，实施水生态修复治理。

（三）河流廊道生态保护修复工程

将木扎尔特河、夏塔河、巩乃斯河、恰甫河、喀什河、科克铁热克苏、小吉尔尕朗等珍稀土著鱼类栖息河段等作为保护水域，禁止设置拦河工程，保护种质资源。加强流域水量调度，对黑石山水库、党河水库、吉林台二级、大西海子水库、恰甫其海水利枢纽等已建水利枢纽实施生态调度，保障下游河道用水要求。全面加强河西走廊诸河和塔里木河天然绿洲与湿地生态保护恢复，实施中游地区退耕还林还草、退牧还草和土地综合整治，增加林草植被，开展退化林修复。

（四）地下水超采治理与保护工程

以天山南北麓、吐哈盆地为重点，按照"节、控、调、管"总体思路，制定地下水超采"一减、一增"综合治理措施。通过实施退减配水面积、节水灌溉、种植结构调整、节水型社会建设等措施减少地下水供用水量，有条件的地方实施水源置换工程，逐步促进地下水位止跌回升，实现采补平衡。

（五）饮用水水源保护工程

持续实施国家重要饮用水水源地达标建设工程，有条件的水源地实施人工湿地、河湖滨带生态修复、湖库生物净化等生态保护与修复等保护工程，确保饮用水水源安全。

（六）水环境综合治理工程

以开都河、博斯腾湖和渭干河等河湖为重点，实施入河点面源综合治理，有条件的地区污水处理厂建设尾水人工湿地净化工程，削减污染物入河量，促进河湖水质提升。

四、重要非工程措施

（一）继续加大流域节水型社会建设

西北诸河区是中国西北地区中人口最集中、经济较发达、水资源开发利用程度高、用

水矛盾突出、生态环境问题严重的地区。首先要在各河流流域内，尤其石羊河、黑河、疏勒河等流域内构建节水型社会，加强节约用水工作。在农业节水方面对现有灌区进行节水改造，提高节水灌溉率；调整作物种植结构和灌溉方式；推广双垄覆膜沟播技术，提高土壤蓄水保墒能力；实施灌区灌渠防渗改建；因地制宜合理配置各项农业节水工程、农艺、生物和管理措施；提高污水处理率和污水回用率；收集城市污水用于城市生态灌溉。

（二）加强水资源管理与调度

西北地区生态环境脆弱，水资源供需紧张。河西地区流域要严格实施流域内水量分配制度，执行严格的总量控制调度，加大执行水资源的宏观控制指标和微观定额指标。①科学制定水量调度方案。加强供需分析，制定科学合理的年、月水量分配方案。②强化监督检查，加强实时调度工作。在实时调度过程中，加强对来水和需水的综合分析，滚动修正调整月调度计划，及时下达实时调度指令。实施分级负责、分级督查，流域机构督查和联合督查相结合的督查方式，保证水量调度秩序和闭口效果，最大限度增加下泄水量。

对缺乏调节工程的河流，规划建设大型控制性水利枢纽。塔里木河沿岸人工开挖的汊河和引水口众多，流域内缺乏控制性水利工程，需在源流和干流当前工程布局的基础上，通过科学论证、合理规划，确定适合塔里木河流域实际的各类水利工程的布局。规划建设控制性水利工程，有效控制汛期暴雨洪水，适时补充干流水量，着力解决水资源时空分布不均、流域天然来水与用水过程极不协调的问题。

（三）继续严格地下水管理

西北诸河区流域水资源供需矛盾突出，地下水开采严重，导致河流尾闾绿洲的萎缩。西北地区生态保护修复需要进一步强化地下水管理，严格执行地下水禁采区和限采区规划，落实责任制，根据现有条件，定期开展地下水位监测统计，及时掌握地下水位变化情况，强化动态监管。实施农业、工业、生活地下水取水井"井电双控"制度，严格地下水管理，逐步恢复地下水位，实现流域地下水的采补平衡。

以地下水集中式供水水源地为重点，切断地下水污染途径，加强污染河湖水系水环境综合整治，开展地下水污染场地修复，逐步建立地下水环境影响风险评估机制。依法关停造成地下水严重污染事件的企业，采取综合措施防范石油化工行业污染地下水。加强危险废物堆放场地治理，控制工业危险废物对地下水的影响。

（四）保障生态基流，提高生态流量满足程度

深入贯彻实施最严格水资源管理制度，制定用水总量控制红线，以优先保证城乡生活用水和基本的生态环境用水为出发点，统筹安排工业、农业和其他行业用水，保障经济社会可持续发展和生态环境保护对水资源的合理需求，将生态用水纳入水资源统一配置指标，在确保防洪安全前提下，保障河道生态基流，提高重要断面关键期生态流量满足程度，维持河流廊道连通性和水流连续性及河湖连通性。

（五）加强下游绿洲生态修复

流域水资源配置更加注重过程控制，主要提高水资源利用效率和提升生态恢复效果。

可以结合下游绿洲分布、地形地貌、灌溉条件等，规划开展绿洲区输水工程；加强河道疏浚、整治，合理设置分水闸、灌溉埂坝等向沿河两岸绿洲分水，进行人工灌溉；维修和改造破损老化的水闸、渠系建筑物等。

（六）加强监测评估，推进科学实施

加强灌区和流域水资源管理信息化建设，提高水资源监测、计量监督和信息化管理水平，加强水资源调控手段和应急处置能力，监测疏勒河、黑河和石羊河主要监控断面、引水口水量和地下水开采量及其地下水位变化情况。采用地表与遥感结合的方法，监控灌溉面积及其耗水总量，监测评估水量分配方案落实情况。对东居延海、台特马湖等主要湖泊进行监测，科学评估和适时优化调整各项治理措施。

（七）加强经济和法律手段，探索水权转换

建立科学的水价形成机制和合理的水价体系，积极探索建立西北水市场，实行水权有偿转让，促进节约用水和提高水利用效率。稳步推进水价改革，发挥经济手段的调控作用，促进流域用水结构调整和不断加大节水力度。经济措施和管理、法律手段相配合，将充分发挥经济措施对水资源优化配置的作用，在促进地区经济发展的同时有效增加流域生态用水量。

第九章 | 中国水环境和水生态安全保障政策建议及研究展望

第一节 中国水环境和水生态安全保障政策建议

聚焦法律法规制度、基础调查监管、市场体制机制、信息融合共享等多个方面提出中国水环境和水生态安全保障有关政策建议，建立完善区域/流域水环境和水生态安全保障长效机制。

一、加强水环境和水生态安全保障法制统领

保障水环境和水生态安全需要全面完善的法制保障。适应水环境和水生态安全保障的新形势、新要求，推广河湖生态治理与修复的新做法、新经验，亟待加强相关法律法规建设。

一是《中华人民共和国水法》修订增加水生态系统保护与修复专章。《中华人民共和国水法》是保障水环境和水生态安全的重要法律。但是，《中华人民共和国水法》关于水环境和水生态的规定条款不多、要求不明确，不能完全适应生态文明建设的新形势。为此，修订《中华人民共和国水法》应当设立水生态系统保护与修复专章，主要内容包括生态流量（水位）保证、水系连通、生态水利工程建设、多目标生态调度、水源涵养与水土流失防治等。

二是制定河湖生态专项法规。目前，关于河湖生态管理的有关规定散落于《中华人民共和国水法》《中华人民共和国水污染防治法》《中华人民共和国水土保持法》《中华人民共和国河道管理条例》等法律法规中，总体上规定偏窄、偏少、偏散、偏软，倡导性、原则性规定多，约束性、规范性规定少，难以操作和执行。为此，建议修订《中华人民共和国河道管理条例》为《中华人民共和国河湖管理条例》，为新时代河湖生态治理、修复与保护提供制度保障。

三是加强流域立法。中国大江大河管理既存在共性问题，又存在个性问题。共性问题大多在《中华人民共和国水法》《中华人民共和国水污染防治法》《中华人民共和国防洪法》等有关法律法规中得到规范。个性问题则需要按照一河一法的原则加以解决。全面实施依法治国，全面推行河长制，亟待加快流域立法，深入贯彻习近平总书记系列讲话精神，把中央治水思路、河长制与流域管理要求、行之有效的做法与经验固化下来，全面复制推广。目前，一些流域还没有专门的法律法规，已出台实施的《淮河流域水污染防治暂行条例》《长江河道采砂管理条例》《黄河水量调度条例》需要及时进行修订完善。建议

近期坚持新立修改并举，积极贯彻落实《中华人民共和国长江保护法》，抓紧出台《黄河法》，同时修订《淮河流域水污染防治暂行条例》《长江河道采砂管理条例》。

二、将全面实行河长制作为水环境和水生态安全保障的制度支撑

全面实行河长制是保障水环境和水生态安全的最佳制度依托。保障水环境和水生态安全需要统筹山水田林湖草多个要素，以及河湖、灌区、城市等多个板块，需要进一步夯实完善现有河长制体系。

一是增强河长制法治基础。目前，河长制在全面已全面推广，但是只有《中华人民共和国水污染防治法》第五条规定：省、市、县、乡建立河长制，分级分段组织领导本行政区域内江河、湖泊的水资源保护、水域岸线管理、水污染防治、水环境治理等工作。建议修订《中华人民共和国水法》与制定长江、黄河等流域的法律法规时，应当明确写入河长制有关内容，增强河长制法治基础。

二是充分发挥流域管理机构的作用。抓好流域综合管理，对保障水环境和水生态安全十分重要。建议进一步强化河长制和流域管理的结合，充分发挥流域机构在河长制中的协调、指导、监管作用。从水利部层面，一方面要做大做强流域综合管理的职能，让流域管理"立起来"；另一方面进一步增强流域与区域协调联动、联合共治。

三是探索建立省级河长联席会议机制。中国众多大江大河是跨多个省区的，其保护治理单靠一个区域的努力难以完成。目前各省份均建立了河长体系，但省与省之间的河长交流与联系制度还处于探索实践阶段，跨省江河保护治理还需要进一步加强统筹协调。建议各地根据实际情况，加快探索建立省级河长联席会议机制，促进大江大河水环境和水生态安全保障。

三、进一步完善水环境和水生态安全保障现有规划体系

从国家层面，制定相应规划是推动工作落实的最有力手段。目前，围绕水环境和水生态安全，生态环境部门牵头制定的有《重点流域水污染防治规划（2016—2020年)》，但更多是从水质安全方面，对于宜居水环境没有太多涉及；生态环境部会同农业农村部和水利部制定的有《重点流域水生生物多样性保护方案》，但主要是从水生生物保护方面，对于多维生境的保护恢复不够系统和全面。要实现全方位的水环境和水生态安全保障，现有规划体系还有进一步完善之处，找到突破口和抓手是关键。

目前，江苏、福建等地方政府编制了山水林田湖草生态保护修复专项规划，国家林草局开展了"山水林田湖草系统治理战略规划研究"项目，但尚未启动国家层面的山水林田湖草系统治理规划编制工作。水是山水林田湖草系统相互作用的唯一纽带，若能乘势而上，牵头开展《全国山水林田湖草系统治理规划》的编制工作，是无可厚非的，水利部门也是唯一能真正抓好这项工作并实现山水林田湖草"系统治理"的部门。若前期开展全国规划编制有难度，可选择几个典型流域和区域开展山水林田湖草系统治理试点，通过试点，扩大影响，总结经验并进行推广。

若短期内难以找到新的突破口，则建议在流域综合规划中，进一步加强水环境和水生态安全保障相关内容。特别是要以"幸福河湖""健康河湖""美丽河湖"为抓手，在传统水质达标的水环境要求基础上，强调城乡宜居水环境打造和优质生态产品供给；在水生态保护方面，强调量、质、域、流、生的多维生境恢复和生物多样性提升，并注意加强与水资源、防洪减灾安全保障的联动。

四、开展河湖生态大普查，积极推进河湖健康评价

习近平总书记在 2018 年考察长江时指出"长江病了，而且病得还不轻"，提出要"开展生态大普查，系统梳理隐患和风险，对母亲河做一个大体检"。不仅是长江，其他重要河湖也很有必要开展。水利部作为全国江河湖泊主管部门和河湖长制的牵头部门，理应主动担责，积极组织开展全国江河湖泊的生态大普查，并建立起定期检查制度，在日常监测的基础上，每 5 年或每 10 年开展一次大规模"体检"。

中国幅员辽阔，各流域/区域自然环境和经济社会发展差异巨大，不同区域不同河湖面临的问题均不一样。开展系统的河湖生态普查，除了能进一步深入明晰不同河湖存在的主要问题，以便"追根溯源、分类施策"外，还能通过定期体检制度，明晰河湖生态和健康状况的变化规律，"既治已病，也治未病"。普查和体检结果对于推动河湖水环境和水生态安全保障，促进河湖长制的深入实施和科学评估，促进公众参与河湖生态保护等都将有重大作用。

在具体操作方式上，建议以水生生物多样性、生存状态和鱼类"三场一通道"分布为核心，综合水文变异、水质污染、水域岸线开发利用、水利工程影响等内容，提出河湖生态普查的技术纲领。以技术纲领为指导，分流域分片区开展中国河湖生态专项普查。然后在国家层面汇交普查结果与数据，并建立社会共享机制，作为支撑中国河湖保护修复的重要依据。

依托制定出台的《河湖健康评估技术导则》《河湖健康评价指南》，积极推进各流域、区域开展河湖健康评价，积少成多，以量变促质变。

五、全面开展水利工程分类生态化改造

（一）实施生态设施改造

针对生态泄水设施的欠缺和不足，需增建或改建相应设施。针对下泄低温水对下游水生生物的不利影响，可改造或安装水库分层取水设施，并根据水库水位、水温，以及敏感生物水温需求等因素，调整分层取水设施的取水深度和调节方式，以达到改善下泄水流水温的目的。

针对因缺少过鱼设施而导致的鱼类洄游阻隔问题，需根据工程项目的具体条件，包括上下游水头差、场地条件、目标鱼类物种习性、流量等要素，因地制宜地选择过鱼设施；对于低水头水利枢纽，基于鱼类行为特性进行鱼道水力学设计及调控；对于中高水头水利

枢纽，可采用鱼闸、升鱼机和集运渔船等过鱼设施，并配套诱导设施和拦截设施，减轻水轮机或水泵等机械对鱼类卷吸的影响，增强过鱼设施的过鱼效率。

（二）推进生态友好工程建设

完善生态友好型水利工程的选址、规划设计与施工技术体系，尽量保持河流的自然属性，因地制宜，减少对生态环境的破坏；将河流干流、支流作为整体，对干流、支流开发进行统一规划，推进基于水生态保护的干支流协调规划设计和开发。

新建一批具有重大生态意义的保护修复工程；对堤防工程、调水工程进行再自然化改造，兼顾生态效应与景观效应，进行工程断面及岸坡结构的优化设计，实现水利工程设计与生态保护理念的有机融合；建设人工浮岛、人工鱼巢等生态设施，为水生生物的栖息、生长、繁殖等活动营造适宜生境条件，修复水生生物受损生境。

（三）强化生态保护措施管理

针对具体水利水电工程，"科学"论证生态保护措施合理性，反对"一刀切"的非科学的无效生态措施，提出因地制宜的生态保护或者生态补偿方案。加强水质保护管理，减少水库上游生产生活污染物的直接和间接排放，健全水库突发污染事件的应急管理机制。加强富营养化防控，通过减少污染源，严控氮磷营养盐大量进入，防止蓝藻暴发；必要时可采用引水换水、底泥疏浚、围隔拦截等工程措施，或采取机械清除、吸附过滤、人工打捞等物理方法，实施蓝藻水华应急处置。

六、强化水利工程全过程全要素的多目标优化调度

水利工程既有一定的生态环境负面影响，同时又是加强河湖生态流量与水环境和水生态安全保障的重要工具，关键在于做好全过程全要素的多目标调度。一是强调全过程。在汛期应服从防洪调度；非汛期则应以生态调度和保障生活用水作为优先调度规则。除天然季节性河流外，应保障水利工程下游河流/河段的生态基流目标，充分发挥水利工程的"调丰补枯"作用；在汛前鱼类产卵期，营造适宜的库区水动力条件和坝下脉冲流量过程，促进鱼类产卵和繁殖；结合汛期来水条件，营造必要的汛期洪水过程，促进河-滩联系和河床稳定。二是强调全要素。对于水利工程的生态调度和调控，应从恢复流量过程、减小水温和气体过饱和影响、营造适宜微生境、增强连通性等多个方面综合开展。三是强调多目标。充分考虑到与其他目标的衔接，以优先保障基本生活用水和基本生态用水为前提，做好多目标的协同优化调度。

七、建立宜居水环境健康水生态监管体系

（一）开展水环境和水生态监测体系规划与建设

汇总梳理全国水环境和水生态监测现状，对照健康河湖建设目标，明确监测需求和差

距；调研环境生态监测前沿技术与设备，根据不同监测平台和传感器特点与成本，遵循水系统多要素相互作用及时空上的影响机理，统筹规划设计全国水环境生态监测布局，形成总体建设方案，推动和指导建设实施。

（二）组织水环境和水生态信息采集与管理制度编制

根据全国水环境和水生态保护与治理目标和总体布局，建立信息采集与管理制度体系，明确重要监测对象和监测内容，覆盖采集传输、存储管理、共享交换、流转应用等过程；组织各类制度的编制与完善，明确各级任务分工，强化工作责任，保证信息采集进度与质量，强化信息共享与高效利用。

（三）建立现代化管理业务流程规范

结合水环境水生态监测体系建设进展与数据获取条件变化，进行河湖监管业务流程再造，加强新数据与新技术应用，改进管理模式，提高监管效率；组织河湖生态、地下水环境、饮用水水源地、水土流失、水域岸线等监管技术成熟度评估，采纳实用可靠的先进技术，编制相关业务过程技术规范。

（四）启动水环境和水生态监管业务支撑平台建设

开展水环境和水生态监管业务支撑平台总体设计与建设，解决水环境和水生态监管业务信息化建设分散及部分业务过程信息化支撑缺失问题。在水利大数据中心建设框架下，以河湖长制管理系统、水土保持管理系统为基础，充分利用国家防汛指挥系统、国家水资源管理系统、国家地下水工程、河湖遥感平台等已建相关资源，重点补充水环境和水生态评价、研判、决策等过程的支撑能力，形成河湖生态环境监管一体化的应用平台。

八、建立完善水生态保护补偿机制

建立流域水生态补偿机制，是建设水生态文明的重要制度保障。在综合考虑水生态保护成本、发展机会成本和生态服务价值的基础上，对水生态保护者给予合理补偿，是明确界定生态保护者与受益者权利义务，使水生态保护经济外部性内部化的公共制度安排，对于实施主体功能区战略，促进欠发达地区和贫困人口共享改革发展成果，对于加快建设生态文明，促进人与自然和谐发展具有重要意义。

开展生态补偿的根源在于生态环境保护（或破坏）活动的外部性，由于水的流动性、可更新性和多用途性，决定了水生态环境保护（或破坏）的外部性在上下游快速传递（即效益或损益转移），其外部性特征更为显著。在不采取适当措施的情况下，流域上下游整体利益将不会自动达到帕累托最优状态，实现帕累托最优有 3 种基本途径，即对上游地区进行补贴，补贴上游的同时对下游地区征税以及谈判。水生态保护补偿具有两个基本内涵。一是需保障上游地区将其生态环境保护投入提升到流域整体最优的水平，可称之为"人地"补偿；二是在"人地"补偿基础上，开展"人际"补偿，主要协调各利益主体即人与人之间的关系。"人地"补偿和"人际"补偿共同构成了一个完整的水生态保护补偿体系。

中国水生态补偿工作仍处于探索阶段，还存在大江大河流域水生态补偿的主体与对象界定模糊、水生态补偿理念有待明确和进一步提升等问题，距离党的十八大报告将"建设生态文明"纳入"五位一体"总体布局的要求还有相当差距。因此，目前仍需继续推进中国水生态补偿工作以及完善其具体内容：一是要继续深入贯彻落实党的十八大精神，加快颁布出台生态补偿条例，从国家层面健全生态补偿的法律依据。二是在有重要国际影响的大江大河水源涵养区启动试点，先行先试水生态补偿政策。三是不断创新水生态补偿的方式，认真研究调整水资源费抽成比例及分配格局、流域可利用水量补偿、上下游异地开发等补偿方式。四是国家要对重点江河水生态补偿加强指导，建立健全上下游议事协调机制、水生态补偿绩效监测、评估与奖惩机制等。五是组织水科学顶级研究团队攻关，为水生态补偿理论基础、实施过程提供科学依据与工作支撑。六是通过舆论与媒体宣传、教育引导与文化培育，努力营造水生态补偿的良好氛围，促进形成广泛共识。

九、建立推行水影响综合评价与论证制度

中国建立了建设项目水资源论证、取水许可、水土保持方案、洪水影响评价与防洪评价、涉河建设项目审查等多项涉水影响评价制度。北京市从 2013 年开始水影响评价审查改革试点，将"建设项目水资源论证（评价）报告审批""生产建设项目水土保持方案审查""非防洪建设项目洪水影响评价报告审批"三项行政许可整合为"水影响评价审查"。2016 年，水利部将取水许可和建设项目水资源论证报告书审批整合为取水许可审批，将水工程建设规划同意书审核、河道管理范围内建设项目工程建设方案审批、非防洪建设项目洪水影响评价报告审批归并为洪水影响评价类审批。上述改革出发点是优化审批流程、提高审批效率，评价内容无实质性改变。从系统治理评价的角度，亟待在现有涉及影响评价的基础上，建立水影响综合评价与论证制度。

水影响综合评价与论证制度既要评价治山治林治田治草对水的影响，又要评价治水治湖对治山治林治田治草的影响。水影响综合评价与论证制度有关要求可以充实到现有涉水影响评价制度中，在条件许可的情况下，也可以单设。

十、加强跨部门的融合与信息共享

山水林田湖草系统治理是中国生态文明建设的重要思想，其中的核心纽带是水。"节水优先、空间均衡、系统治理、两手发力"等治水思想也不仅仅是水利部门的行动指南。因此，水利部门与生态环境部门、自然资源部门、农村农业部门、城乡建设部门等都紧密相关不可分割，而水利部门作为最了解水规律的行业，在其中应起重要的作用。实现中国水治理能力和治理体制的现代化，核心要建立科学高效的跨部门融合机制。例如，国土空间规划和管控中水空间就是十分重要的部分，甚至是关键的部分，因为中国的人口和经济总量大部分都在洪泛区内，协调人水争地问题是国土空间规划的重点。为了提高跨部门融合度，提高水治理的现代化，建议如下。

（一）提升国家层面的水治理体制效能

中国已经实施河湖长制，这是人类治水史上的一大创举，实践证明也是十分有效的，是解决"九龙治水"的钥匙。但在国家层面，还需要强化类似河湖长制的体制效能，统筹好应急管理、生态环境、自然资源、农村农业、城乡建设等部门的涉水管理问题。国家层面依托河湖长制，推进涉水问题的一体化管理，提高水治理效率。

（二）建立跨部门联席会议制度

正在开展的国土空间规划、生态环境保护规划、应急管理与防灾减灾等都涉及水的问题，水利部门的各种规划也涉及其他部门，如水利部门的生态流量管理其基础依据就是生态保护目标。因此，应该建立部际水协调会议制度，从国家层面协调解决涉水问题，到地方层面，采用河湖长制的体制贯彻执行。

（三）联合编制"一张图"

国家提出了国土空间"一张图"和"多规合一"，但目前在操作层面有效的部门合作机制尚较薄弱，建议建立开放的规划编制机制，由综合部门牵头，其他相关部门协作编制，而不是某个业务部门牵头，那样会淡化其他行业而偏重牵头行业的发展。"一张图"应该是一系列规划蓝图的集合，而不是一个图层。国土空间规划不能代替各行业的发展规划，而是一个国土空间定位的规划，在此基础上，各行业各自编制与此协调的相关规划。规划层面还有很多部门之间的合作问题，还需要加大联合力度。

（四）建立跨部门的信息共享机制

水的四大属性或功能之间的有机协调和综合管理需要系统的信息支持。目前，迫切需要各部门之间建立更加开放的信息共享机制。例如，地方层面，在河湖长平台上要实现水资源、水环境、水生态和水灾害方面的信息共享。国家层面，应考虑建立一种部门信息交换制度，使财政资金获得的数据发挥更大的管理支撑效能和公共服务能力。

第二节　结论与展望

基于研究成果，本书理清了中国水环境和水生态安全的概念、标准、布局、对策、手段，对中国水环境和水生态安全保障的现状、问题及其成因、目标愿景、总体战略与布局、分区重大措施及政策建议等进行了凝练总结，并指出了研究存在的不足，展望了进一步研究的方向。

一、主要结论

（一）中国水环境和水生态安全现状整体处于"一般"等级

2018 年，全国整体水环境和水生态安全度得分为 67.42 分，处于"一般"等级，面临较大的安全保障压力。其中，水生生物层面安全评价得分仅 52.22 分，处于"不安全"等级。水量层面和水流层面安全评价得分分别为 64.04 分和 65.83 分，处于"一般"等级。水质层面安全评价得分为 76.70 分，处于"较安全"等级，其中水体社会经济系统水质安全评价得分为 81.31 分，高于自然生态系统水质安全评价得分（71.71 分）。水域层面得分最高，为 76.92 分，处于"较安全"等级。从空间分布上看，中国水环境和水生态安全度由西向东总体上呈逐渐降低趋势。西藏水环境和水生态安全评价得分最高，为 85.50 分，其次是青海，这两个省（自治区）达到"安全"等级。北京、天津、河北、上海、山东、广东处于"不安全"等级。

（二）中国水环境污染和水生态损害的成因是多维的

从中国水环境质量的总体演变趋势来看，呈现河流水质逐渐好转，湖泊水质持续恶化；地表水环境整体向好，地下水环境污染严重的特征。从其成因来看，湖泊和地下水均属于水循环"洼地"，是所有污染物的"汇集"之处，加之流动性和更新速度慢，形成较大的水环境压力。从具体指标来看，河流水质不考核"总氮"，汛期面源污染、地下水天然本底超标和垃圾填埋场等新兴地下点源也均是湖泊和地下水污染较为严重的成因。

水生态系统包含"生境"和"生物"两个大的方面，取用水、排污、航运、发电、修筑堤防等各种人类活动对于水生态系统主要是对其"生境"的影响，进而影响"生物"和生态系统的健康与稳定。而对"生境"的影响主要可以归结为水量、水质、水域空间、水流连通性等方面。基于对各个维度影响的定量识别，分析了中国水生态现状安全度整体较低的内部成因。其中，236 个不稳定达标断面中，取用水季节性冲突和取用水总量过高是生态基流不达标的主要成因，两者贡献达到 59.1%；其次是水利工程调度不合理，贡献占比 17.6%；遭遇枯水年型及其他原因的贡献占比分别为 13.9%、9.4%。1980～2018 年，全国水域空间转移为其他类型的面积合计 71 011km²，其中转化为旱地、草地、水田的面积占比分别为 26.9%、25.4%、20.1%。

（三）提出了中国水环境和水生态安全保障目标愿景

在对水环境和水生态各个维度安全标准及阈值进行解析的基础上，分别提出了近远期中国水环境和水生态安全保障目标愿景。到 2025 年，水体感官质量基本满足"幸福河湖"建设需求，河湖水体社会经济系统水质安全度整体达到 85 以上；重要生态功能区/脆弱区"山水林田湖草"生命共同体得到有效保护和治理，全国水环境和水生态整体达到"较安全"水平。到 2035 年，水体感官质量普遍满足公众需求和要求，自然生态系统水质安全度达到 80 以上；各流域/区域形成健康完整的水循环过程，大江大河、重要湖库生态监测体系全面建立，全国水生态系统结构和功能得到整体恢复，水环境和水生态整体达到"安全"级别。到 2050 年，优美水环境显著提升公众幸福感，山青水净、鱼翔浅底的"美丽中国"山水画卷基本绘成，水环境和水生态安全保障长效机制得到建立完善。

（四）提出了中国水环境和水生态安全保障总体战略与布局

基于新时期美丽中国建设目标和系统治水思想，从水利部门角度，水环境和水生态安全保障重点是做好"利人"与"利生态"的统筹协调，实现人与自然和谐共生背景下的"水利再平衡"战略。重点包括以下五个方面：一是"退水还河"，严控河道外用水保障生态流量，让江河"流"起来；二是"退污还清"，严格控制入河污染物总量与浓度，让江河"净"起来；三是"退地还盆"，严格保护水域生态空间完整性，让江河"阔"起来；四是"退堵还疏"，严格保护和改善江河水系连通性，让江河"畅"起来；五是"退渔还生"，严格保护水生生物多样性与生物量，让江河"活"起来。在空间布局上，将全国分为东北、黄淮海、长江中下游、东南沿海、西南、西北六大区域，针对各区域特点，分别提出了水环境和水生态安全保障的针对性策略。在主要任务上，分别提出了加强河湖生态流量（水量）保障、城乡宜居水环境治理和提升、水域岸线空间和功能管理保护、水利工程生态化建设与改造等9个方面主要任务，并明晰了"分步走"的推进时间安排。

（五）提出了中国水环境和水生态安全保障分区重大措施

针对各区域面临的主要水环境和水生态问题，提出了重大工程和非工程措施建议，包括东北地区以吉林省西部河湖连通、黑龙江省三江连通为主导的河湖水系连通工程，以丰满水电站、嫩江北引渠首、哈达山水利枢纽、双台子河闸鱼道补建等为主导的水利设施生态化改造工程，以及流域生态需水保障、鱼类栖息地保护等为主的非工程措施。黄淮海地区重点开展河源区生态保护工程、河口区生态补水工程、黄河干支流生态修复工程、地下水保护恢复工程、"六河五湖"综合治理工程。长江中下游地区重点实施中游湖泊群江湖连通工程、荆南四河综合整治工程、洞庭湖四水和鄱阳湖五河尾闾整治工程、长江三角洲节水减排工程。东南沿海地区重点建设西江、北江、东江为主的绿色生态廊道，系统治理珠江三角洲河网，打造南部河口水域岸线保护带，实施粤东诸河治理与保护等。西南地区重点实施富营养化高原湖泊、水库修复工程，开展长江上游珍稀鱼类自然保护区和栖息地修复工程，强化跨界河流政府协调。西北地区重点保障河流主要控制断面生态流量水量，稳定绿洲规模，严格地下水管理。

（六）提出了中国水环境和水生态安全保障重大政策建议

针对下一阶段中国水环境和水生态安全保障工作，提出了10条重点政策建议，分别是：①加强水环境和水生态安全保障法制统领，包括《中华人民共和国水法》修订增加水生态系统保护与修复专章、修订《中华人民共和国河道管理条例》为《中华人民共和国河湖管理条例》等；②将全面实行河长制作为水环境和水生态安全保障的制度支撑，增强河长制法治基础，探索建立省级河长联席会议机制等；③选择典型流域和区域开展山水林田湖草系统治理试点，在流域综合规划中，强化城乡宜居水环境打造和量、质、域、流、生多维生境恢复，并加强与水资源、防洪减灾安全保障的联动；④开展河湖生态大普查，积极推进河湖健康评价；⑤建立水利工程分类生态化改造机制，并逐级推动落实；⑥强化水利工程全过程全要素的多目标优化调度；⑦建立宜居水环境健康水生态监管体系；⑧人地补偿与人际补偿相结合，建立完善水生态保护补偿机制；⑨建立推行水影响综合评价与论证制度；⑩加强跨部门的融合与信息共享。

二、研究展望

（一）分区域水环境和水生态安全的阈值标准有待进一步建立

建立起分区分类的水环境和水生态安全阈值是识别不同区域水环境和水生态问题、提出针对性措施建议的重要依据。目前相关研究尚不够深入，下一步需要针对宜居水环境和健康水生态的水量、水质、水域空间数量和结构、水流连通性、水生生物等条件，开展进一步深入研究。

（二）重大措施建议可行性和详细方案有待下一步专项研究

本书从战略策略和重点任务层面提出了若干水环境和水生态安全保障的重大措施建议，对于各项建议可行性和详细方案的深入研究，尚需在总体方向得到认可的基础上，下一步开展专项研究。

（三）战略研究成果需要与管理实践有机结合，部分可试点论证

战略研究的成果，只有在管理实践中得到应用和检验，才能证明其前瞻性和有效性。对于项目提出的"山水林田湖草"系统治理、水利工程条件下的生态流域建设、以水文站网为基础的水生态监测等内容，建议可以先采取试点的方式推进，取得相应成效并探索积累经验模式后再进行面上推广。

参 考 文 献

白璐, 孙园园, 赵学涛, 等 . 2020. 黄河流域水污染排放特征及污染集聚格局分析 [J]. 环境科学研究, 33 (12): 2683-2694.

蔡懿苒 . 2018. 国内外生态安全评价研究进展 [J]. 安徽林业科技, 44 (5): 27-32, 36.

陈昂, 吴森, 沈忱, 等 . 2017. 河道生态基流计算方法回顾与评估框架研究 [J]. 水利水电技术, 48 (2): 97-105.

陈建良, 胡明明, 周怀东, 等 . 2015. 洱海蓝藻水华暴发期浮游植物群落变化及影响因素 [J]. 水生生物学报, 39 (1): 24-28.

陈求稳, 张建云, 莫康乐, 等 . 2020. 水电工程水生态环境效应评价方法与调控措施 [J]. 水科学进展, 31 (5): 793-810.

陈英旭 . 2001. 环境学 [M]. 北京: 中国环境科学出版社 .

储凯峰 . 2019. 生态文明视角下的淮河流域水生态保护研究 [J]. 山东农业工程学院学报, 11 (36): 71-74.

董哲仁 . 2015. 论水生态系统五大生态要素特征 [J]. 水利水电技术, 46 (6): 42-47.

董哲仁 . 2019. 生态水利工程学 [M]. 北京: 中国水利水电出版社 .

董哲仁, 赵进勇, 张晶 . 2017. 环境流计算新方法: 水文变化的生态限度法 [J]. 水利水电技术, 48 (1): 11-17.

樊彦芳, 刘凌, 陈星, 等 . 2004. 层次分析法在水环境安全综合评价中的应用 [J]. 河海大学学报 (自然科学版), (5): 512-514.

方兰, 李军 . 2018. 论我国水生态安全及治理 [J]. 环境保护, 629 (Z1): 32-36.

付小峰 . 2019. 淮河流域水环境现状和防治建议 [J]. 陕西水利, 11: 83-85.

付小峰, 庞兴红, 杜鹏程, 等 . 2021. 洪泽湖水环境状况和防治建议 [J]. 治淮, 4: 11-12.

傅春, 占少贵, 章无恨 . 2015. 南昌市水环境安全评价 [J]. 南水北调与水利科技, 13 (3): 434-438.

高吉喜, 杨伟超, 田美荣 . 2016. 基于生态文明视角的中国城镇化可持续性发展对策 [J]. 中国发展, 16 (1): 7-11.

郜国明, 田世民, 曹永涛, 等 . 2020. 黄河流域生态保护问题与对策探讨 [J]. 人民黄河, 42 (9): 126-130.

顾洪 . 2020. 淮河流域河湖生态流量确定与保障重点难点分析 [J]. 中国水利, 15: 47-49.

郭利丹, 夏自强, 林虹, 等 . 2009. 生态径流评价中的 Tennant 法应用 [J]. 生态学报, 29 (4): 1787-1792.

郭晓雅, 李思远 . 2021. 我国水库工程分布特点分析 [J]. 工程技术研究, 6 (2): 252-254.

何强, 井文涌, 王翊亭 . 1994. 环境学导论 (第2版) [M]. 北京: 清华大学出版社 .

胡荣桂 . 2012. 环境生态学 [M]. 武汉: 华中科技大学出版社 .

环境科学大辞典编委会 . 2008. 环境科学大辞典 (修订版) [M]. 北京: 中国环境科学出版社 .

贾超, 虞未江, 李康, 等 . 2018. 水生态文明建设内涵及发展阶段研究 [J]. 中国水利, (2): 5-7, 17.

贾利, 郁丹英, 张晓玲 . 2015. 淮河流域水生态系统现状存在问题及保护对策 [J]. 治淮, 11: 22-24.

贾若祥 . 2018. 中国城镇化发展 40 年：从高速度到高质量 [J]. 中国发展观察，(24)：17-21.

靳怀堾 . 2016. 漫谈水文化内涵 [J]. 中国水利，(11)：60-64.

康健，王建华，王素芬 . 2020. 海河流域农业水资源承载力评价研究 [J]. 水利水电技术，51 (4)：47-56.

孔令健 . 2018. 洪泽湖水生态环境保护实践与建议 [J]. 治淮，12：85-86.

匡跃辉 . 2015. 水生态系统及其保护修复 [J]. 中国国土资源经济，(8)：17-21.

李爱琴，吕泓沅 . 2020. 我国流域水环境保护问题研究 [J]. 齐齐哈尔大学学报（哲学社会科学版），(6)：74-78.

李红清，雷明军，李德旺，等 . 2014. 长江上游水电开发生态制约及其适应性分析 [J]. 人民长江，(15)：1-6, 13.

李秀彬 . 1999. 中国近 20 年来耕地面积的变化及其政策启示 [J]. 自然资源学报，(4)：329-333.

连煜，王新功，王瑞玲，等 . 2011. 黄河生态系统保护目标及生态需水研究 [J]. 郑州：黄河水利出版社 .

练继建，党莉，马超 . 2017. 水库运行对下游河道横向连通性的影响 [J]. 天津大学学报（自然科学与工程技术版），50 (12)：1288-1295.

刘凯然 . 2008. 珠江口浮游植物生物多样性变化趋势 [D]. 大连：大连海事大学 .

刘晓林，洪磊，冯棣 . 2020. 1998—2017 年淮河流域水资源变化趋势分析 [J]. 安徽农业科学，48 (13)：207-210.

吕军，汪雪格，王彦梅，等 . 2017. 松花江流域河湖连通性及其生态环境影响 [J]. 东北水利水电，35 (11)：45-47, 72.

吕宪国 . 2008. 中国湿地与湿地研究 [M]. 石家庄：河北科学技术出版社 .

罗琳，颜智勇 . 2014. 环境工程学 [M]. 北京：冶金工业出版社 .

马志强 . 2019. 浅析中国城镇化发展策略转型 [J]. 农村经济与科技，30 (12)：174, 200.

牛玉国，张金鹏 . 2020. 对黄河流域生态保护和高质量发展国家战略的几点思考 [J]. 人民黄河，42 (11)：1-10.

欧徽彬 . 2020. 生态堤防设计在水利工程中的应用探讨 [J]. 工程技术研究，5 (6)：235-236.

庞兴红，陈立冬，付小峰，等 . 2021. 骆马湖主要生态问题及对策 [J]. 治淮，(9)：3.

任丽军，安强，韩美 . 2005. 山东省水环境安全问题及对策研究 [J]. 水资源保护，21 (3)：39-41.

生态环境部 . 2018. 环境影响评价技术导则 地表水环境 [S]. 北京：中国环境出版社 .

世界环境与发展委员会 . 1997. 我们共同的未来 [M]. 王之佳，柯金良，译 . 长春：吉林人民出版社 .

水利部黄河水利委员会 . 2013. 黄河流域综合规划 (2012—2030) [M]. 郑州：黄河水利出版社：1-16.

孙鸿烈，张荣祖 . 2004. 中国生态环境建设地带性原理与实践 [M]. 北京：科学出版社：165-171.

谭永忠，何巨，岳文泽，等 . 2017. 全国第二次土地调查前后土地耕地面积变化的空间格局 [J]. 自然资源学报，32 (2)：186-197.

汪恕诚 . 2001. 水环境承载能力分析与调控 [J]. 中国水利，(11)：9-12.

汪松年 . 2006. 水生态修复的理论与实践 [J]. 上海建设科技，(2)：13-20.

王聪，伍星，傅伯杰，等 . 2019. 重点脆弱生态区生态恢复模式现状与发展方向 [J]. 生态学报，39 (20)：7333-7343.

王浩 . 2015. 什么是"水生态系统" [EB/OL]. http://finance. sina. com. cn/roll/20150429/014422067747. shtml[2021-11-01].

王腊春，王栋 . 2007. 中国水问题 [M]. 南京：东南大学出版社 .

王顺德，高前兆，普拉提·苏力坦，等 . 2008. 维系塔里木河的生命健康——塔里木河生命健康的内涵与诊断 [J]. 干旱区地理，31 (4)：594-603.

王学武，孙羊林，胡恒元，等 . 2010. 高邮湖湿地保护与利用 [J]. 湿地科学与管理，3：38-41.

吴群河 . 2005. 区域合作与水环境综合整治 [M]. 北京：化学工业出版社 .

武玮，徐宗学，左德鹏 . 2011. 渭河关中段生态基流量估算研究 [J]. 干旱区资源与环境，25（10）：68-74.

夏冬，梁丹丹 . 2018. 淮河流域重要河流生态流量（水量）保障性分析 [J]. 治淮，12：31-33.

徐田伟，赵新全，耿远月，等 . 2020. 黄河源区生态保护与草牧业发展关键技术及优化模式 [J]. 资源科学，42（3）：508-516.

薛振山，吕宪国，张仲胜，等 . 2015. 基于生境分布模型的气候因素对三江平原沼泽湿地影响分析 [J]. 湿地科学，（3）：315-321.

严军，付雪伟，楚行军 . 2019. 水生态文明的概念和内涵 [J]. 环境与可持续发展，44（4）：11-15.

严立冬，岳德军，孟慧君 . 2007. 城市化进程中的水生态安全问题探讨 [J]. 中国地质大学学报（社会科学版），7（1）：57-62.

叶玲 . 2015. 骆马湖面临的环境问题和保护对策 [J]. 污染防治技术，6（28）：87-88，96.

曾畅云，李贵宝，傅桦 . 2004. 水环境安全及其指标体系研究——以北京市为例 [J]. 南水北调与水利科技，2（4）：31-35.

曾利 . 2014. 环境安全与环境保护论 [M]. 成都：电子科技大学出版社 .

张浩霞 . 2020. 1985—2019 年洱海总氮时空变化规律分析 [J]. 环境科学导刊，198（6）：6-12.

张金良 . 2020. 黄河流域生态保护和高质量发展水战略思考 [J]. 人民黄河，42（4）：5-10.

张翔，夏军，贾绍凤 . 2005. 水安全定义及其评价指数的应用 [J]. 资源科学，27（3）：145-149.

张小斌，李新 . 2013. 我国水环境安全研究进展 [J]. 安全与环境工程，20（1）：122-125，137.

张晓岚，刘昌明，赵长森，等 . 2014. 改进生态位理论用于水生态安全优先调控 [J]. 环境科学研究，27（10）：1103-1109.

张兴平，朱建强 . 2012. 水生态、水环境问题及其对策 [J]. 环境科学与管理，37（B12）：7-9.

张义 . 2017. 水生态安全初论 [J]. 水利发展研究，17（187）：31-35.

张仲胜，薛振山，吕宪国 . 2015. 气候变化对沼泽面积影响的定量分析 [J]. 湿地科学，13（2）：161-165.

赵蒙蒙，寇杰锋，杨静，等 . 2019. 粤港澳大湾区海岸带生态安全问题与保护建议 [J]. 环境保护，47（23）：29-34.

赵永平 . 2016. 中国城镇化演进轨迹、现实困境与转型方向 [J]. 经济问题探索，（5）：130-137.

中国水利百科编委会 . 2006. 中国水利百科全书（全4卷）[M]. 北京：水利水电出版社 .

中国植被编辑委员会 . 1995. 中国植被 [M]. 北京：科学出版社：749-760.

Acreman M，Dunbar M J. 2004. Defining environmental river flow requirements-A review [J]. Hydrology and Earth System Sciences，8（5）：861-876.

Agarwal A，delos Angeles M S，Bhatia R，et al. 2000. Integrated Water Resources Management [M]. Stockholm：Global Water Partnership.

Davis J A，Froend R. 1999. Loss and degradation of wetlands in southwestern Australia：underlying causes，consequences and solutions [J]. Wetland Ecology and Management，7（1-2）：13-23.

Halsey L，Vitt D，Zoltai S. 1997. Climatic and physiographic controlson wetland type and distribution in Manitoba，Canada [J]. Wetlands，17（2）：243-262.

Poff N L，Zimmerman J K H. 2010. Ecological responses to altered flow regimes：a literature review to inform the science and management of environmental flows [J]. Freshwater Biology，55（1）：194-205.

Saaty T L. 1978. Modeling unstructured decision problems：the theory of analytical hierarchies [J]. Math Comput

Simulation, 20: 147-158.

Smakhtin V U. 2001. Low flow hydrology: a review [J]. Journal of Hydrology, 240 (3-4): 147-186.

Tennant D L. 1976. Instream flow regimes for fish, wildlife, recreation and related environmental resources [J]. Fisheries, 1 (4): 6-10.

Tharme R E. 2003. A global perspective on environmental flow assessment: Emerging trends in the development and application of environmental flow methodologies for rivers [J]. River Research and applications, 19 (5-6): 397-441.

Walther G R, Post E, Convey P, et al. 2002. Ecological response to recent climate change [J]. Nature, 416 (6879): 389-395.